秋海棠属
植物纵览

管开云　李景秀　主编

BEGONIAS
IN
CHINA

北京出版集团公司
北京出版社

编委会委员简介

主编　管开云
（中国科学院昆明植物研究所、中国科学院新疆生态与地理研究所）

　　管开云，男，1953年1月7日出生，云南景谷人，理学博士，研究员，博士生导师。1975年云南师范大学毕业，1989—1991年在英国爱丁堡皇家植物园学习，2002—2006年在日本大阪府立大学学习。现任中国科学院新疆生态与地理研究所副所长、伊犁植物园园长，1995—2006年任中国科学院昆明植物园主任。主要社会兼职有：中国首席科学传播专家，国际山茶花协会主席，国际植物园协会副秘书长、执委，中国茶花协会副会长，中国环境保护协会生物多样性委员会副理事长，中国植物学会植物园分会副理事长等职。主要研究领域有：保护生物学、植物引种驯化、寄生植物生物学和种子生态学研究。先后对秋海棠属、杜鹃花属、山茶属、薯蓣属、铁线莲属和马先蒿属等植物进行研究。承担过国家级、省部级和国际合作等项目30余项。发表植物新种14个，培育并注册登录植物新品种31个，获得12项国家发明专利，获得省部级科技二等奖一项、三等奖两项。先后发表论文200余篇，编著论（译）著24部（册），先后获得全国环境科技先进工作者、全国环保科普创新奖和全国科普先进工作者等荣誉称号，享受国务院科学技术突出贡献特殊津贴。主编的《多彩的植物世界》获得国家ERM-环保科普创新一等奖和云南省科技进步三等奖。

　　在秋海棠研究方面，先后承担了与秋海棠研究有关的研究课题5项。在系统开展中国秋海棠属植物全面研究的同时，重点开展了野外资源调查、迁地保护研究和新品种的选育种研究。目前中国科学院昆明植物园已收集保存的秋海棠种类近500种（品种），其中国产野生种170余种，国外种（品种）300余种，成为目前中国收集保存秋海棠属植物种类最多的种质资源保存和研究基地，同时也是世界上收集保存秋海棠属植物种类最多的保存基地之一。另外，该研究组还对30余种秋海棠进行了组培繁殖和种质资源离体保存试验，在世界上率先突破对秋海棠属植物的组织培养繁殖和种质资源离体保存技术体系。管开云研究员是国内外公认的秋海棠研究领域的权威专家，被誉为中国秋海棠园艺研究第一人。

主编 李景秀
（中国科学院昆明植物研究所）

　　李景秀，女，高级实验师，1985年云南省林业学校林学专业毕业后到中国科学院昆明植物研究所工作至今，1997年在云南省广播电视大学医农系城市园林专业毕业。1997—2010年，先后4次赴日本富山中央植物园和日本花鸟园集团，完成云南植物引种驯化、山茶试管内嫁接、秋海棠属植物叶片横切面解剖和染色体观察实验，以及秋海棠栽培生产技术合作研究，并获日本富山县知事授予的"富山县名誉大使"称号。

　　经过多年研究，已解决高山花卉三色马先蒿、角蒿等引种栽培和繁殖育苗关键技术，获得药用植物印产毛喉鞘蕊花、鲜切花香石竹、满天星等集约化栽培育苗技术和方法并推广应用。已成功引种驯化秋海棠属植物近500种（品种）并进行大量的有性杂交育种等新品种选育，培育注册秋海棠属植物新品种31个，获得国家授权专利10项，"秋海棠属植物新品种培育"荣获2002年度云南省科学技术进步二等奖，育成品种荣获第五届中国花卉博览会金奖，现正进行新品种规模化繁殖栽培生产试验示范。其间主要参与完成云南省基金，国家基金，中科院知识创新、特色研究所服务项目，国家科技攻关计划，国际合作等研究项目20余项，发表科研学术论文50篇（第一作者28篇，合作发表22篇）。

副主编 崔卫华
（中国科学院昆明植物研究所）

崔卫华，女，在读博士生，河南西华人，汉族，中共党员。2009年毕业于郑州大学生物工程系，同年考入中国科学院昆明植物研究所攻读硕士学位，师从管开云研究员，开展中国秋海棠属植物叶斑多样性研究，多次参与秋海棠属植物野外资源调查。毕业后留所工作至今，继续就秋海棠植物资源保存、栽培技术、杂交育种、产业化研发以及叶斑多样性研究开展工作，其间跟踪记录了昆明植物研究所栽培保存秋海棠属植物3年的物候变化，并积累了大量的图片资料。参与秋海棠相关研究课题4项，参与注册秋海棠新品种4个。

副主编 鲁元学
（中国科学院昆明植物研究所）

鲁元学，男，博士，高级工程师，彝族，中共党员。1968年3月生于云南。1993年云南师范大学生命科学学院毕业，入职中国科学院昆明植物研究所。后在日本富山中央植物园进修、日本千叶大学园艺学部及东京农业大学农学部留学，获农学（人类与动植物关系学）博士学位。现任中国科学院昆明植物研究所高级工程师。一直从事珍稀濒危植物及园艺植物的调查研究及引种栽培、新品种培育等保护生物学及园艺学研究工作。曾参加完成国家自然科学基金项目、中科院重大项目、中科院西部之光项目、科技部项目、云南省基金项目等20多项课题。参编著作6部，在国内外学术刊物发表论文38篇，注册植物新品种5个，获实用技术专利2项。

副主编 李爱荣
（中国科学院昆明植物研究所）

李爱荣，女，1979年6月出生，博士，中国科学院昆明植物研究所研究员、硕士生导师，主要从事植物根际过程、生物多样性保育研究和秋海棠种质资源保育和产业开发研究。在国内外学术期刊发表科研论文28篇（以第一或通讯作者发表16篇）。作为主要培育人注册花卉新品种11个，获授权国家新技术发明专利5项。主持科研项目10余项，包括2项国家自然科学基金面上项目和1项NSFC-新疆联合基金项目合作课题。2011年入选中国科学院青年创新促进会首届会员，2014年被遴选为"云南省中青年学术技术带头人后备人才"，2015年入选中国科学院青年创新促进会首届优秀会员。

编委　胡枭剑
（中国科学院昆明植物研究所）

胡枭剑，男，博士，1984年生，山东聊城人，工程师，现任中国科学院昆明植物研究所西南野生生物种质资源库种子萌发技术员。2006年考入中国科学院昆明植物研究所攻读硕士，师从管开云研究员，主要从事秋海棠属植物的保护生物学及种子生物学研究。2012年博士毕业后进入西南野生生物种质资源库工作，负责库存种子的活力检测及萌发技术工作。

编委　李宏哲
（云南中医药大学）

李宏哲，女，博士，副教授。2000年9月至2006年3月，中国科学院昆明植物研究所植物学专业硕博连读，从事中国秋海棠属植物的系统演化和保护生物学研究，获理学博士学位。

2006年4月至2008年6月，在昆明植物研究所工作，其间，参加完成多项国家自然科学基金项目。主持云南省科学技术厅面上项目——小叶秋海棠的遗传多样性与保护（2007C092M）。主持中国科学院西部博士项目——秋海棠属植物的形态多样性与生态适应。

2008年7月至今，在云南中医药大学工作，从事药用植物学、药用植物遗传育种和药用植物组织培养的教学和科研工作。主持云南省教育厅项目——滇产鼠尾草属植物的种质资源收集与整理；主持国家基金——横断山区鼠尾草属杠杆状雄蕊的形态多样性、演化及生态适应（31100143）；参与国家基金两项；参与云南省科学技术厅——云南中医学院应用基础研究联合专项基金一项；指导大学生创新创业训练计划项目——滇产白及规模种植基础研究，获得了校级、省级和国家级立项；指导两名硕士研究生已毕业。2016年4月，被遴选为云南中医药大学、云南省中医药产业发展研究院现代农业产业技术体系首席专家。

编委 马 宏
（中国林业科学研究院资源昆虫研究所）

马宏，男，山东威海人，博士，中国林业科学研究院资源昆虫研究所副研究员，硕士生导师，云南省万人计划青年拔尖人才，第十五批"云南省技术创新人才"培养对象，四次入选云南省"三区"科技人才选派对象。2008年1月毕业于中国科学院昆明植物研究所，获植物学博士学位，博士论文题目为"中国秋海棠属秋海棠组系统学与保护生物学研究"，其间获中国科学院地奥奖学金一等奖、中国科学院优秀学生干部、中国科学院优秀学生团干部、中国科学院三好学生等多项荣誉。2008年4月到资源昆虫研究所工作以来，主要从事西南特色野生花卉地涌金莲、滇丁香、长梗杜鹃等及多功能植物木豆的研究。工作期间，先后到印度、日本等国学习木豆三系杂交和花卉育种技术。现指导在读硕士研究生3名，作为导师组成员指导在读博士研究生3名。任多家国内外期刊的审稿人。近年来主持国家自然科学基金、国家林业公益性行业科研专项、林业科技成果国家级推广项目、云南省应用基础专项、"云南省技术创新人才"项目等省部级及以上项目11项。以第一作者或通讯作者发表SCI论文12篇，发表CSCD论文21篇，参与培育人培育植物新品种15个，选育人选育良种2个，以第一发明人获国家发明专利2项，获国家林业局认定成果2项（排名第二），制定国家行业标准1项（排名第二）。

编委 隋晓琳
（中国科学院昆明植物研究所）

隋晓琳，女，博士，1983年10月生于山东，汉族，中共党员。2014年毕业于中国科学院昆明植物研究所，获理学博士学位。现任中国科学院昆明植物研究所助理研究员，主要从事马先蒿属植物生理生态研究。主持国家自然科学基金项目青年基金和面上项目各1项、云南省自然科学基金项目1项，参与国家自然科学基金及省级科研项目等10余项。发表学术论文8篇，其中5篇为SCI收录论文。参与培育具有自主知识产权的秋海棠新品种4个。

序

秋海棠属（*Begonia* L.）植物种类繁多，全世界有1800余种，主要分布在美洲、亚洲和非洲的热带地区。中国南部和西南部、印度东北部和南部非洲是秋海棠集中分布地区。中国已知秋海棠属植物有220余种。云南、广西、贵州和四川为中国秋海棠属植物的集中分布地区。

秋海棠属植物除花以外，在叶形、叶色、叶斑和株型等方面都呈现丰富的多样性，具有很高的观赏价值。国内外众多植物学家和秋海棠爱好者对其进行长期研究，开展大量野外调查、栽培繁殖和人工杂交育种等。作为目前中国收集保育秋海棠属植物种质资源最多的科学研究基地，中国科学院昆明植物研究所对秋海棠做了大量研究工作，取得了令人瞩目的成果。《秋海棠属植物纵览》一书就是该研究所秋海棠研究团队开展秋海棠研究20余年成果的集中体现。

《秋海棠属植物纵览》是一本奉献给专业人士和秋海棠爱好者的著作。书中除全面系统介绍我国秋海棠属植物外，还对我国引种栽培的大部分秋海棠种类做了介绍。本书全面系统介绍秋海棠属植物的研究历史、分类、地理分布、资源状况、开发利用现状、栽培品种分类、繁殖栽培和新品种培育等领域的研究成果和最新进展，亦详尽介绍了秋海棠的历史文化、经济用途、美学特征、栽培繁殖和新品种培育技术，因而对研究人员、大专院校教师和学生、园林园艺工作者、花卉产业从业人员开展秋海棠研究、资源开发利用、新品种培育和园林园艺布展等都是难得的参考书。此外，本书收录的每个野生物种和栽培品种都附有精美的图片，对秋海棠属植物丰富多彩的多样性特征、趣闻逸事、传说、典故、诗词书画等用通俗易懂的语言进行了展示和介绍。因此，本书集科学技术和文化于一身。我相信，本书的出版对中国秋海棠的研究和推广应用将会起到很好的推动作用，在此也谨向本书的作者多年来付出辛勤劳动所获得的成果表示衷心祝贺！

洪德元
中国科学院院士
2019年6月

前 言

秋海棠是一种非常妩媚的花卉，以幽娴雅致著称。文人墨客留下了许多赞美秋海棠的诗词。古诗称秋海棠"如此幽闲绝世稀"。清朝词人高士奇在其咏秋海棠词《南歌子》中写道："嫩碧丛新叶，嫣红缀小枝。笼烟浥露更多姿。闲倚疏阑，偏称晚凉时。　　冷艳妆初卸，微酡态故低。非关春睡也相宜。别有风情，无地著相思。"词人把秋海棠比作"冷艳"的秋美人，在卸下那俏丽且富有霜雪之姿的装束上床睡觉前，脸上还露着酒后微红的晕色，顾影低回，娇羞自持。作者在这首词中写出了"秋海棠秋美人"的特有韵味。关于秋海棠，民间流传着很多动人的故事。《采兰杂志》上载：古时有一位妇人，思念自己的心上人，但老是见不到他的面。她很伤心，经常在北墙下哭泣，眼泪滴入墙下土中。后来洒泪处长出了一棵草，花非常妩媚动人，花色极像妇人的脸。因而秋海棠也叫"断肠花""相思草"。

秋海棠属(*Begonia* L.)隶属于秋海棠科(Begoniaceae)，种类繁多，是被子植物十大属之一。秋海棠科下仅有两个属。除分布在夏威夷群岛的希尔布朗秋海棠(*Hillebrandia sandwicensis* Oliver)一种被另划为一个属外，其余1800余种全部被分在秋海棠属中。由于几乎每年都有新发现种类的描述，因此种数还在不断增加。秋海棠主要分布在美洲、亚洲和非洲。中美洲、南部非洲、夏威夷群岛、新几内亚岛以及印度尼西亚、马来西亚、菲律宾、中国的南部和西南部、印度东北部是秋海棠种类集中分布地区。中国已知秋海棠有220多种（亚种、变种），主要分布在长江流域以南的各省区。西南地区的云南、广西、贵州和四川为中国秋海棠的主要分布地区，其中云南又是秋海棠的集中产地。在已知的种类中，云南有110种，约占国产秋海棠种类的50%。随着人们对秋海棠研究的不断深入和新物种的不断发现，上述数量还会不断增加。

秋海棠属植物是多年生的草本、亚灌木或小树状植物，雌雄同株，也有一些种类是雌雄异株。秋海棠属植物的形态结构各异，有的具球茎或根状茎，有的具直立或半直立茎；有的蔓生，还有的是尾垂状或借助于气生根攀缘的藤本状茎；叶为单叶互生，少数为复叶；叶片形状从倒披针形、椭圆形、圆形、卵圆形、盾形至倒卵圆形；叶缘全缘、具齿、浅裂、半裂、深裂、有棘突、螺旋状，甚至为几种形式的复合；叶面从光滑无毛至密被毛，有些还具醒目的黑色、褐色、红色或银白色的图案；花瓣与花萼不易区分而统称花被片，少数野生变异植株为重瓣花；花色范围较宽，占优势的颜色是白色和粉红色，也有深浅不同的红色和橘红色，黄色不多见，到目前为止仅蓝色和紫色尚未发现。秋海棠属植物在外部形态的各个方面均表现出丰富的多样性，其仅仅在叶的形状、颜色、图案和质地等方面所表现出的令人惊叹的变异，在植物界中已属罕见。我们试图通过比较详细的文字描述，把秋海棠属植物丰富多彩的形态特征奉献给读者。然而，要想真正了解秋海棠属植物的多样性，读者只有目睹秋海棠属植物，才能真正领略它的风采。

秋海棠在中国栽培已有近千年的历史。宋代诗人陆游的词《钗头凤》就已提到秋海棠。西方国家对秋海棠的真正了解始于19世纪初。首先是英国人在中国发现中华秋海棠并将其引种回国。随后，其他一些观赏价值较高的种类也相继被引种到英国、德国、美国和日本等国家。1821年，德国柏林植物园在从巴西引进的植物土壤中发现了四季海棠（*B. cucullata* Willdenow），并将该种秋海棠在欧洲各地传播栽种。1878年，欧洲的育种学家对产自巴西的秋海棠种类进行的种间杂交试验取得成功，培育出现代多源杂种的四季秋海棠系列品种。如今，四季秋海棠已成为秋海棠属植物中最常见和栽培最普遍的种类，成为世界上室内外装饰的主要盆花之一，深受人们的喜爱。由于秋海棠属植物本身具有较高的观赏价值以及在叶形、叶色、株型等方面具有丰富的多样性，国内外有众多的秋海棠爱好者和植物学家对这类植物进行大量的野外调查、栽培试验和人工杂交育种研究乐此不疲。据统计，目前全世界已培育出17000多个秋海棠栽培品种。我国目前广泛种植的秋海棠品种，绝大部分是从国外引进的。中国尽管很早就开始引种栽培秋海棠，但真正开展杂交育种研究工作还是近20年的事。中国科学院昆明植物研究所在秋海棠的杂交育种研究方面做了大量的工作。作为中国最大的秋海棠属植物种质资源收集保存和科学研究基地，昆明植物所已成功选育出31个秋海棠新品种，部分品种已通过合作的形式转让给当地的花卉企业进行商品化生产。

作为世界著名的观赏花卉之一，秋海棠在国际花卉市场上占有十分重要的地位。在世界盆花销售量中，秋海棠多年来一直占盆栽花卉总生产的第四位。在德国花卉产业中，秋海棠在其六大主产盆栽花卉中也名列第四。在中国，对秋海棠的需求量近年来不断增长。秋海棠的身影在各城市的街道和庭院中随处可见。1999年，昆明世界园艺博览会令人惊叹的鲜花大道和花柱所采用的绝大部分花卉就是秋海棠。秋海棠在世界各国的花卉市场具有举足轻重的地位，不仅美化了环境，还创造出巨大的经济效益。

秋海棠不仅以其四季不绝、妖艳繁茂的花朵和五彩斑斓、秀姿各异的叶片赢得了人们的喜爱，而且其茎叶还有良好的药用和食用价值。在中国，民间利用野生秋海棠的历史由来已久。明代医药学家李时珍在其所著的《本草纲目》中所记载的药用植物中就包括秋海棠。目前已知有药用价值的秋海棠有24种。除中国人外，东南亚各国人以及巴西人也常利用当地的野生秋海棠作为药用植物。此外，秋海棠还可食用，可开发为饮料或用作调味品、食物配料等。例如广东省肇庆市鼎湖山开发的紫背天葵饮料，其原植物就是紫背天葵（*B. fimbristipula* Hance）。据统计，有8种中国产的秋海棠可食用，5种秋海棠可用作饲料。

秋海棠除药用、食用和饲料用之外，在云南的部分地区，有的少数民族把秋海棠属植物所含的色素作为天然染料。据明代王象晋所著《群芳谱》一书记载，秋海棠还可用来润肤和擦拭银器。据报道，部分种类的秋海棠还具有抑制病菌和吸收家具、绝缘物品等散发出来的微量的挥发油和甲醛的特殊功效。根据我们的研究，秋海棠属植物确实具有抗微生物活性，对白假丝酵母菌和大肠杆菌具有一定的抗性。作为室内盆栽花卉被广泛应用的秋海棠，不仅可以美化环境，而且还可作为净化室内环境的生态产品进行推广应用。

秋海棠虽然娇贵，但并不难栽培，种植养护的关键在于保持一定的湿度和温度。盆栽时既要保持盆土湿润，又切不可糟水。夏季应遮阴，不要让阳光直射，注意通风；冬季注意保温。秋海棠可用播种、扦插、分株和组织培养等方法繁殖。播种以春季或夏季为宜。扦插可采用叶插或茎插，大部分种类一年四季均可扦插。分株繁殖最好在春季植株萌发前进行。本书对目前国内市场上常见的秋海棠品种的栽培和繁殖技术做了较为详细的介绍。

秋海棠是很好的室内观赏花卉，盆栽置于庭、廊、案几、阳台、橱窗、台桌、台阶或门厅上颇为幽雅美观；也可作为地被植物栽种在较阴湿的地方；还可作为花坛花卉布置出各式各样的图案。当然，秋海棠还被不少文人墨客借以抒发情怀，陶冶情操。1958年，著名画家张大千因其作品《秋海棠》而荣膺纽约国际艺术协会评选的"世界伟大画家"称号。秦瘦鸥的爱情长篇小说《秋海棠》里虽然没有提及秋海棠，表面上似乎与我们常见的秋海棠属植物无关，但作者之所以将书中主人公命名为"秋海棠"，可能正是利用其象征意义来描述一段感人肺腑、催人泪下的爱情悲剧。

本书除了全面收录目前所知的绝大部分国产秋海棠属植物外，还对目前国内引进栽培的大部分常见秋海棠种类进行了介绍。本书共收集介绍了310种（亚种、变种、品种）秋海棠属植物，其中国产秋海棠171种，国外原种41种，国外园艺品种67种，自主培育新品种31种。书中首次全面系统地介绍了我国在秋海棠属植物的研究历史、系统分类、地理分布、资源状况、开发利用现状、栽培品种分类、繁殖栽培和新品种培育等领域的研究成果和最新进展。此外，本书对秋海棠的历史文化、经济用途、美学特征、栽培繁殖技术、新品种培育等也有详尽介绍。本书的编著参考了大部分国内外现有的秋海棠专著和研究论文，其中分类系统主要参考了《中国植物志》中文版，少部分内容同时参考了《中国植物志》英文版（*Flora of China*）。中文名称除了少数已被广泛使用的名称外，主要参照《中国植物志》中文版。外来原种和品种按英文顺序排序，中国产原种组的排列按《中国植物志》分类系统排列，组内种类按拉丁学名字母顺序排列。为了给读者提供更多中国野生秋海棠的信息，我们把几种特征明显，但尚未正式发表的种类（裸名）也收录在本书中，并作了相关标注。作者希望通过通俗的语言把秋海棠属植物的相关知识尽可能全面地介绍给读者，让读者对秋海棠属植物有更多的了解。由于作者的知识水平有限，错误和遗漏之处在所难免，欢迎读者批评指正。

管开云

2019年6月

简 介

　　《秋海棠属植物纵览》是一本融专业人士和普通大众阅读需求为一体的科技图书。本书是国内第一本全面系统介绍我国秋海棠属植物的专业书籍。该书除了全面介绍目前所知的全部国产秋海棠属植物外，还对目前国内引进的绝大部分秋海棠种类进行了介绍。此外，本书对秋海棠的历史文化、经济用途、美学特征、栽培繁殖技术、新品种培育等都有详尽介绍。从专业角度上讲，本书首次在我国全面系统地介绍了秋海棠属植物的研究历史、系统分类、地理分布、资源状况、开发利用现状、栽培品种分类、繁殖栽培和新品种培育等领域的研究成果和最新进展，是植物学专业研究人员、相关大专院校教师和学生、园林园艺工作者、苗圃从业人员开展秋海棠研究、资源开发利用、新品种培育和园林园艺布展等十分难得的参考书。对普通读者而言，本书将通过秋海棠属植物丰富多彩的多样性特征、趣闻逸事、传说、典故、诗词书画等方式和途径，用通俗易懂的语言介绍秋海棠属植物的科学知识与鉴赏方式和方法。通过本书，普通读者可以了解到秋海棠属植物的基本知识，为收集和鉴赏秋海棠属植物提供更为全面系统的知识和栽培繁殖秋海棠的基本技术。本书主编管开云研究员多年从事秋海棠研究，取得了众多研究成果。本书是他和他的研究团队从事秋海棠研究20余年的众多成果的集中体现。

目　录

第一章
秋海棠漫谈

1. 秋海棠属植物简介

秋海棠是一种十分常见的观赏花卉。而今，人们在公园里、小区中、居家阳台上、客厅或卧室中随处都可以见到它的身影。如果你曾参观过昆明世界园艺博览园或其他国内外花卉博览会，那么一定会对场面宏伟的鲜花大道、巨大的花柱和壮观的花船留下深刻的印象。也许你不知道，这些鲜花大道、花柱和花船的大部分鲜花就是秋海棠。

根据其观赏性状，秋海棠可以大致分为观叶和观花两大类型。观叶秋海棠以欣赏叶片丰富的色彩和变化多样的叶形为主。秋海棠的叶片大小差异很大，有的叶片长、宽不到1 cm，而有的长、宽可达50 cm。叶形也是各式各样，主要有卵形、心形、圆形、斜卵形、宽卵形、矩圆形、披针形、三角形等。秋海棠的叶面颜色丰富多彩，尽管都是以绿色为主色调，但变化无穷，有淡绿、深绿、黄绿、鲜绿、铜绿、墨绿，以及淡褐、深褐、淡红、深红、紫红、大红等颜色，有的叶片还具有闪闪发光的金属光泽；叶背的色彩也十分丰富，变化甚至比叶面更为丰富，除绿色、深绿、浅绿、红色、淡红、深红、紫红、淡紫、深紫等色彩外，还被有刺毛、茸毛、柔毛、皱纹和角状物等。秋海棠的叶面或叶背常镶嵌有银白色、白色、灰色、褐色、紫色、绿色的色斑和不规则的斑点、斑块、斑纹、斑带等图案；叶片边缘具有粗细不等的锯齿或波状。此外，叶柄因种类不同而长短不一，叶脉也有深有浅。秋海棠叶丰富多彩的变化，造就了其独特的观赏价值，使其在观叶植物中占据了特殊的地位。秋海棠花不仅妩媚，也十分雅致，而且不少品种一年四季开花不断，常年为人们奉献美丽。秋海棠的花通常为顶生或腋生，花序是聚伞花序或总状花序，通常在同一花序上有雄花和雌花。野生秋海棠的花一般是单瓣花，显得十分高雅；而园艺品种的花多

国产秋海棠属植物叶片的多样性

国产秋海棠属植物花序的多样性

为半重瓣或重瓣花，显得十分富贵和雅致。秋海棠的花大小差异很大，一般根茎类和四季海棠类的花径只有2 cm左右，最大也不超过6 cm；但球茎类秋海棠的花径一般都在10 cm左右，最大的可以超过30 cm。花的颜色丰富多彩，有白、红、橙等各种颜色或是不同颜色混合的杂色。可以说，秋海棠的花色几乎包括了人们平时可以见到的花色的绝大部分种类。除了花色丰富外，秋海棠的花型也多种多样，有茶花型、月季型、牡丹型、水仙型、康乃馨型等，而且着生方式也有直立、侧生和下垂等，为人们从不同角度欣赏、以不同形式展示提供了便利。还需要提到的是，秋海棠除了叶和花具有极高的观赏价值之外，其果实也有很高的观赏价值。秋海棠的果实常为蒴果，形状有近球形、矩圆形、三角形或长三角形等。果实从幼果的绿色到成熟时的深褐色会有一系列的颜色变化，使人们可以欣赏到不同的色彩以及色彩的变化。

秋海棠是指隶属秋海棠科（Begoniaceae）的多年生草本植物，稀灌木状。迄今为止，秋海棠科下仅有两个属。其中秋海棠属（Begonia L.）共有1800余种，为被子植物十大属之一，几乎包括了全部种类的秋海棠科植物。秋海棠属被划分为64个组，主要分布在亚洲、美洲和非洲的热带和亚热带地区。另一个希尔布朗属（Hillebrandia Oliver）以子房半下位区别于秋海棠属。希尔布朗属仅1种（H. sandwicensis Oliver），只分布在夏威夷群岛。中国有秋海棠属植物220余种（包括亚种和变种），主要分布于西南地区，以云南和广西的种类最多。

多数秋海棠植物为雌雄同株，少数种类雌雄异株。秋海棠的茎多汁或木质化，纤弱或柔韧；有的具球茎或根状茎，有的具直立或半直立茎，有的蔓生，还有的是尾垂状或是借助于气生根攀缘的藤本

国产秋海棠属植物叶面和叶背的多样性

状茎。有些秋海棠种类的植物体无毛，有的种类近无毛，而不少种类则密被毛。毛被的颜色主要为白色和红色，少数为褐色。叶不对称，形状从倒披针形、椭圆形、圆形、卵圆形、盾形至倒卵圆形；叶缘全缘、浅裂、半裂、深裂、有棘突、螺旋状，甚至为几种形式的复合；叶面从光滑无毛到密被毛，有些还具醒目的黑色、褐色、红色或银白色的斑纹。花色范围较宽，占优势的颜色是白色和粉红色，也有深浅不同的红色和橘红色，黄色不多见，到目前为止仅蓝色和紫色尚未发现。秋海棠的习性各异，除少数球茎种类相对耐寒耐旱外，大多数秋海棠对生境有特殊的要求，喜阴湿、排水良好、荫蔽的常绿阔叶林下、溪边石壁上、瀑布边、流水或阴湿的石灰岩溶洞洞口石壁上。

由此可见，该类植物在习性、生境、性别、体态、毛被、叶形及花色等方面表现出非常高的多样性，即使同一种类的不同居群，在某些性状上的变异也比较显著。秋海棠属植物仅仅在叶的形状、颜色、斑纹和质地等方面所表现出的令人惊叹的变异，在植物界就实属罕见。

从表面上看，秋海棠只比海棠多了一个"秋"字，但这一字之差却代表了两类完全不同的植物。也就是说，秋海棠与海棠除了名称相似、色韵均可人之外，二者在形态上差异甚远，在植物分类学上被分在两个不同的科中。

在汉语中，有两类植物被称作海棠，一类隶属于蔷薇科（Rosaceae）苹果属（*Malus* Mill.），另一类则隶属于木瓜属（*Chaenomeles* Lindl.）。它们均为落叶小乔木或灌木，多分布于北方，在春天与桃花、李花同时开放，也具有较高的观赏价值。宋代女词人李清照的《如梦令》中"昨夜雨疏风骤，浓睡不消残酒，试问卷帘人，却道海棠依旧。知否？

国产秋海棠属植物雄花花被片数目及颜色的多样性

知否？应是绿肥红瘦！"所提到的海棠就是蔷薇科的木本海棠。

木瓜属海棠为落叶灌木，高2 m左右，茎干有刺，小枝平滑，无毛。叶卵形或椭圆形，长3～7 cm，先端渐尖，表面无毛，有光泽。花3～5朵簇生，花梗短粗或近无梗，粉红色、朱红色或白色，花期3～5月。果卵形至球形，黄色或黄绿色，芳香，8—9月成熟。苹果属海棠为落叶灌木或小乔木，高达3～5 m。幼枝有短柔毛，老皮平滑，紫褐色或暗褐色。叶长椭圆形，先端渐尖，茎部楔形，长5～11 cm，宽2～4 cm，边缘有锯齿，叶柄细，长2～3.5 cm。伞形总状花序，集生于小枝顶端。萼筒外面密被白色茸毛，萼片三角状卵形、三角形至长卵形，有稀疏柔毛，内面密生茸毛，与萼筒等长。花瓣淡红色，长约4 cm。梨果球状，径1.5 cm，花期3—5月，果期8—9月。

我国目前在植物造景和园林设计上广泛采用的种有武乡海棠、湖北海棠、垂丝海棠、贴梗海棠等10余种，以及钻石海棠、红丽海棠、绚丽海棠、道格海棠、霍巴海棠等10余个从国外引种的品种。

有关"海棠"笔者还见有另外一种说法：海棠是中国对一些植物的俗称，如西府海棠、贴梗海棠、垂丝海棠、木瓜海棠、四季海棠等多种。在分类学上，这些海棠属于不同的科或属，如苹果属（西府海棠）、木瓜属（贴梗海棠）、倒挂金钟属（灯笼海棠）、仙客来属（萝卜海棠）、秋海棠科（四季海棠）等，也就是说海棠是中文名字中带有"海棠"二字的所有植物的总称。这种说法只是偶见，并不具代表性。

2. 秋海棠历史文化

关于秋海棠栽培最早的文字记载目前可以追溯到宋朝的《采兰杂志》（作者不详）："昔有妇人怀人不见，恒洒泪于北墙之下。后洒处生草，其花甚媚，色如妇面，其叶正绿反红，秋开，名曰断肠花，即今秋海棠也。"文中对秋海棠的来历有十分浪漫的描述（妇人思念之泪所化），而对秋海棠属植物的生境、形态及习性的描写虽寥寥数语，却十分准确传神："北墙之下"指明其喜阴湿环境；"花甚媚，色如妇面"言其花色粉红；叶色也是秋海棠属植物典型的特征，叶背的红色，是适应阴湿环境的性状。其中还提到了秋海棠的别名"断肠花"，这可能是当时比较流行的名称。相传南宋诗人陆游与其妻唐婉感情甚笃，但陆母一心想让陆游求取功名，对唐婉并不满意，终将两人拆散。与陆游临别之际，唐婉送陆游秋海棠一盆，称之为"断肠花"，陆游则以"相思花"改称。陆游还有一首《秋海棠》诗传世："横陈锦彤栏杆外，尽收红云洒盏中。贪看不辞持夜烛，倚狂直欲擅春风。"秋海棠因此具有了"相思""苦恋"的寓意，并且因为其叶片歪斜（叶脉两侧面积不完全对等），又有"单相思"的暗喻。秋海棠因其秋季开花，又被文人墨客赋予了不同意蕴。有借秋言愁的，如清纳兰性德的《锦堂春·秋海棠》，"帘外澹烟一缕，墙阴几簇低花。夜来微雨西风里，无力任欹斜。仿佛个人睡起，晕红不著铅华。天寒翠袖添凄楚，愁近欲栖鸦"；及《临江仙·六曲阑干三夜雨》，"六曲阑干三夜雨，倩谁护取娇慵。可怜寂寞粉墙东。已分裙衩绿，犹裹泪绡红。　曾记鬓边斜落下，半床凉月惺忪。旧欢如在梦魂中。自然肠欲断，何必更秋风"。还有清代女诗人赵韵卿（巴金祖母的外祖母）的《诉衷情·病起看秋海棠》，"碧梧庭院暑初收，凉意逗衣篝。为忆海棠开未，呼婢卷帘钩。　扶薄病，怯惊秋，强凝眸。西风萧瑟，花

国产秋海棠属植物雌花和果实形态和颜色的多样性

日本花鸟园各种秋海棠品种生产及展示基地

怜人瘦，人比花愁"。这些都是借秋海棠抒发愁绪的。但同为巾帼，革命家秋瑾却赋予了秋海棠全新的意象："栽植恩深雨露同，一丛浅淡一丛浓。平生不借春光力，几度开来斗晚风？"而清朝诗人袁枚的《秋海棠》诗也颇有新意，"小朵娇红窈窕姿，独含秋气发花迟。暗中自有清香在，不是幽人不得知"，借秋海棠表达了自己辞官归隐后淡泊名利、悠游自在的志趣。

《红楼梦》是中国文学史上伟大的作品，在其第三十七回中提到贾芸给宝玉送了一盆"白海棠"，而这一回中探春提议成立诗社，不但头一次活动就是咏白海棠，诗社更以"海棠社"命名。这一回中，宝钗、黛玉、探春、宝玉各作七言律诗一首，次日湘云又和诗两首，共计七言律诗六首。由于众人诗作都十分含蓄，主要是借物抒情言志，没有对"白海棠"进行详细的描写，后人无法确知这到底是哪种植物。但从第七十回中，湘云提及诗社是在秋天，可推知此海棠的开花时间在初秋，而清代称为海棠的主要是蔷薇科中苹果属和木瓜属的植物，花期都在3—5月，只有秋海棠科秋海棠属的植物才在秋季开花，因此这里的"白海棠"很可能就是秋海棠中开白花的种类或变种。最后湘云凭《白海棠和韵》二首压倒众人："神仙昨日降都门，种得蓝田玉一盆。自是霜娥偏爱冷，非关倩女欲离魂。秋阴捧出何方雪，雨渍添来隔宿痕。却喜诗人吟不倦，肯令寂寞度朝昏"；"蘅芷阶通萝薜门，也宜墙角也宜盆。花因喜洁难寻偶，人为悲秋易断魂。玉烛滴干风里泪，晶帘隔破月中痕。幽情欲向嫦娥诉，无奈虚廊夜色昏"。有红学家认为，"也宜墙角也宜盆""花因喜洁难寻偶"等句暗示了湘云日后颠沛流离、佳偶难觅的命运。而适宜靠阴湿的墙角种植和盆栽的"海棠"，应该是草本的秋海棠，而蔷薇科的木本海棠则喜阳，作为盆栽也不普遍。因此，湘云所吟诵的"白海棠"很可能就是秋海棠。

我国1947年前出版的中国地图包括现在的蒙古国。因地图的形状酷似一片近对称的秋海棠叶而被称为"秋海棠地图"。至今在我国的台湾地区，仍然保留着这种说法。秦瘦鸥著享有"民国第一言情小说"的《秋海棠》中主人公秋海棠的艺名即取自于此："中国的地形，整个儿连起来恰像一片秋海棠叶"。

许多艺术品也常以秋海棠为题材进行创作。吴昌硕、齐白石、张大千、李苦禅等大师留下很多秋海棠名画。齐白石的画作《秋海棠行书七言诗》成扇纸本就曾以149.5万元成交。此外，瓷器、邮票以及版画中也常出现秋海棠的身影。

在当代，随着生态环境问题日益严峻，人们对自然环境的关注也越来越多，秋海棠又被赋予了新的意义。自2013年起每年在云南省临沧市举办的亚洲微电影节，其最高奖"金海棠奖"的奖杯设计灵感就来源于特有的分布于临沧耿马傣族佤族自治县的长翅秋海棠（*B. longialata* K. Y. Guan et D. K. Tian）。"金海棠"成为临沧地区良好自然环境的象征。

昆明植物园秋海棠装饰的大门入口

3. 秋海棠的用途

秋海棠属植物的花朵艳丽，叶形千差万别，几乎包含了植物界所有的叶形，叶片斑纹丰富多样、色彩华丽，具有很高的观赏价值，是一种极为优良的草本观赏花卉。作为室内观赏植物，秋海棠盆花倍受青睐，被誉为"盆花之王"。目前，以观花为主的球茎海棠、四季海棠和冬花秋海棠系列品种以及以观叶为主的大王秋海棠（*B. rex* Putz.）系列品种等已风靡全球。在国内最常见的当数四季秋海棠，被广泛用于盆栽和花坛装饰。球茎类秋海棠中重瓣的品种在美国是主要盆栽花卉之一，在荷兰占到其整个花卉产业的第四位，而在我国则方兴未艾，其中较为常见的是丽格秋海棠系列的品种。日本观光园艺学者加茂元照培育的金正日花（*B. tuberhybrida* 'Kimjongilhua'）以朝鲜前领袖金正日命名，多次在国际花卉展上夺得最高奖项，而朝鲜也在每年的2月16日金正日诞辰日举行金正日花展。加茂元照还在日本多地开办了5处花鸟园，其中富士及松江的花鸟园主要以秋海棠作为装饰花卉，采用的秋海棠达到1200个品种或原种。

秋海棠中有不少种类可用作药材。例如：无翅秋海棠（*B. acetosella* Crab.）在云南被称为黄疸草。虽然没有相关的文献记载，当地草医也没有将其用于治疗黄疸，但这种秋海棠在治疗肌肉痉挛和痛经方面有疗效。美丽秋海棠（*B. algaia* L. B. Sm. et Wassh.）的根状茎在江西和湖南被用作治疗跌打损伤和蛇毒的草药。糙叶秋海棠（*B. asperifolia* Irmsch.）在贵州被用来止血和止痛。歪叶秋海棠（*B. augustinei* Hemsl.）在云南与广西的一些地方被用来治疗毒蛇咬伤。花叶秋海棠（*B. cathayana* Hemsl.）在云南、广西等地被用作消炎药，还可以治疗咳嗽、支气管炎和烫伤。昌感秋海棠（*B. cavalerei* Lévl.）广泛分布于广东、广西、海南、云南及贵州等地，被用来治疗多种疾病，主要用于跌打损伤、水肿和肺结核。周裂秋海棠（*B. circumlobata* Hance）分布于云南、贵州和广西，在当地被人们用来治疗跌打损伤、烫伤、毒蛇咬伤、痛经及痈疮。长叶秋海棠（*B. longifolia* Blume）被用于治疗咽喉炎、牙疼、淋巴结核、烧伤及烫伤，甚至还被用来减轻食管癌患者的痛苦。厚叶秋海棠（*B. dryadis* Irmsch.）被当地人用来治疗疥疮、毒蛇咬伤和止痛。紫背天葵（*B. fimbristipula* Hance）味甘、微酸、性凉，具清热解毒、润肺止咳、散瘀消肿、生津止渴之功效，在广东被人们用来治疗外感高热、中暑发烧、肺热咳嗽、伤风声嘶、痈肿疮毒、跌打肿痛等症。大香秋海棠（*B. handelii* Irmsch.）分布于两广及云南，在云南被当地群众用来治疗皮肤瘙痒和疥疮。掌叶秋海棠（*B. hemsleyana* Hook. f.）分布于云南、广西和四川，可用于治疗伤寒、肺炎及咳嗽。独牛秋海棠（*B. henryi* Hemsl.）的球状茎被用于治疗胃痛、痢疾并可以止血，也有活血化瘀的功效。分布于海南及广西的侯氏秋海棠（*B. howii* Merr. et Chun）可用于治疗支气管炎、疥疮及肿胀。心叶秋海棠（*B. labordei* Lévl）用于治疗支气管炎和哮喘。癞叶秋海棠（*B. leprosa* Hance）用于治疗疥疮及毒蛇咬伤。蕺叶秋海棠（*B. limprichtii* Irmsh.）全草泡酒可以治跌打损伤和风湿。裂叶秋海棠（*B. palmata* D. Don.）广泛分布于我国南方多省，被用来治疗感冒、流感、风湿以及支气管炎。掌裂叶秋海棠（*B. pedatifida* Lévl.）可用于治疗胃痛、子宫出血、风湿、关节炎、跌打损伤和毒蛇咬伤。台湾秋海棠（*B. taiwaniana* Hayata）仅分布于我国的台湾地区，具有止血、消肿止痛的作用。一点血秋海棠（*B. wilsonii* Gagnep.）可用于治疗咳嗽、白带并有止血的功效。云南秋海棠（*B. modestiflora* Kurz）根茎可治疗月经不调、血肿和骨折；果实可用来治疗小儿尿血和疝气；全草用来治疗胃痛和跌打损伤。秋海棠（*B. grandis* Dry.）在中国分布最广，其药用历史也很悠久，最早的药用记载见于1765年赵学敏编著的《本草纲目拾遗》，其后《陆川本草》《脉药联珠药性食物考》等医书中均有记载。秋海棠全草，包括根、茎、叶、花和果实均可入药，以根茎为主，其味苦、酸、涩，性微寒。功能有活血调经、止血止痢、镇痛；主治崩漏、月经不调、赤白带下、外伤出血、痢疾、胃痛、腹痛、腰痛、疝气痛、痛经以及跌打瘀痛等。茎叶，味酸、辛，性微寒，具有解毒消肿、散瘀止痛、杀虫的功效；主治咽喉肿痛、疮痈溃疡、毒蛇咬伤、跌打散瘀、皮癣。花，味苦、酸，性寒，具有杀虫解毒作用，主治皮癣。果，味酸、涩、微辛，性凉，具有消肿解毒作用，主治毒蛇咬伤。据说在巴西也有当地土著用秋海棠做退烧利尿草药。

还有一些秋海棠属植物被作为饮料和食物，如前面提到的紫背天葵，在广东被用来泡茶，据说有健胃解酒的功效。其富含钙、铁等元素，作为野菜食用也具有较高的营养价值，据说还有抗自由基及抗衰老的作用。国内的一些种类如等翅秋海棠、周裂秋海棠、粗喙秋海棠、食用秋海棠、秋海棠、掌裂叶秋海棠、裂叶秋海棠等种类都被当地人当作野菜或者制成饮料。在欧洲一些国家，也有把秋海棠作为蔬菜食用的，还用它来做汤料或烧鱼。东南亚有些国家也用它来给鱼、肉调味。产自南美洲多米尼加的多米尼加秋海棠（*B. dominicalis* A. DC.）在卡里波斯和克雷安里斯地区被用作茶饮料。有人在1871年巴黎被围困期间一份拉丁区的菜谱上也发现了秋海棠：*Begonias au jus*（秋海棠花朵原汁），当然这可能只是物资匮乏时期的权宜之计。

秋海棠对于净化空气也有一定效果。科学研究发现，秋海棠属植物对环境中的有害微生物也有一定的抑制作用，其中厚壁秋海棠（*B. silletensis* C. B. Clarke）、假厚叶秋海棠（*B. pseudodryadis* C. Y. Wu）和秋海棠（*B. grandis* Dry.）具有很强的抗大肠杆菌（*Escherichia coli*）的作用；铁甲秋海棠（*B. masoniana* Irmsch.）和大王秋海棠对白假丝酵母菌（*Candida albicans*）有抗性；而另外一些种类则具有抗葡萄球菌（*Staphylococcus epidermidis*）的活性。因此，秋海棠属植物不但能美化环境还具有净化室内空气的作用。

4. 秋海棠的美

　　娇艳多姿的花一直是人们对花卉审美的主要对象，市场上的热门花卉大都是因为具有艳丽多姿的花朵，比如兰花、玫瑰、牡丹、茶花、杜鹃等。秋海棠属植物也不缺乏美丽的花，野生的秋海棠属植物绝大多数都是单瓣花，花被片只有一轮2～5枚，花型较小，花径在2 cm左右；一株上常有2～4朵花，或形成圆锥花序或二歧聚伞花序。培育的园艺品种中，球茎类是主要的观花品种，花多为重瓣，花径一般在8～12 cm，部分品种可达30 cm；花色丰富多彩，有白、淡红、橙红、深红、紫红、绿白、黄、浅黄及橙黄等，还有一些双色品种；花型也可分为茶花型、水仙型、康乃馨型、月季型、牡丹型、蜀葵型、皱瓣型和长缘毛型等。

　　随着人们生活水平的日益提高，对审美的要求也越来越多样化，观叶植物也日益受到人们的喜爱。秋海棠的叶片多样性程度非常之高，有单叶也有复叶，有全缘叶又有由浅至深的裂叶，既有基部着生的也有盾状着生的，既有基部偏斜的也有近似对称的，大小也从长宽均不足2 cm到长宽可达30 cm，几乎包括了植物界所有的叶形。而叶色也是丰富多彩，最突出的特点是多数种类都具有丰富多彩的斑纹。假厚叶秋海棠（*B. pseudodryadis* C. Y. Wu）的叶片沿主脉有一条明显的斑纹，叶片上其他部位还有许多水滴状的白色斑块，如同水银迸溅而成；而罗城秋海棠（*B. luochengensis* S. M. Ku）沿主脉也有一条银色的斑纹，而其他部位的深色斑纹则近似规则的几何形状，且幼叶与老叶的叶色、斑纹也不相同。多变秋海棠（*B. variifolia* Y. M. Shui et W. H. Chen）的叶片既有基部着生的又有盾状着生的，且沿脉有许多银色的斑点。花叶秋海棠的叶片由主脉向叶缘有紫红—淡紫—淡绿—白—淡绿—淡紫渐变的色彩。红斑秋海棠（*B. rubropunctata* S. H. Huang et Y. M. Shui）掌状深裂的叶片具有白色的沿脉斑纹。伞叶秋海棠（*B. umbraculifolia* Y. Wan et N. Chang）盾形的叶片上叶脉交织宛如一张完整的蜘蛛网，又被称为蛛网脉秋海棠。在培育的园艺品种中，大王秋海棠系列的一些品种的叶片具有金属光泽，还有一些品种具有旋涡状的独特斑纹。另外，铁甲秋海棠1952年由莫里斯·梅森（Maurice Mason）从新加坡引入英国，因其独特的叶片表面斑纹而被称为铁十字秋海棠（Iron Cross Begonia），深受园艺爱好者喜爱。

　　秋海棠属植物有着多种多样的栽植形式，常见的是盆栽。有的盆栽绿叶饱满，花枝高于绿叶组成的球面，与绿叶相映成趣；有的则疏影横斜，花朵错落有致。盆栽还可以组成不同的花境或者造型，1999年昆明世博会上的大花船的风帆和船身都是由许多盆四季秋海棠组成的。一些直立茎的种类，在良好的水肥条件下可以长到数米高，加以支撑，多盆并排可以形成一道绿植屏风的效果。一些品种还可以垂吊种植，盛放时宛如花瀑，给人一种花团锦簇的感觉。

各种花色的球茎秋海棠品种

第二章
秋海棠的世界分布及研究历史

1. 秋海棠的世界分布

秋海棠是泛热带分布的植物，主要分布在亚洲、非洲和美洲的热带和亚热带地区。秋海棠属植物大部分分布在南北回归线之间，只有少数例外，例如中国北方各省区所产的中华秋海棠（*B. grandis* Dryand.）是在北回归线以北。

最新的研究资料表明，全世界秋海棠科的植物共有1800多种，由于几乎每年都有新发现种类的描述，这个数字还在不断增加。这些秋海棠被分在两个属中，其中秋海棠属包括了绝大部分种类，仅特有分布在夏威夷群岛的希尔布朗秋海棠另立成属。秋海棠属被分为64个组。按所处的大洲分，亚洲有19个组，非洲有16个组，美洲有29个组。

秋海棠的原始生境如同该属植物本身一样也具有多样性。南美洲是许多秋海棠种类的聚居地，尤其是亚马孙盆地和安第斯山脉。在中美洲、亚洲和南非等地也有秋海棠分布。

2. 秋海棠的研究历史

英国学者J. 多仁博斯（J. Doorenbos）等人在荷兰的瓦格宁根农业大学（Wageningen Agricultural University）发表的学术论文集《秋海棠研究》（*Studies in Begoniaceae*）中记载：1651年，F. 赫尔南德斯（Fransico Hernandez）最早对秋海棠属植物进行过描述并将之命名为"Totoncaxoxocoyollin"（墨西哥名字，后被鉴定为*B. gracilis* H. B. & K.），至今已有300多年的历史了。1700年，秋海棠的拉丁名*Begonia*第一次出现于J. P. 图尔耐福特（J. P. Tournefort）撰写的著作《草药研究》（*Institutions Rei Herbarae*）第一卷中。在书中他将采自加勒比海岛屿上的6种植物定名为*Begonia*。其名称是为了纪念美洲的一位植物学创始人M. 贝冈（Michel Bégon，1638—1710）而将其姓拉丁化后得来的。书中还记录了秋海棠的一些俗称，例如很多种类的秋海棠叶形较大且不对称，人们就称这一类为"象耳朵"（Elephant Ear）；有些种类的叶片和茎均为红色并且下垂，这一类通称为"牛排天竺葵"（Beefsteak-Geranium）。

1753年，林奈在《植物种志》（*Species Plantarum*）中提出了成立秋海棠属，并将J. P. 图尔耐福特所记录的6个种减为1个，定名为*Begonia obliqua* L.，即本属的模式种。随后，许多学者对秋海棠属植物进行过研究，其中德赖安德（Dryander）、斯托伊德尔（Steudel）、林德利（Lindley）、克洛奇（Klotzsch）、德坎德勒（de Candolle）、沃伯格（Warburg）、艾姆希尔（Irmscher）、巴克利（Barkley）、巴拉诺夫（Baranov）、莱曼（Lyman）、索塞佛（Sosef）、德怀尔特（de Wilde）和多仁博斯等对秋海棠的属下分类工作做出了较大的贡献。1986年，L. 史密斯（Lyman B. Smith）等著的《秋海棠研究》（*Begoniaceae*）一书中，对全世界1000多种秋海棠科植物进行了全面系统的整理。

自20世纪80年代中期开始，阿伦兹（Arends）、梵登伯格（van den Berg）、德兰格（de Lange）、鲍曼（Bouman）、雷兹曼（Reitsman）、索塞佛、德怀尔特和多仁博斯等人相继在荷兰的瓦格宁根农业大学学报上发表了有关非洲产秋海棠的系列研究，其内容涉及分类、分组订正、宏观形态特征、叶和花器官的解剖特征、花粉形态、种皮形态、杂交、生态、栽培、系统演化以及生物地理等诸多方面。

到了1791年，德赖安德发表了第一本秋海棠的专著，描述了21个种，并提到了另外9个存疑种。到了1841年，斯托伊德尔在其著作中列举了140个种名，从那个时代人们开始意识到秋海棠属是一个较大的属。其实早在1818年，R. 布朗（Robert Brown）就认为对秋海棠属进行细分是适宜的。1846年，J. 林德利根据子房每室的胎座数目和花瓣的数目分出了三个属 *Begonia*、*Diploclinium* 和 *Eupetalum*。克洛奇在1855年将210个种分成了41个属。但是到了1864年，德坎德勒将349个种分成了 *Mezierea*、*Casparya* 和 *Begonia* 3个属。其中秋海棠属最大有323个种，并进一步将这些种分成了61个组。沃伯格在19世纪末根据恩格勒（Engler）的《植物自然分科志》（*Natürliche Pflanzenfamilien*）首次对来自不同大洲的秋海棠属进行分组，其中非洲有12个组，亚洲有15个组，美洲有31个组，还有3个不太确定的组，此时有记录的秋海棠属植物已超过400种。1925年，艾姆希尔在沃伯格的基础上将当时已知的760多个种划分到64个组中；其中非洲有12个组，亚洲有16个组，美洲有32个组，1个同时包括亚洲和美洲种类的组，另外还有3个不太确定的组。艾姆希尔在1939年前又补充了3个新组。至此，利用形态特征对秋海棠进行分组的框架确立。随着分子系统学的兴起，研究者发现用于分组的形态特征如果实及胎座类型都属于非同源相似性状或趋同演化的结果，因此大多数按照形态特征划分的组都不是一个单系类群。

需要特别指出的是，虽然我国记载秋海棠的文献和栽培历史也相当久远，但在近代我国对秋海棠的研究起步却晚得多，差距也很大。而我国西南地区的秋海棠资源相当丰富，给我们提供了宝贵的研究资源。

由于秋海棠的种类繁多，且分布广泛，目前还没有一个完整的涵盖较多种类的全球系统，但已有较多利用较少种类建立的全球秋海棠属分子系统框架。其中古多尔-科普斯泰克（Goodall-Copestake）于2005年利用31个秋海棠植物建立的全球系统框架显示，亚洲及美洲的类群都来源于非洲的祖先，索科特拉岛（Socotra）及亚洲的秋海棠形成了一个支持率较高的单系。

非洲的秋海棠种类较少，约有160种，因此，相对于亚洲及美洲的种类其系统研究得较为透彻。普拉纳（Plana）2003年发表的分子系统，将非洲的种类分为17个组，并建立了较为清晰的组间关系。中南美洲的种类超过600种，其系统关系研究较少。亚洲也有超过600种秋海棠属植物，其中只有中华秋海棠（*B. grandis* Dryand）在温带地区有分布外其余种类都分布于热带及亚热带地区，特别是东南亚为其多样性的热点地区，有超过540种分布于此。2010年，托马斯（Thomas）基于115个类群的分子系统学研究表明，以往基于果实类型、子房室数以及胎座类型划分的组大多是多系起源的。

在《中国百科全书·观赏园艺卷》"秋海棠类"词条中我们可以看到："秋海棠在中国栽培已有近千年的历史，宋代诗人陆游的《钗头凤》即已涉及秋海棠，并已用于盆栽观赏。"宋代及以后陆续出现有关秋海棠的诗文，但大多数是以物寄情。因此，中国秋海棠栽培最早始于宋代。由于资料有限或难以查询，国外最早栽培秋海棠始于何时比较难以确定。据我们所掌握的资料，1804年英国的W.克尔（William Kerr）在中国发现中华秋海棠并将其引种到英国。这是中国秋海棠首次被引种到国外，也是国外引种秋海棠较早的记录。随后，其他一些观赏价值较高的种类（如掌叶秋海棠、大王秋海棠等）也相继被引种到英国、德国、美国和日本等国家。从中华秋海棠被引种至今也已有200多年的历史了。

南美洲的东北部及安第斯山脉地区的气候湿润，雨水充沛，林木繁茂，是秋海棠属植物的分布中心，也是许多现代园艺品种亲本的原产地，同时也有相当一部分的特有种类。1821年，德国柏林植物园在从巴西引进的植物土壤中，偶然发现了四季秋海棠（*B. cucullata* Willdenow）

的原种。通过植物学家和园艺学家的精心栽培和培育，兜状秋海棠逐渐被广泛栽培并被作为育种材料广泛应用，并自1828年传入欧洲各地后，其栽培规模不断扩大，受到越来越多的花卉爱好者推崇。

第三章
秋海棠国内种质资源及自然分布

第一节 中国秋海棠种质资源及其保育概述

秋海棠属（*Begonia* L.）植物是极为优良的草本观赏花卉，作为园艺花卉倍受青睐。许多国家一直很重视秋海棠属植物的保育研究，如英国、荷兰、美国、日本和澳大利亚等国收集保存了较多的秋海棠属植物野生种，并开展了较多新品种培育等应用基础研究。

秋海棠属植物有1800余种（含变种和亚种），广布于热带和亚热带地区，温带也有少量分布。我国是秋海棠属植物较丰富的国家之一，1999年出版的《中国植物志》第五十二卷刊载并发表的种类为139种。云南拥有丰富的秋海棠属植物资源，2006年出版的《云南植物志》第十二卷刊载并发表的种类为89种。随着对秋海棠属植物野外调查及系统分类研究的不断深入，在我国著名植物分类学家俞德浚、吴征镒、谷粹芝等老一辈科学家大量新种记述的基础上，近年来彭镜毅、刘演、古训铭、税玉民等学者相继发表了许多新种。现已知并发表的中国秋海棠属植物种类有220余种（含变种和亚种），其中196种为中国特有种类，约占中国分布种类的89%。中国秋海棠属植物主要分布于西南、华南及华中地区，云南、广西、贵州、四川、西藏、广东、海南、台湾、香港、湖南、湖北、福建、河南、河北、山东、山西、江西、浙江等省区均有自然分布种类，并以西南地区的云南和广西为自然分布中心。从中国秋海棠属植物自然分布总体水平来看，分布的海拔最低至90 m，最高达3400 m；球状茎类的分布海拔最高，直立茎类次之，根状茎类的分布海拔最低。许多种类的自然分布范围非常狭隘，地区特有性极强。目前，蓝色花和紫色花种类尚未发现。

中国科学院昆明植物研究所植物园早在20世纪70年代初就已开始引种栽培秋海棠属植物，但引种和保存的数量很少。直到20世纪90年代初昆明植物园成立秋海棠研究课题组后，秋海棠属植物的引种栽培规模才不断扩大。现已收集保存中国秋海棠属植物野生种170余种，国外原种和园艺品种300余种，栽培保育温室面积约2000 m²、栽培规模15000余盆，并以遗传育种及新品种培育研究为主导，开展了系统分类、细胞学、分子生物学等相关基础和应用基础研究，为中国秋海棠属植物种质资源的保护和持续合理开发利用提供了强有力的理论基础和技术支撑。

秋海棠属是被子植物第五大属，种类繁多。由于该属植物形态特征变异很大，给分类学带来了不少困难。随着近年来秋海棠新分类群的不断发现和分子生物学研究的进展，分类学家普遍认为秋海棠科只有两个属，即秋海棠属（*Begonia*）和希尔布朗属（*Hillebrandia*），而后者仅有分布在美国夏威夷的1种。在秋海棠属下分类中，分类学家比较普遍认同的分类系统是把该属分为64个组，但也有学者分为68个组。中国最早研究秋海棠分类的学者是俞德浚教授。1948年，他把当时发表的30种秋海棠分为5个组。1999年，谷粹芝在《中国植物志》中收录了中国分布的秋海棠属植物139种，根据子房室数、子房胎座类型和果实特征等分为6个组。2002年，税玉民等重新拟订了中国秋海棠属植物组的分类大纲，将其划为9个组。本书参照前人的研究结果，将所论述的中国秋海棠属植物分列到6个组中。

第二节 中国秋海棠自然分布种类论述

1. 侧膜组（Sect. *Coelocentrum* Irmscher）

本组为根状茎类型；叶片肉质，具有形态多样的斑纹；雄花被片（2）4，雌花被片（2）3；侧膜胎座，子房1室，具有3个侧膜胎座，花柱3；果实具近相等3翅。本组70余种，产于中国和越南北部的喀斯特地区。中国有50余种。

星果草叶秋海棠

Begonia asteropyrifolia Y. M. Shui et W. H. Chen

辨识特征：

根状茎类型，株高15～20 cm。叶片盾状着生，轮廓长卵形，长8～10 cm，宽4～6 cm；叶面绿色至褐绿色，密被短柔毛，沿掌状主脉具银白色斑纹。花被片粉红色，二歧聚伞花序，花4～10朵。雄花直径1.5～2 cm，外轮2被片卵圆形，内轮被片2或无，长卵形；雌花直径1.2～1.8 cm，外轮2被片倒卵圆形，内轮被片1，长椭圆形。花期3—4月，果期6—7月。

分布：

广西壮族自治区河池市凤山县、东兰县等地，生于海拔300～400 m的林下阴湿石壁上或石灰岩洞内。

橙花侧膜秋海棠
Begonia aurantiiflora C. -l Peng, Yan Liu & S. M. Ku

辨识特征:

  根状茎类型,株高20～30 cm。叶片斜卵圆形,长5～8 cm,宽6～7 cm;叶面绿色或褐绿色,有的镶嵌银绿色斑纹。花被片橙黄色,二歧聚伞花序,花4～8朵。雄花直径1.5～2 cm,外轮2被片卵圆形,内轮被片2,有时1,卵状披针形;雌花直径1.2～1.8 cm,外轮2被片倒卵圆形,内轮被片1,倒卵状披针形。花期9—10月,果期12月至翌年1月。

分布:

  广西壮族自治区百色市靖西市,生于海拔300 m的林下阴湿石壁上。

耳托秋海棠

Begonia auritistipula Y. M. Shui et W. H. Chen

辨识特征:

根状茎类型,根状茎匍匐至藤蔓状,长20~80 cm或更长。叶片斜卵圆形,长8~12 cm,宽4~6 cm,边缘不规则浅波状;叶面褐绿色被微柔毛,有时沿掌状脉略透浅银白色晕斑,托叶耳状。花被片粉红色,二歧聚伞花序,花3~6朵。雄花直径1.8~2.5 cm,外轮2被片宽卵形或近圆形,内轮2被片长圆形;雌花直径1.5~2 cm,外轮2被片近圆形,内轮被片2,有时1,长圆形。花期6—8月,果期9—11月。

分布:

广西壮族自治区南宁市隆安县,生于海拔200~300 m的林下阴湿石灰岩间或石灰岩洞中石壁上。

桂南秋海棠

Begonia austroguangxiensis Y. M. Shui et W. H. Chen

辨识特征：

　　根状茎类型，株高15～30 cm。叶片卵圆形，长5～9 cm，宽6～8 cm；叶面褐绿色，有的脉间嵌银绿色斑纹。花被片粉红色，二歧聚伞花序，花3～12朵。雄花直径1.8～3 cm，外轮2被片长卵形，内轮2被片倒卵状长圆形；雌花直径1.5～2.5 cm，外轮2被片卵圆形，内轮被片1，长圆形。花期8—9月，果期11—12月。

分布：

　　广西壮族自治区崇左市龙州县金龙镇高山村板闭屯，生于海拔250～550 m的林下阴湿的石灰岩山谷或石壁上。

巴马秋海棠

Begonia bamaensis Yan Liu et C.-I Peng

辨识特征:

根状茎类型,株高15~35 cm。叶片近圆形或卵圆形,长6~12 cm,宽5~10 cm;叶面翠绿色,脉间镶嵌不规则的银白色斑纹,叶柄被白色长柔毛。花被片浅桃红色,二歧聚伞花序,花6~8朵。雄花直径1.8~2.5 cm,外轮2被片近圆形,内轮2被片长椭圆形;雌花直径1.5~2.5 cm,外轮2被片近圆形,内轮被片1,椭圆形。花期7—8月,果期10—11月。

分布:

广西壮族自治区河池市巴马瑶族自治县百魔洞,生于海拔480 m的林下阴湿的石灰岩洞内石壁上或灌丛中。

双花秋海棠

Begonia biflora T. C. Ku

辨识特征：

　　根状茎类型，株高10～15 cm。叶片宽卵形至卵圆形，长5～10 cm，宽4～8 cm；叶面绿色至褐绿色，被短而贴生柔毛，叶柄密被褐色柔毛。花被片浅黄绿色，二歧聚伞花序，花3～6朵。雄花直径1.5～2 cm，外轮2被片长圆形或扁圆形，内轮2被片倒卵状长圆形；雌花直径1.2～1.8 cm，外轮2被片扁圆形，内轮被片1，倒卵形。花期5—6月，果期9—10月。

分布：

　　云南省文山壮族苗族自治州麻栗坡县天保镇曼棍洞，生于海拔250 m的林下阴湿的石灰岩洞内石壁上。

越南秋海棠
Begonia bonii Gagnep.

辨识特征：

　　根状茎类型，株高15～35 cm。叶片轮廓卵圆形至近圆形，长6～11 cm，宽5～8 cm；叶片正面褐绿色，背面褐红色。花被片粉红色，二歧聚伞花序，花6～12朵。雄花直径1.5～2.5 cm，花被片通常4，有时6，外轮被片宽卵形，内轮被片椭圆形；雌花直径1.2～2 cm，外轮2被片宽卵形或近圆形，内轮被片1，椭圆形。花期11—12月，果期翌年2—3月。

分布：

　　云南省文山壮族苗族自治州麻栗坡县，生于海拔1400 m的林下阴湿石灰岩山地或洞内石壁上。

疏毛越南秋海棠

Begonia bonii var. remotisetulosa Y. M. Shui et W. H. Chen

辨识特征：

　　根状茎类型，株高10～25 cm。叶片轮廓卵圆形至近圆形，长5～8 cm，宽4～6 cm；叶面褐绿色，被疏短柔毛，叶柄紫褐色被白色柔毛。花被片白色，二歧聚伞花序，花6～15朵。雄花直径1.5～2 cm，外轮2被片扁圆形，内轮2被片倒卵形或椭圆形；雌花直径1～1.8 cm，外轮2被片近圆形，内轮被片1，长椭圆形。花期5—6月，果期8—9月。

分布：

　　广西壮族自治区百色市德保县，生于海拔400～600 m的林下阴湿石壁上或石灰岩洞内。

崇左秋海棠

Begonia chongzuoensis Yan Liu, S. M. Ku & C. -I Peng

辨识特征:

根状茎类型,根状茎匍匐较长,近藤蔓状,株高15~20 cm。叶片宽卵形,长6.5~13.5 cm,宽5~10 cm;叶面褐绿色至褐红色,幼时被白色斑点。花被片浅粉红色至白色,二歧聚伞花序,花3~6朵。雄花直径1.5~2.5 cm,外轮2被片宽卵形,内轮2被片长圆形;雌花直径1~1.5 cm,外轮2被片阔卵圆形,内轮被片1,长圆形。花期8—9月,果期11—12月。

分布:

广西壮族自治区崇左市江州区板利乡弄官山,生于海拔230 m的林下阴湿的石灰岩间或石壁上。

卷毛秋海棠
Begonia cirrosa L. B. Smith et D. C. Wasshausen

辨识特征:

　　根状茎类型,株高15~30 cm。叶片宽卵形或近圆形,长8~15 cm,宽5~10 cm;叶面深绿色至暗绿色,散生短硬毛。花被片浅桃红色,二歧聚伞花序,花8~12朵,植株开花数极多。雄花直径3~3.5 cm,外轮2被片宽卵形,内轮2被片长圆形;雌花直径2.5~3 cm,外轮2被片宽卵形,内轮被片1,长圆形。花期1—2月,果期4—5月。

分布:

　　广西壮族自治区百色市那坡县,云南省文山壮族苗族自治州富宁县,生于海拔450~1000 m的林下阴湿的石壁上或灌丛中。

水晶秋海棠

Begonia crystallina Y. M. Shui et W. H. Chen

辨识特征：

　　根状茎类型，株高15～20 cm。叶片轮廓卵圆形至近圆形，长12～15 cm，宽11～13 cm；叶片正面褐绿色被短疏毛，脉间嵌银绿色条形斑纹或斑点，叶片背面幼时呈紫褐色，密被长柔毛。花被片粉红色，二歧聚伞花序，花4～8朵。雄花直径2.5～3 cm，外轮2被片卵圆形，内轮2被片长圆形；雌花直径2～2.5 cm，外轮2被片宽卵圆形，内轮2被片长卵形。花期10—11月，果期12月至翌年1月。

分布：

　　云南省文山壮族苗族自治州麻栗坡县天保镇曼棍洞，生于海拔600～800 m的林下阴湿的石灰岩间或石灰岩洞内石壁上。

弯果秋海棠

Begonia curvicarpa S. M. Ku，C.-I Peng et Yan Liu

辨识特征：

根状茎类型，根状茎匍匐近藤蔓状，株高15～30 cm。叶片长卵形，长4～15 cm，宽3～12 cm；叶面绿色至褐绿色，被疏短柔毛。花被片浅粉红色，二歧聚伞花序，花5～8朵，果实或子房弯曲。雄花直径2～3.5 cm，外轮2被片宽卵形，内轮2被片长卵形；雌花直径1.8～3.5 cm，外轮2被片阔卵形，内轮2被片长倒卵形。花期8—9月，果期10—11月。

分布：

广西壮族自治区桂林市永福县百寿乡百寿岩，生于海拔300 m的林下阴湿的石灰岩间或石壁上。

大新秋海棠
Begonia daxinensis T. C. Ku

辨识特征:

根状茎类型,株高20～34 cm。叶片长卵圆形或宽卵形,长10～20 cm,宽10～15 cm;叶面褐绿色嵌银绿色环状斑纹。花被片浅粉红色,二歧聚伞花序,花3～6朵。雄花直径3～4.5 cm,外轮2被片长卵形至阔卵形,内轮2被片狭倒卵形;雌花直径2.5～4 cm,外轮2被片阔卵形至卵圆形,内轮被片2,有时1,倒卵形。花期8—9月,果期10—11月。

分布:

广西壮族自治区崇左市大新县、南宁市隆安县,生于海拔300 m的林下阴湿山谷或石壁上。

德保秋海棠

Begonia debaoensis C.-I Peng，Yan Liu et S. M. Ku

辨识特征：

　　根状茎类型，根状茎匍匐，株高15～25 cm。叶片卵圆形或近圆形，长6～12 cm，宽5～8 cm；叶面褐绿色散生疏短毛，有的叶面具银白色斑纹。花被片粉红色至桃红色，二歧聚伞花序，花3～8朵。雄花直径2～2.5 cm，外轮2被片卵圆形至扁圆形，内轮2被片长椭圆形；雌花直径1.5～2 cm，外轮2被片扁圆形，内轮被片1，倒卵圆形。花期11—12月，果期翌年1—2月。

分布：

　　广西壮族自治区百色市德保县，生于海拔600 m的林下阴湿石灰岩壁上。

德天秋海棠

Begonia detianensis S. M. Ku（*nom. nud.*）

辨识特征：

　　根状茎类型，株高15～20 cm。叶片卵圆形或近圆形，长7.5～12 cm，宽7～10 cm；叶面绿色至褐绿色，有的脉间嵌银绿色斑纹。花被片浅粉红色，二歧聚伞花序，花3～6朵。雄花直径2～3 cm，外轮2被片卵状椭圆形，内轮2被片倒卵形；雌花直径1.5～2 cm，外轮2被片扁圆形，内轮被片1，倒卵形。花期9—10月，果期11—12月。

分布：

　　广西壮族自治区崇左市大新县硕龙镇、南宁市隆安县，生于海拔390 m的林下阴湿石壁上或石灰岩洞内。

方氏秋海棠

Begonia fangii Y. M. Shui et C. -I Peng

辨识特征：

　　根状茎类型，本种具匍匐或半直立的根状茎，株高20～35 cm。掌状复叶，小叶片4～7片，披针形，长5～12 cm，宽1.5～2.5 cm；叶片正面褐绿色，背面呈鲜艳的紫红色。花被片浅桃红色，二歧聚伞花序，花6～10朵，植株开花数较多。雄花直径3～3.5 cm，外轮2被片卵圆形，内轮2被片长椭圆形；雌花直径2.5～3 cm，外轮2被片扁圆形，内轮被片1，倒卵形。花期3—5月，果期5—7月。

分布：

　　广西壮族自治区崇左市龙州县金龙镇高山村板闭屯，生于海拔250～700 m的林下阴湿石灰岩壁上或岩间。

袍里秋海棠

Begonia fengshanensis D. Fang （nom. nud.）

辨识特征：

　　根状茎类型，株高12～25 cm。叶片卵圆形或长卵圆形，长10～11 cm，宽3～4 cm；叶面绿色嵌银白色斑纹或褐绿色无斑纹。无斑型植株叶柄褐红色、较长，有斑型植株叶柄略短。花被片粉红色或桃红色，二歧聚伞花序，花3～8朵。雄花直径1.8～2.5 cm，外轮2被片阔卵形，内轮2被片长卵形至倒卵形；雌花直径1.5～2 cm，外轮2被片卵圆形，内轮被片1，长圆形。花期5—6月，果期8—9月。

分布：

　　广西壮族自治区河池市凤山县袍里乡袍屯，生于海拔400 m的林下阴湿的石灰岩间或洞内石壁上。

丝形秋海棠
Begonia filiformis Irmscher

辨识特征:

　　根状茎类型，株高20～25 cm。叶片宽卵形或近圆形，长9～12 cm，宽8～9 cm；叶面暗褐色，脉间镶嵌银白色斑纹，叶柄和叶片密被短柔毛。花被片绿色至黄绿色，二歧聚伞花序，花4～12朵。雄花直径1.5～2.5 cm，外轮2被片长卵形，内轮2被片长圆形；雌花直径1.5～2 cm，外轮2被片宽卵形，内轮被片1，长圆形。花期2—4月，果期5—7月。

分布:

　　广西壮族自治区崇左市龙州县、百色市德保县、南宁市隆安县等地，生于海拔130 m的林下阴湿石灰岩壁上。

须苞秋海棠

Begonia fimbribracteata Y. M. Shui et W. H. Chen

辨识特征：

　　根状茎类型，株高10～30 cm。叶片卵圆形或近圆形，长6～7 cm，宽5～6 cm；叶面深绿色，密被短柔毛。花被片粉红色，二歧聚伞花序，花2～8朵。雄花直径1.8～2.5 cm，外轮2被片阔卵形，内轮2被片长圆形；雌花直径0.8～1 cm，外轮2被片卵圆形，内轮被片1，长圆形。花期5—6月，果期8—9月。

分布：

　　广西壮族自治区河池市东兰县，生于海拔300 m的林下阴湿的石壁上或石灰岩洞内。

广西秋海棠

Begonia guangxiensis C. Y. Wu

辨识特征:

根状茎类型,株高20~30 cm。叶片大型,宽卵形或近圆形,长10~15 cm,宽10~12 cm;叶面深绿色至褐绿色,密被长卷曲毛。花被片桃红色,二歧聚伞花序,花10~20朵。雄花直径3~3.5 cm,外轮2被片阔倒卵形,内轮2被片长圆形;雌花直径2.5~3 cm,外轮2被片阔倒卵形,内轮被片1,长圆形。花期1—3月,果期4—5月。

分布:

广西壮族自治区河池市东兰县、都安瑶族自治县,生于海拔200~270 m的林下阴湿石壁上或石灰岩间。

黄氏秋海棠

Begonia huangii Y. M. Shui et W. H. Chen

辨识特征：

　　根状茎类型，株高10~20 cm。叶片宽卵形，长12~14 cm，宽9~10 cm；叶面深绿色至褐绿色，被糙毛。花被片桃红色至浅粉红色，有时花被片背面呈橘红色，二歧聚伞花序，花6~8朵。雄花直径2~2.5 cm，外轮2被片卵形，内轮2被片倒卵状长圆形；雌花直径1~1.2 cm，外轮2被片扁圆形，内轮被片1，倒卵状长圆形。花期9—11月，果期11月至翌年1月。

分布：

　　云南省红河哈尼族彝族自治州屏边苗族自治县、个旧市蔓耗镇绿水河，生于海拔700~1100 m的林下阴湿石灰岩间或石壁上。

湖润秋海棠

Begonia hurunensis S. M. Ku （*nom. nud.*）

辨识特征：

　　根状茎类型，株高20~30 cm。叶片斜卵形，长10~16 cm，宽8~12 cm；叶面翠绿色，疏被短毛，有的具白色斑纹。花被片浅桃红色，二歧聚伞花序，花6~8朵。雄花直径2~2.5 cm，外轮2被片倒卵形，内轮2被片长椭圆形；雌花直径1~1.5 cm，外轮2被片卵圆形，内轮被片1，长圆形。花期6—7月，果期9—10月。

分布：

　　广西壮族自治区百色市靖西市湖润乡，生于海拔450 m的林下阴湿石灰岩间或石壁上。

靖西秋海棠

Begonia jingxiensis D. Fang et Y. G. Wei

辨识特征：

　　根状茎类型，株高15～25 cm。叶片轮廓近圆形，长10～12 cm，宽8～10 cm；叶片亮绿色，厚肉质，叶缘密被白色长柔毛，幼叶尤其明显。花被片浅粉红色或桃红色，二歧聚伞花序，花12～20朵，植株开花数较多。雄花直径0.8～2.2 cm，花被片2，阔卵圆形；雌花直径1～2 cm，花被片2，倒卵圆形。花期7—9月，果期9—11月。

分布：

　　广西壮族自治区百色市靖西市湖润乡、崇左市大新县恩城乡，生于海拔450 m的林下阴湿石灰岩间或石壁上。

马山秋海棠

Begonia jingxiensis var. mashanica D. Fang et D. H. Qin

辨识特征：

　　根状茎类型，株高15~20 cm。叶片轮廓近圆形，长8~12 cm，宽7~10 cm；叶片厚肉质，褐绿色，嵌环状银绿色斑纹，叶缘密被白色长柔毛，幼叶尤其明显。花被片桃红色，二歧聚伞花序，花6~14朵，植株开花数较多。雄花直径1.5~3.5 cm，花被片2，倒卵圆形；雌花直径1~3 cm，花被片2，卵圆形。花期7—9月，果期9—11月。

分布：

　　广西壮族自治区河池市宜山县、百色市靖西市、南宁市马山县等地，生于海拔180~300 m的林下阴湿石灰岩间或石壁上。

灯果秋海棠
Begonia lanternaria Irmscher

辨识特征:

　　根状茎类型,株高20～25 cm。叶片大型,斜卵形至宽卵形,长11～13 cm,宽12～15 cm;叶面整体呈褐绿色,嵌银绿色环状斑纹。花被片浅粉红色至桃红色,二歧聚伞花序,花10～16朵。雄花直径2～3 cm,外轮2被片宽卵形,内轮2被片长圆形;雌花直径1.5～2 cm,外轮2被片宽卵形,内轮被片1,长卵圆形。花期7—8月,果期9—10月。

分布:

　　广西壮族自治区崇左市龙州县金龙镇,生于海拔400 m的林下阴湿石灰岩间或石壁上。

临桂秋海棠

Begonia linguiensis S. M. Ku （nom. nud.）

辨识特征：

　　根状茎类型，株高25～30 cm。叶片斜卵形，长11～14 cm，宽8～10 cm；叶面翠绿色被短疏毛。花被片浅粉红色至桃红色，二歧聚伞花序，花3～12朵。雄花直径2.8～3 cm，外轮2被片宽卵形，内轮2被片长卵状披针形；雌花直径1.5～2.7 cm，外轮2被片扁圆形，内轮被片1，长卵状披针形。花期7—8月，果期9—10月。

分布：

　　广西壮族自治区桂林市临桂区会仙镇，生于海拔280 m的林下阴湿的石灰岩间或洞内石壁上。

刘演秋海棠

Begonia liuyanii C.-I Peng, S. M. Ku et W. C. Leong

辨识特征：

    根状茎类型，株高35～60 cm。叶片大型，长卵圆形，长15～35 cm，宽12～30 cm；叶面亮绿色至褐绿色，被短粗毛。花被片绿色至黄绿色，二歧聚伞花序，花10朵。雄花直径0.9～1.2 cm，外轮2被片卵状椭圆形，内轮2被片长圆形；雌花直径0.7～1 cm，外轮2被片椭圆形或倒卵状椭圆形，内轮被片1，长圆形。花期6—7月，果期8—9月。

分布：

    广西壮族自治区崇左市龙州县上龙乡和弄岗国家级自然保护区，生于海拔200 m的林下阴湿沟谷或石壁上。

弄岗秋海棠

Begonia longgangensis C. I-Peng et Yan Liu

辨识特征：

　　根状茎类型，株高20~25 cm。叶片轮廓宽卵形或近圆形，长6~12 cm，宽4~8 cm；叶面绿色至褐绿色，近无毛或被疏短毛。花被片粉红色至浅桃红色，二歧聚伞花序，花3~5朵。雄花直径1.8~2.2 cm，外轮2被片扁圆形，内轮被片2或无，长椭圆形；雌花直径1.2~1.8 cm，外轮2被片卵圆形，内轮被片1，长椭圆形。花期5—6月，果期8—9月。

分布：

　　广西壮族自治区崇左市龙州县，生于海拔200~300 m的林下阴湿石灰岩壁上。

长柱秋海棠

Begonia longistyla Y. M. Shui et W. H. Chen

辨识特征：

　　根状茎类型，株高10～15 cm。叶片卵圆形，长6～10 cm，宽4～6 cm；叶面褐绿色至褐紫色，密被瘤基刚毛，幼时刚毛紫红色，具银绿色斑点。花被片绿色至黄绿色，外轮被片略带紫红色，二歧聚伞花序，花6～10朵，单株开花数极多。雄花直径0.6～1 cm，外轮2被片近圆形，内轮2被片倒卵形；雌花直径0.5～1 cm，外轮2被片圆形，内轮被片1，倒卵形。花期4—5月，果期6—7月。

分布：

　　云南省红河哈尼族彝族自治州个旧市蔓耗镇、河口瑶族自治县，生于海拔250～500 m的季雨林下阴湿的沟谷石灰岩间或石壁上。

罗城秋海棠

Begonia luochengensis S. M. Ku，C. -I Peng et Yan Liu

辨识特征：

　　根状茎类型，株高20～40 cm。叶片斜卵形，长10～20 cm，宽8～12 cm；叶面深绿色，密被短柔毛，具紫褐色斑纹，沿主脉两侧镶嵌鲜艳的银绿色条形斑纹。花被片桃红色，外侧绯红色，二歧聚伞花序，花4～16朵，单株开花数较多。雄花直径2.5～3.5 cm，外轮2被片阔卵形，内轮2被片长圆形；雌花直径2～3 cm，外轮2被片卵圆形，内轮被片1，长圆形。花期8—10月，果期10—12月。

分布：

　　广西壮族自治区河池市罗城仫佬族自治县怀群镇穿洞岩，生于海拔250 m的林下阴湿山谷或石壁上。

鹿寨秋海棠

Begonia luzhaiensis T. C. Ku

辨识特征：

根状茎类型，株高15~30 cm。叶片宽卵形至近圆形，长8~12 cm，宽6~9 cm；叶面深绿色，沿脉被疏硬毛，具紫褐色斑纹。花被片白色至桃红色，二歧聚伞花序，花8~14朵，单株开花数极多。雄花直径2.5~3 cm，外轮2被片宽卵形，内轮2被片长圆形；雌花直径1.2~2 cm，外轮2被片扁圆形，内轮被片1，有时无，倒卵形。花期6—7月，果期9—10月。

分布：

广西壮族自治区柳州市鹿寨县、桂林市阳朔县，生于海拔180~240 m的林下阴湿的石灰岩间或路边土坎、石壁上。

铁甲秋海棠

Begonia masoniana Irmscher

辨识特征:

根状茎类型,株高25～40 cm。叶片近圆形或斜卵圆形,长10～25 cm,宽9～20 cm;叶面深绿色具紫褐色掌状斑纹,密被锥状长硬毛。花被片黄色至浅黄绿色,二歧聚伞花序,花8～12朵。雄花直径1.8～2 cm,外轮2被片扁圆形,内轮2被片倒卵圆形;雌花直径1.2～1.5 cm,外轮2被片扁圆形,内轮被片1,倒卵状三角形。花期5—7月,果期8—10月。

分布:

广西壮族自治区崇左市大新县、凭祥市,生于海拔170～290 m的林下阴湿石灰岩间。

龙州秋海棠

Begonia morsei Irmscher

辨识特征：

　　根状茎类型，株高15～25 cm。叶片宽卵形或斜卵圆形，长5～12 cm，宽4～10 cm；叶面褐绿色，密被锉状短柔毛，具银绿色条形或点状斑纹。花被片浅粉红色至粉红色，二歧聚伞花序，花5～12朵，单株开花数较多。雄花直径1.8～2 cm，外轮2被片宽卵形或近圆形，内轮2被片倒卵状长圆形；雌花直径1.2～2.5 cm，外轮2被片宽卵形，内轮被片1，倒卵形。花期5—7月，果期8—10月。

分布：

　　广西壮族自治区崇左市龙州县，生于海拔200 m的林下阴湿石壁上或石灰岩洞内石壁上。

宁明秋海棠

Begonia ningmingensis D. Fang，Y. G. Wei et C. –l Peng

辨识特征：

根状茎类型，株高15～25 cm。叶片斜卵形，长8～12 cm，宽5～8 cm；叶面绿色或紫褐色，密被短柔毛，沿掌状脉具银白色斑纹。花被片桃红色或极浅的粉红色，二歧聚伞花序，花8～12朵。雄花直径2～3.5 cm，外轮2被片宽卵形或倒卵圆形，内轮2被片长卵形；雌花直径1.5～2.5 cm，外轮2被片倒卵圆形，内轮被片1，长卵形。花期7—8月，果期10—11月。

分布：

广西壮族自治区崇左市江州区濑湍镇陇丰村、宁明县，生于海拔175～300 m的林下阴湿石灰岩壁上或岩缝中。

丽叶秋海棠

Begonia ningmingensis var. bella D. Fang，Y. G. Wei et C. -I Peng

辨识特征：

　　根状茎类型，株高10～20 cm。叶片近圆形，长8～10 cm，宽4～6 cm；叶片正面褐绿色或紫褐色，背面鲜紫红色，沿掌状脉具银白色斑纹。花被片浅桃红色，二歧聚伞花序，花4～6朵。雄花直径1.5～2 cm，外轮2被片倒卵圆形，内轮2被片长卵圆形；雌花直径1～1.2 cm，外轮2被片宽卵形，内轮被片1，长卵圆形。花期8—9月，果期11—12月。

分布：

　　广西壮族自治区崇左市大新县雷平镇，生于海拔230～250 m的林下阴湿石壁上或石缝中。

斜叶秋海棠

Begonia obliquefolia S. H. Huang et Y. M. Shui

辨识特征：

根状茎类型，根状茎匍匐伸长20～30 cm。叶片轮廓宽卵形，长8～12 cm，宽5～6 cm，近全缘或浅波状；叶面褐绿色被柔毛。花被片粉红色，二歧聚伞花序，花3～6朵。雄花直径2～2.5 cm，外轮2被片宽卵形，内轮2被片长卵形；雌花直径1.8～2.2 cm，外轮2被片近圆形，内轮被片1，长圆形。花期1—2月，果期4—5月。

分布：

云南省文山壮族苗族自治州麻栗坡县铁厂乡关告村，生于海拔1400 m的林下阴湿石灰岩山地或石灰岩洞中石壁上。

鸟叶秋海棠

Begonia ornithophylla Irmscher

辨识特征：

　　根状茎类型，根状茎匍匐较长，株高20～35 cm。叶片长卵状披针形，长9～14 cm，宽4.5～6.5 cm；叶面褐绿色被疏短毛，近厚草质。花被片粉红色至浅粉红色，二歧聚伞花序，花16～20朵，单株开花数较多。雄花直径2.5～3.5 cm，外轮2被片宽卵形，内轮2被片倒卵状长圆形；雌花直径2.2～2.5 cm，外轮2被片宽卵形，内轮被片1，长圆形。花期3—4月，果期6—7月。

分布：

　　广西壮族自治区崇左市龙州县、大新县下雷镇，生于海拔180～620 m的林下阴湿石壁上。

一口血秋海棠

Begonia picturata Yan Liu，S. M. Ku et C. -I Peng

辨识特征：

根状茎类型，株高15～20 cm。叶片斜卵形，长8～12 cm，宽5～8 cm；叶片正面紫褐色具银绿色环状斑纹或银绿色嵌紫褐色掌状斑纹，背面密被紫红色长柔毛。花被片桃红色，二歧聚伞花序，花12～20朵，单株开花数极多。雄花直径2.5～3 cm，外轮2被片卵圆形，内轮2被片长卵圆形；雌花直径2～2.2 cm，外轮2被片宽卵形，内轮被片2，有时1，长卵形。花期3—4月，果期6—7月。

分布：

广西壮族自治区百色市靖西市地州镇，生于海拔760 m的林下阴湿沟谷或石壁上。

万煜秋海棠

Begonia picturata var. wanyuana S. M. Ku（nom. nud.）

辨识特征：

　　根状茎类型，株高10~15 cm。叶片轮廓斜卵形，长6~9 cm，宽5~7 cm；叶面紫褐色具银绿色条状或点状斑纹，密被短柔毛。花被片桃红色，二歧聚伞花序，花3~8朵。雄花直径2.2~2.6 cm，外轮2被片卵圆形，内轮2被片长卵圆形；雌花直径1.2~1.5 cm，外轮被片2，扁圆形，内轮被片1，长圆形。花期6—8月，果期9—11月。

分布：

　　广西壮族自治区百色市靖西市地州镇、德保县，河池市凤山县袍里乡袍屯，生于海拔420 m的林下阴湿石灰岩洞口石壁上或岩缝中。

罗甸秋海棠

Begonia porteri H. Lévl. et Vaniot

辨识特征:

　　根状茎类型,株高12~15 cm。叶片卵形,长3~3.5 cm,宽2~3 cm;叶面褐绿色或褐紫色被长柔毛,沿叶脉呈银白色或亮绿色。花被片浅粉红色,二歧聚伞花序,花3~6朵。雄花直径1.5~1.8 cm,外轮2被片宽卵圆形,内轮2被片长卵形;雌花直径1.2~1.5 cm,外轮2被片扁圆形,内轮被片1,长卵形。花期6—7月,果期9—10月。

分布:

　　贵州省黔南布依族苗族自治州罗甸县,广西壮族自治区河池市罗城仫佬族自治县乔善乡,生于海拔200~500 m的林下阴湿石壁或土坎上。

假大新秋海棠

Begonia pseudodaxinensis S. M. Ku, Yan Liu et C. -l Peng

辨识特征：

根状茎类型，株高25~35 cm。叶片大型，斜卵形，长12~18 cm，宽10~12 cm；叶面褐绿色被短疏毛。花被片粉红色至浅粉红色，二歧聚伞花序，花8~20朵，单株开花数较多。雄花直径2.8~4 cm，外轮2被片倒卵圆形，内轮2被片长卵形；雌花直径1.2~2.5 cm，外轮2被片扁圆形，内轮被片1，长卵形。花期3—4月，果期6—7月。

分布：

广西壮族自治区崇左市大新县，生于海拔400 m的林下阴湿土坎或石壁上。

假厚叶秋海棠
Begonia pseudodryadis C. Y. Wu

辨识特征：

根状茎类型，株高16～18 cm。叶片斜卵形，长4～8 cm，宽3.5～5.6 cm；叶面褐绿色，近厚草质，沿中肋具银绿色宽带状斑纹，其余嵌不规则银绿色斑点。花被片粉红色，二歧聚伞花序，花6～10朵。雄花直径2～2.5 cm，外轮2被片宽卵形，先端急尖，内轮2被片披针形；雌花直径1.2～1.5 cm，外轮2被片菱形至卵状三角形，内轮被片3，披针形，先端急尖。花期8—9月，果期11—12月。

分布：

云南省红河哈尼族彝族自治州河口瑶族自治县瑶山乡、南溪镇芹菜塘、新街镇约马几，生于海拔1200～1320 m的林下阴湿石灰岩壁上。

假癞叶秋海棠

Begonia pseudoleprosa C. -I Peng, Yan Liu & S. M. Ku

辨识特征:

　　根状茎类型，株高10～15 cm。叶片轮廓长卵形，长6～8 cm，宽4～5 cm；叶面翠绿色，光滑无毛。花被片粉红色至浅粉红色，二歧聚伞花序，花3～12朵。雄花直径1.5～2 cm，外轮2被片长卵形或卵状披针形，内轮被片2，有时3，倒卵状长圆形；雌花直径0.8～1.5 cm，外轮2被片扁圆形，内轮被片1，长圆形。花期8—9月，果期11—12月。

分布:

　　广西壮族自治区崇左市大新县硕龙镇，生于海拔250 m的林下阴湿石灰岩壁上。

突脉秋海棠

Begonia retinervia D. Fang，D. H. Qin et C. -I Peng

辨识特征：

　　根状茎类型，株高10～15 cm。叶片近圆形，长10～12 cm，宽8～10 cm；叶面褐绿色至褐紫色，沿脉具银白色斑纹。花被片粉红色至桃红色，二歧聚伞花序，花6～18朵。雄花直径1.8～2 cm，外轮2被片倒卵圆形，内轮2被片长圆形；雌花直径1～1.5 cm，外轮2被片卵圆形，内轮被片1，长圆形。花期8—9月，果期11—12月。

分布：

　　广西壮族自治区河池市都安瑶族自治县下坳镇光隆村，生于海拔200～600 m的林下阴湿石壁上。

喙果秋海棠

Begonia rhynchocarpa Y. M. Shui et W. H. Chen

辨识特征：

　　根状茎类型，根状茎匍匐较长，株高8～12 cm。叶片斜卵形，长6～8 cm，宽3～5 cm；叶面绿褐色被疏短柔毛。花被片浅桃红色至桃红色，二歧聚伞花序，花3～8朵。雄花直径1.5～1.8 cm，外轮2被片倒卵圆形，内轮2被片长卵形；雌花直径1～1.2 cm，外轮2被片扁圆形，内轮被片1，长圆形。花期3—4月，果期6—7月。

分布：

　　云南省红河哈尼族彝族自治州河口瑶族自治县南溪镇，生于海拔140 m的林下阴湿石灰岩壁上。

半侧膜秋海棠

Begonia semiparietalis Yan Liu, S. M. Ku et C. –l Peng

辨识特征:

　　根状茎类型,株高10～15 cm。叶片近圆形,长6～8 cm,宽5～6 cm;叶面褐绿色或褐紫色,沿脉具银白色斑纹。花被片桃红色,二歧聚伞花序,花5～8朵。雄花直径1.5～2 cm,外轮2被片倒卵圆形,内轮2被片长圆形;雌花直径1.2～1.5 cm,外轮2被片扁圆形,内轮被片1,倒卵状披针形。花期8—9月,果期10—12月。

分布:

　　广西壮族自治区崇左市扶绥县岜盆乡,生于海拔120 m的林下阴湿石灰岩壁上。

刺盾叶秋海棠
Begonia setulosopeltata C. Y. Wu

辨识特征:

根状茎类型,株高25~30 cm。叶片卵形或宽卵形,长8~10 cm,宽4~5.5 cm;叶片盾状着生,叶面褐绿色散生硬毛,具白色斑纹。花被片桃红色,二歧聚伞花序,花5~8朵。雄花直径2~2.5 cm,外轮2被片宽卵形,内轮2被片长圆形;雌花直径1.5~2.2 cm,外轮2被片扁圆形,内轮被片1,长圆形。花期2—3月,果期5—6月。

分布:

广西壮族自治区河池市东兰县保平乡,生于海拔400 m的石灰岩洞内阴湿石壁上。

都安秋海棠
Begonia suboblata D. Fang et D. H. Qin

辨识特征:

　　根状茎类型,株高10~15 cm。叶片近圆形,长6~10 cm,宽5~8 cm;叶面褐绿色被粗长毛,具白色斑纹。花被片浅粉红色,二歧聚伞花序,花3~6朵。雄花直径2.2~2.5 cm,外轮2被片倒卵圆形,内轮2被片长卵形;雌花直径1.2~1.5 cm,外轮2被片扁圆形,内轮2被片长椭圆形。花期11—12月,果期翌年2—3月。

分布:

　　广西壮族自治区河池市都安瑶族自治县下坳镇,生于海拔760 m的林下阴湿土坎或石壁上。

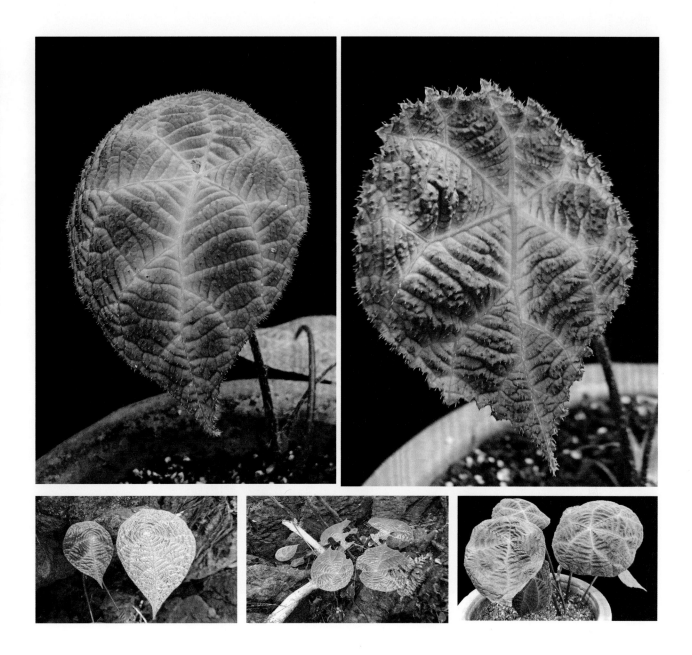

伞叶秋海棠

Begonia umbraculifolia Y. Wan et B. N. Chang

辨识特征：

　　根状茎类型，株高30～40 cm。叶片近圆形或宽卵形，先端尾尖，长9～15 cm，宽6～12 cm；叶片盾状着生，厚草质，叶面褐绿色被糙伏毛。花被片粉红色或桃红色，二歧聚伞花序，花8～12朵。雄花直径1.8～2.5 cm，外轮2被片近圆形，内轮2被片椭圆形；雌花直径1.5～2.2 cm，外轮2被片近圆形或宽卵形，内轮被片1，椭圆形。花期10—11月，果期翌年1—2月。

分布：

　　广西壮族自治区崇左市大新县、南宁市隆安县屏山乡龙虎山，生于海拔170～500 m的林下阴湿山谷或石灰岩间。

蛛网脉秋海棠

Begonia umbraculifolia var. flocculosa Y. M. Shui et W. H. Chen

辨识特征：

　　根状茎类型，株高25～30 cm。叶片宽卵形或长卵圆形，长10～15 cm，宽8～12 cm；叶片盾状着生，厚草质，叶面紫褐色被糙伏毛，沿掌状脉具银绿色斑纹。花被片浅粉红色至粉红色，二歧聚伞花序，花6～10朵。雄花直径2.2～2.8 cm，外轮2被片倒卵状椭圆形，内轮2被片长圆形；雌花直径1.2～2 cm，外轮2被片卵圆形，内轮被片1，长卵形。花期10—11月，果期翌年1—2月。

分布：

　　广西壮族自治区崇左市大新县恩城乡，生于海拔500 m的林下阴湿土坎或石壁上。

多变秋海棠

Begonia variifolia Y. M. Shui et W. H. Chen

辨识特征：

    根状茎类型，株高10～15 cm。叶片卵形或斜卵形，长6～8 cm，宽4～5 cm；叶面紫褐色密被短柔毛，沿脉具银白色或银绿色斑纹。花被片桃红色，二歧聚伞花序，花2～6朵。雄花直径1.2～1.5 cm，外轮2被片卵圆形，内轮2被片长卵形；雌花直径0.8～1 cm，外轮2被片扁圆形，内轮被片1，长卵形。花期2—3月，果期5—6月。

分布：

    广西壮族自治区河池市东兰县武篆镇、金城江区保平乡，生于海拔400～420 m的石灰岩洞内阴湿石壁上。

2. 东亚秋海棠组［Sect. *Diploclinium* (Lindley) A. De Candolle］

本组为根状茎或球状茎类型；子房3室，中轴胎座，每室胎座裂片2，花柱3；雄花被片（2）4，雌花被片（少2）3~5；果实具不相等的3翅。本组约120余种，主要分布于亚洲热带地区。中国有50余种。

尖被秋海棠
Begonia acutitepala K. Y. Guan et D. K. Tian

辨识特征：

球状茎类型，株高10~30 cm。叶片较大型，卵状心形，长14~20 cm，宽10~15 cm；叶面深绿色疏被白色粗毛。花被片粉红色，二歧聚伞花序，花极多。雄花直径4~4.5 cm，外轮2被片卵状长圆形，内轮2被片长卵状披针形；雌花直径1.5~3 cm，外轮2被片卵状披针形，内轮被片3，倒卵形。花期9—10月，果期12月至翌年1月。

分布：

云南省文山壮族苗族自治州马关县都龙镇、麻栗坡县老君山，生于海拔1600 m的林下阴湿沟谷或石壁上。

糙叶秋海棠

Begonia asperifolia var. asperifolia Irmscher

辨识特征：

球状茎类型，株高15～35 cm。叶片宽卵形，长15～30 cm，宽11～20 cm；叶面深绿色散生卷曲毛，叶缘波状浅裂。花被片粉红色或白色，二歧聚伞花序，花极多，30～40朵。雄花直径2.5～3 cm，外轮2被片卵圆形，内轮2被片卵状长圆形；雌花直径1.5～2.5 cm，外轮2被片近圆形，内轮2被片倒卵形。花期8—9月，果期11—12月。

分布：

云南省怒江傈僳族自治州兰坪白族普米族自治县、福贡县等地，生于海拔2400～3400 m的林下阴湿岩石壁上或杂木林沟谷、溪边。

武威秋海棠
Begonia × buimontana Y. Yamamoto

辨识特征：

　　直立茎类型，株高40～125 cm。叶片斜卵状披针形，长8～22 cm，宽4～8 cm；叶面深绿色，密被粗硬毛。花被片粉红色，二歧聚伞花序，花2～4朵。雄花直径2.4～3 cm，外轮2被片倒卵形，内轮2被片倒披针形；雌花直径2～2.8 cm，花被片2，匙形。花期4—8月，果期7—11月。

分布：

　　中国台湾省高雄市、屏东县、嘉义县，生于海拔1000～1600 m的林下阴湿山谷。

昌感秋海棠

Begonia cavaleriei H. Lévl.

辨识特征：

　　根状茎类型，株高30～40 cm。叶片近圆形或卵圆形，长8～22 cm，宽5～19 cm；叶片盾状着生，厚草质，亮绿色。花被片粉红色至桃红色，二歧聚伞花序，花多，20～25朵。雄花直径3.5～4 cm，外轮2被片宽卵形至卵形，内轮2被片长圆形；雌花直径3.2～3.5 cm，外轮2被片近圆形，内轮被片1，长圆形。花期6—7月，果期9—10月。

分布：

　　云南省文山壮族苗族自治州富宁县、西畴县、麻栗坡县等，生于海拔700～1000 m的密林下阴湿岩石间。

昌感秋海棠

溪头秋海棠
Begonia chitoensis T. S. Liu et M. J. Lai

辨识特征：

　　根状茎类型，株高40～45 cm。叶片斜卵圆形，长15～20 cm，宽10～15 cm；叶面绿色，光滑无毛。花被片淡粉红色，二歧聚伞花序，花8～12朵。雄花直径2.5～3 cm，外轮2被片宽卵形，内轮2被片长卵圆形；雌花直径2.2～2.5 cm，外轮2被片宽卵形，内轮被片3，长卵形。花期8—10月，果期11月至翌年1月。

分布：

　　中国台湾省南投县溪头，生于海拔500～2000 m的林下阴湿山谷或斜坡上。

黄连山秋海棠

Begonia coptidi-montana C. Y. Wu

辨识特征：

直立茎类型，株高0.7～1.2 m。叶片卵状披针形，长5～12 cm，宽1.8～4 cm；叶面深绿色，生极疏硬毛。花被片粉红色，二歧聚伞花序，花5～8朵。雄花直径1.2～1.8 cm，外轮2被片宽卵形，内轮2被片长圆形；雌花直径1～1.5 cm，外轮2被片宽卵形，内轮被片1，长圆形。花期7—8月，果期10—11月。

分布：

云南省红河哈尼族彝族自治州绿春县、文山壮族苗族自治州文山市老君山等地，生于海拔1750～2200 m的常绿阔叶林下阴湿的山谷或溪沟边。

兰屿秋海棠

Begonia fenicis Merrill

辨识特征：

　　根状茎类型，株高15～25 cm。叶片卵圆形或近圆形，长8～10 cm，宽5.5～7.5 cm；叶面深绿色，光滑无毛，被小圆突起。花被片白色至粉红色，二歧聚伞花序，花8～10朵。雄花直径2～2.5 cm，外轮2被片扁圆形，内轮2被片椭圆形；雌花直径1.5～2.2 cm，外轮2被片扁圆形，内轮被片2，长椭圆形。花期5—8月，果期8—11月。

分布：

　　中国台湾省台东县兰屿乡，生于海拔700 m的杂木林下阴湿山谷。

紫背天葵

Begonia fimbristipula Hance

辨识特征:

球状茎类型,株高12～20 cm。叶片宽卵形,长6～13 cm,宽4.8～8.5 cm;叶面淡绿色或紫褐色,散生短毛,有时具银白色斑纹。花被片粉红色,二歧聚伞花序,花10～15朵。雄花直径2.2～2.5 cm,外轮2被片宽卵形,内轮2被片长圆形;雌花直径1.2～2.2 cm,外轮2被片宽卵形,内轮被片1,倒卵形。花期8—9月,果期11—12月。

分布:

广东省广州市从化区和肇庆市鼎湖山,海南省陵水黎族自治县吊罗山,以及江西、福建等地,生于海拔700～1120 m的林下阴湿悬崖缝或石壁上。

硕苞秋海棠

Begonia gigabracteata H. Z. Li et H. Ma

辨识特征：

球状茎类型，株高10～15 cm。叶片长卵圆形，长7～10 cm，宽4～8 cm；叶面绿色，光滑无毛。花被片粉红色，二歧聚伞花序，花2～3朵，苞片白色。雄花直径1.2～1.8 cm，外轮2被片宽卵形，内轮2被片狭长圆形；雌花直径1～1.5 cm，外轮2被片宽卵圆形，内轮被片3，长椭圆形。花期8—9月，果期11—12月。

分布：

广西壮族自治区河池市天峨县坡结乡，生于海拔780 m的林下阴湿石壁或土坎上。

秋海棠
Begonia grandis var. grandis Dryander

辨识特征:

　　球状茎类型,具直立地上茎,株高40~60 cm。叶片宽卵形,长10~18 cm,宽7~14 cm;叶面褐绿色常有红晕,幼时散生硬毛。花被片桃红色,二歧聚伞花序,花极多,可达数十朵。雄花直径2.2~2.5 cm,外轮2被片宽卵形,内轮2被片倒卵状长圆形;雌花直径2~2.2 cm,外轮2被片近圆形或扁圆形,内轮被片1,倒卵形。花期7—9月,果期10—12月。

分布:

　　河北、河南、山东、贵州、湖南、福建等地,生于海拔1000~1100 m的密林内阴湿石壁或溪边岩石上,以及林下阴湿山谷或灌丛中。

全柱秋海棠

Begonia grandis subsp. *holostyla* Irmscher

辨识特征：

球状茎类型，具纤细直立地上茎，株高20～60 cm。叶片三角状卵形，长3～13 cm，宽2～10 cm；叶面褐绿色散生短硬毛。花被片浅粉红色至粉红色，二歧聚伞花序，圆锥状，花较多。雄花直径2～2.2 cm，外轮2被片宽卵形，内轮2被片长卵圆形；雌花直径1.6～2 cm，外轮2被片近圆形，内轮被片2或1，长卵形。花期7—8月，果期10—11月。

分布：

云南省昆明市东川区、嵩明县、禄劝彝族苗族自治县、富民县，玉溪市易门县，楚雄彝族自治州大姚县、禄丰县、双柏县，迪庆藏族自治州香格里拉市，丽江市等地，生于海拔2200～2800 m的常绿阔叶林下阴湿的山坡、山谷或石灰岩间。

中华秋海棠

Begonia grandis subsp. sinensis(A. DC.) Irmscher

辨识特征：

　　球状茎类型，具直立地上茎，株高20～70 cm。叶片椭圆状卵形至三角状卵形，长5～20 cm，宽4～13 cm；叶面淡绿色，偶带紫红色。花被片粉红色至桃红色，二歧聚伞花序，花20～40朵，单株开花数极多。雄花直径2.5～3.2 cm，外轮2被片阔卵圆形，内轮2被片倒卵圆形；雌花直径1.8～2.2 cm，外轮2被片扁圆形，内轮被片2，有时1，倒卵圆形或狭椭圆形。花期8—9月，果期10—12月。

分布：

　　河北、山东、山西、福建等地，生于海拔300～2900 m的林下阴湿山谷，路边斜坡或岩石上。

管氏秋海棠

Begonia guaniana H. Ma et H. Z. Li

辨识特征：

球状茎类型，株高15~25 cm。叶片卵圆形，长6~15 cm，宽4~12 cm；叶面深绿色，光滑无毛。花被片桃红色，二歧聚伞花序，花8~16朵，单株开花可达数十朵。雄花直径3.5~4 cm，外轮2被片卵圆形，内轮2被片长卵形；雌花直径2~2.5 cm，外轮2被片扁圆形，内轮被片1，长卵圆形。花期8—9月，果期11—12月。

分布：

云南省昭通市盐津县，生于海拔500 m的林下阴湿石壁或岩石间。

圭山秋海棠

Begonia guishanensis S. H. Huang et Y. M. Shui

辨识特征:

　　球状茎类型，株高15～25 cm。叶片长卵形，长5～10 cm，宽4～8 cm；叶面褐绿色，具白色斑纹。花被片深桃红色，二歧聚伞花序，花8～16朵。雄花直径2～2.5 cm，外轮2被片卵圆形，内轮2被片倒卵状长圆形；雌花直径1～1.2 cm，外轮2被片近圆形，内轮被片1，长圆形。花期8—9月，果期11—12月。

分布:

　　云南省昆明市石林彝族自治县圭山镇，生于海拔1990 m的石灰岩山地常绿阔叶林下阴湿的岩石间。

古林箐秋海棠

Begonia gulinqingensis S. H. Huang et Y. M. Shui

辨识特征：

根状茎类型，株高15～25 cm。叶片近圆形或团扇形，长、宽6～12 cm；叶面褐绿色，镶嵌近圆形银绿色斑点。花被片玫红色，二歧聚伞花序，花3～6朵，单株开花数极多。雄花直径1.8～2.5 cm，外轮2被片卵圆形，内轮2被片椭圆形；雌花直径1.5～2 cm，外轮2被片椭圆形，内轮被片3，长卵圆形。花期12月至翌年1月，果期3—4月。

分布：

云南省文山壮族苗族自治州马关县古林箐乡，生于海拔1730 m的常绿阔叶林下阴湿草丛中。

海南秋海棠
Begonia hainanensis Chun et F. Chun

辨识特征：

　　根状茎类型，雌雄异株，茎节着地即可生根攀缘生长，株高20～30 cm。叶片卵状长圆形或椭圆状长圆形，长5～8 cm，宽2～3.5 cm；叶片正面褐绿色、背面褐红色，光滑无毛。花被片玫红色至桃红色，二歧聚伞花序，花3～8朵。雄花直径1.5～1.8 cm，外轮2被片倒卵圆形，内轮2被片长卵形；雌花直径1.2～1.6 cm，外轮2被片宽卵形，内轮被片3，长卵圆形。花期7—8月，果期10—11月。

分布：

　　海南省保亭黎族苗族自治县、陵水黎族自治县吊罗山，生于海拔950～1000 m的林下阴湿山谷、溪边土坎或石头上。

重齿秋海棠

Begonia josephii A. De Candolle

辨识特征：

　　球状茎类型，株高15～30 cm。叶片盾状着生，轮廓宽卵形至近圆形，长8～15 cm，宽6～12 cm；叶面绿色，有时略带褐紫色，密被白柔毛，叶片具长柄。花被片粉红色，二歧聚伞花序，花可达数十朵。雄花直径1.5～2 cm，外轮2被片宽卵形，内轮2被片长圆形；雌花直径1.2～1.8 cm，花被片4～6枚，宽卵形至倒卵形各异。花期7—8月，果期10—11月。

分布：

　　西藏自治区山南市错那县，生于海拔2600～2800 m的针阔叶混交林中或林缘阴湿岩石壁上。

心叶秋海棠
Begonia labordei H. Lévl.

辨识特征：

　　球状茎类型，株高25～35 cm。叶片较大型，卵状心形，长15～25 cm，宽6～22 cm；叶面深绿色，散生硬毛。花被片粉红色或浅玫红色，二歧聚伞花序，花多，可达数十朵。雄花直径1.8～2.2 cm，外轮2被片卵圆形，内轮2被片椭圆形；雌花直径1.2～1.5 cm，外轮2被片椭圆形，内轮2被片长圆形。花期8—9月，果期11—12月。

分布：

　　云南省昆明市、大理白族自治州，以及四川、贵州等地，生于海拔850～3000 m的常绿阔叶林下岩石壁或杂木林内阴湿的岩缝中。

麻栗坡秋海棠

Begonia malipoensis S. H. Huang et Y. M. Shui

辨识特征:

根状茎类型,株高20~35 cm。叶片斜卵形,长9~11 cm,宽7~8 cm;叶面绿色被糙毛,嵌白色斑纹。花被片玫红色,二歧聚伞花序,花较多。雄花直径1.5~2.2 cm,外轮2被片宽椭圆形,内轮2被片卵状长圆形;雌花直径1.2~2 cm,外轮2被片倒卵状长圆形,内轮2被片长圆形。花期6—8月,果期9—10月。

分布:

云南省文山壮族苗族自治州麻栗坡县,生于海拔1300 m的林下阴湿山谷或路边灌丛中。

云南秋海棠

Begonia modestiflora Kurz

辨识特征：

　　球状茎类型，具直立地上茎，株高15～40 cm。叶片长卵形，长3～7 cm，宽2～4.5 cm；叶面绿色、无毛。花被片粉红色，总状聚伞花序，花10～25朵。雄花直径2.2～3 cm，外轮2被片卵形，内轮2被片椭圆形；雌花直径2～2.8 cm，外轮2被片宽卵形，内轮被片1，椭圆形。花期8—9月，果期11—12月。

分布：

　　云南省普洱市，西双版纳傣族自治州景洪市、勐腊县，红河哈尼族彝族自治州屏边苗族自治县等地，生于海拔520～1380 m的常绿阔叶林下阴湿的山谷、路边斜坡、土坎或岩石上。

桑叶秋海棠
Begonia morifolia T. T. Yu

辨识特征：

　　直立茎类型，茎密被紫褐色卷曲毛，株高20～40 cm。叶片卵形，长6.5～8.5 cm，宽4～4.5 cm；叶面深绿色、无毛。花被片白色，聚伞花序，花2～4朵，腋生。雄花直径2.5～3.2 cm，外轮2被片卵形，内轮2被片椭圆形；雌花直径2.2～2.8 cm，外轮2被片宽卵形，内轮2被片椭圆形。花期1—2月，果期4—5月。

分布：

　　云南省文山壮族苗族自治州西畴县、麻栗坡县铁厂乡关告村，生于海拔1300 m的林下阴湿山谷或溪沟边。

木里秋海棠

Begonia muliensis T. T. Yu

辨识特征：

　　球状茎类型，株高20～30 cm。叶片卵圆形，掌状浅裂，长12～15 cm，宽8～12 cm；叶面绿色被疏柔毛，镶嵌紫色或白色斑点。花被片白色至粉红色，二歧聚伞花序，花极多，可达数十朵。雄花直径1.6～2 cm，外轮2被片卵圆形，内轮2被片长卵形；雌花直径1.2～1.6 cm，外轮2被片卵圆形，内轮被片1，倒卵状长圆形。花期8—9月，果期11—12月。

分布：

　　四川省凉山彝族自治州木里藏族自治县，云南省迪庆藏族自治州香格里拉市等地，生于海拔1800～2600 m的林下阴湿岩石壁上或溪边。

不显秋海棠

Begonia obsolescens Irmscher

辨识特征:

　　根状茎类型,株高12~25 cm。叶片宽卵形,长5~11 cm,宽4~6.5 cm;叶面绿色,疏被短柔毛。花被片粉红色至桃红色,二歧聚伞花序,花4~6朵,单株开花数极多。雄花直径2.2~2.8 cm,外轮2被片宽卵形,内轮2被片椭圆形;雌花直径2~2.5 cm,外轮2被片倒卵形,内轮被片2,有时3,长卵形。花期3—4月,果期6—7月。

分布:

　　云南省文山壮族苗族自治州西畴县坪寨乡、麻栗坡县,红河哈尼族彝族自治州金平苗族瑶族傣族自治县等地,生于海拔1200~1650 m的常绿阔叶林下阴湿的山谷草丛中,岩石间或溪沟边。

盾叶秋海棠
Begonia peltatifolia H. L. Li

辨识特征：

　　根状茎类型，株高20～35 cm。叶片卵圆形或椭圆形，长10～11 cm，宽7.5～8.5 cm；叶片盾状着生，厚草质，绿色光滑无毛。花被片浅粉红色，二歧聚伞花序，花15～25朵，单株开花数较多。雄花直径2.5～3 cm，外轮2被片扁圆形，内轮2被片长圆形；雌花直径2～2.6 cm，外轮2被片近圆形，内轮被片1，长卵形。花期4—5月，果期7—8月。

分布：

　　海南省文昌市、白沙黎族自治县、昌江黎族自治县霸王岭，生于海拔700～1000 m的林下阴湿石灰岩间或石壁上。

樟木秋海棠

Begonia picta J. E. Smith

辨识特征：

　　球状茎类型，株高10~20 cm。叶片轮廓宽卵状心形，先端渐尖，长6~10 cm，宽4~7 cm；叶面褐绿色至褐紫色，散生白色硬毛，叶片具长柄。花被片桃红色，二歧聚伞花序，花2~3朵。雄花直径1.5~2 cm，外轮2被片近圆形，内轮2被片椭圆形；雌花直径1~1.8 cm，花被片5，宽倒卵形各异。花期8—9月，果期11—12月。

分布：

　　西藏自治区日喀则市聂拉木县樟木镇、林芝市墨脱县，生于海拔1400~2900 m的林下阴湿岩石壁上、溪沟边或林缘土坎上。

间型秋海棠

Begonia poilanei Kiew

辨识特征:

　　球状茎类型,株高12~20 cm。叶片轮廓卵圆形或心形,长6~13 cm,宽5~9 cm;叶面绿色至褐绿色,散生短毛,叶脉褐紫色。花被片粉红色,二歧聚伞花序,花8~12朵。雄花直径2.2~2.5 cm,外轮2被片阔倒卵形,内轮2被片长圆形;雌花直径1.2~2.2 cm,外轮2被片宽卵形,内轮被片1,倒卵形。花期8—9月,果期11—12月。

分布:

　　海南省陵水黎族自治县吊罗山,生于海拔600~700 m的林下阴湿悬崖石壁或路边土坎上。

肿柄秋海棠

Begonia pulvinifera C. -I Peng et Yan Liu

辨识特征:

根状茎类型,株高15～30 cm。叶片卵圆形,长10～15 cm,宽6～10 cm;叶片盾状着生,厚草质,深绿色,光滑无毛,叶柄基部膨大。花被片白色至浅粉红色,二歧聚伞花序,花6～10朵。雄花直径2.2～2.8 cm,外轮2被片卵圆形,内轮2被片长卵形;雌花直径1.5～2.5 cm,外轮2被片扁圆形,内轮被片1,长卵形。花期3—4月,果期6—7月。

分布:

广西壮族自治区百色市靖西市、河池市东兰县等地,生于海拔300～320 m的石灰岩洞内阴湿石壁上。

圆叶秋海棠

Begonia rotundilimba S. H. Huang et Y. M. Shui

辨识特征：

　　根状茎类型，株高10～15 cm。叶片斜卵形或扁圆形，长7～8.5 cm，宽5～6.5 cm；叶面深绿色、无毛，有时具银白色斑纹。花被片浅桃红色，二歧聚伞花序，花2～4朵。雄花直径2～2.2 cm，外轮2被片近圆形，内轮2被片长卵形；雌花直径1.2～1.5 cm，外轮2被片近圆形，内轮2被片长卵形。花期7—8月，果期10—11月。

分布：

　　云南省红河哈尼族彝族自治州屏边苗族自治县，生于海拔1600～1800 m的密林下阴湿山谷或溪水边。

匍地秋海棠

Begonia ruboides C. M. Hu ex C. Y. Wu et T. C. Ku

辨识特征：

　　根状茎类型，匍匐茎密被紫红色长硬毛，节处生根可蔓延生长，株高10～20 cm。叶片轮廓近圆形，长4.5～6 cm，宽3.5～5 cm；叶面褐绿色，散生长刚毛。花被片白色至浅粉红色，二歧聚伞花序，花3～6朵。雄花直径2.2～2.5 cm，外轮2被片宽卵形，内轮2被片倒卵状长圆形；雌花直径1.5～2 cm，外轮2被片宽卵形，内轮2被片长圆形。花期3—4月，果期6—7月。

分布：

　　云南省红河哈尼族彝族自治州屏边苗族自治县大围山、河口瑶族自治县瑶山乡梁子村、金平苗族瑶族傣族自治县，生于海拔1300 m的常绿阔叶林下阴湿山谷或路边斜坡土坎上。

刚毛秋海棠

Begonia setifolia Irmscher

辨识特征：

　　根状茎类型，株高10～20 cm。叶片宽卵形，长7～10.5 cm，宽6～10 cm；叶面暗绿色，散生褐紫色长刚毛。花被片玫红色，二歧聚伞花序，花6～10朵。雄花直径3.2～4 cm，外轮2被片宽卵形，内轮2被片长圆形；雌花直径2.2～3 cm，外轮2被片近圆形，内轮被片3，长圆形。花期3—5月，果期6—8月。

分布：

　　云南省红河哈尼族彝族自治州蒙自市、屏边苗族自治县、绿春县等地，生于海拔1300～2100 m的常绿阔叶林下阴湿山谷中。

中越秋海棠

Begonia sinovietnamica C. Y. Wu

辨识特征：

　　根状茎类型，株高25～40 cm。叶片轮廓卵形至宽卵形，长5～15 cm，宽4～10 cm；叶面褐绿色，被疏短毛。花被片白色，二歧聚伞花序，花2～6朵。雄花直径3.2～4 cm，外轮2被片宽卵形，内轮2被片长圆形；雌花直径3～3.5 cm，外轮2被片倒卵形，内轮被片2，长卵形。花期7—8月，果期10—11月。

分布：

　　广西壮族自治区河池市东兰县、防城港市东兴市等地，生于海拔230～400 m的林下阴湿沟谷或石灰岩洞内。

保亭秋海棠
Begonia sublongipes Y. M. Shui

辨识特征:

　　根状茎类型, 匍匐茎节处着地即可生根, 能攀缘生长, 株高 25～40 cm。叶片卵圆形, 长8～12 cm, 宽4～6 cm; 叶面深绿色至褐绿色, 光滑无毛。花被片粉红色至桃红色, 二歧聚伞花序, 花10～15朵。雄花直径1～1.2 cm, 外轮2被片宽卵形, 内轮2被片长圆形; 雌花直径0.7～1 cm, 外轮2被片扁圆形, 内轮被片1, 长卵形。花期4—8月, 果期7—11月。

分布:

　　海南省琼海市会山镇, 生于海拔500 m的林下阴湿山谷、路边土坎或溪流旁石壁上。

台湾秋海棠
Begonia taiwaniana Hayata

辨识特征：

  直立茎类型，株高25～45 cm。叶片轮廓长卵形，长6～11 cm，宽3.5～6 cm；叶面绿色至褐绿色，光滑无毛，有时具银白色斑点。花被片白色至极浅粉红色，二歧聚伞花序，花2～3朵。雄花直径2～2.5 cm，外轮2被片倒卵形，内轮2被片卵圆形；雌花直径2～3.2 cm，外轮2被片宽卵形，内轮被片2或3，卵圆形。花期8—9月，果期11月至翌年1月。

分布：

  中国台湾南部，生于林下阴湿沟谷。

四裂秋海棠

Begonia tetralobata Y. M. Shui et W. H. Chen

辨识特征：

　　根状茎类型，株高25～45 cm。叶片大型，卵圆形，4裂，长15～22 cm，宽8～12 cm；叶片正面褐绿色，光滑无毛，背面浅紫红色。花被片浅桃红色，二歧聚伞花序，花3～6朵。雄花直径3.5～5.5 cm，外轮2被片卵圆形，内轮2被片长圆形；雌花直径4.5～5.5 cm，栽培植株雌花直径最高纪录9.6 cm，外轮2被片宽卵形，内轮2被片倒卵圆形。花期5—6月，果期8—9月。

分布：

　　云南省文山壮族苗族自治州马关县古林箐乡新田湾，生于海拔840 m的常绿阔叶林下阴湿山谷石灰岩壁上或草丛中。

少瓣秋海棠

Begonia wangii T. T. Yu

辨识特征：

根状茎类型，株高25～35 cm。叶片卵状长圆形，长7～20 cm，宽3～10 cm；叶片盾状着生，正面褐绿色，背面紫红色。花被片淡绿白色或桃红色，二歧聚伞花序，花6～12朵，单株开花数极多。雄花直径2.5～3 cm，花被片2，卵圆形，先端急尖；雌花直径2.2～2.8 cm，花被片2，阔卵圆形。花期3—4月，果期6—7月。

分布：

云南省文山壮族苗族自治州富宁县，生于海拔600～1000 m的密林下石灰岩壁上。

文山秋海棠

Begonia wenshanensis C. M. Hu ex C. Y. Wu

辨识特征：

直立茎类型，株高30~60 cm。叶片三角状卵形，长7~12 cm，宽4.5~7 cm；叶面深绿色，微被柔毛。花被片玫红色，二歧聚伞花序，花2~3朵。雄花直径2~2.5 cm，外轮2被片长卵形，内轮2被片椭圆形；雌花直径1.8~2 cm，外轮2被片宽卵形，内轮被片1，椭圆形。花期6—8月，果期9—12月。

分布：

云南省文山壮族苗族自治州文山市、富宁县，生于海拔1400~2200 m的混交林或常绿阔叶林下阴湿山谷中。

雾台秋海棠
Begonia wutaiana C. I Peng et Y. K. Chen

辨识特征：

　　直立茎类型，株高35～70 cm。叶片轮廓长卵状披针形，长7～12 cm、宽3.5～6.2 cm；叶面深绿色至褐绿色，光滑无毛。花被片桃红色至极浅粉红色，二歧聚伞花序，花3～6朵。雄花直径2.2～2.8 cm，外轮2被片倒卵形，内轮2被片长卵形；雌花直径2.3～3.5 cm，外轮2被片宽卵形，内轮被片2或3，长卵圆形。花期4—7月，果期8—9月。

分布：

　　中国台湾，生于800～1000 m阔叶林下阴湿沟谷或林缘土坎上。

宿苞秋海棠

Begonia yuii Irmscher

辨识特征：

球状茎类型，株高10～20 cm。叶片宽卵形，长6.5～10.5 cm，宽5.5～8 cm；叶面褐绿色具白色刚毛；叶片具长柄，叶柄密被紫红色卷曲柔毛。花被片粉红色至玫红色，二歧聚伞花序，花3～6朵。雄花直径1.5～1.8 cm，外轮2被片宽卵形，内轮2被片椭圆形；雌花直径1～1.8 cm，外轮2被片宽卵形，内轮被片3，椭圆形。花期7—8月，果期10—11月。

分布：

云南省红河哈尼族彝族自治州、临沧市等地，生于海拔1500～2900 m的林下阴湿山谷、路边岩石面或岩缝中。

3. 单座组〔Sect. *Reichenheimia* (Klotzsch) A. De Candolle〕

本组为根状茎或球茎类型；雄花被片4，雌花被片3或4（少2，5，6）；子房3室，中轴胎座，每室胎座裂片1，花柱3；蒴果具近相等的3翅。本组50余种，分布于亚洲热带地区。中国有6种。

凤山秋海棠

Begonia chingii Irmscher

辨识特征:

　　球状茎类型,株高8~15 cm。叶片心形或宽卵形,长7~9 cm,宽5~8 cm;叶面深绿色,被卷曲柔毛。花被片粉红色至浅桃红色,二歧聚伞花序,花2~5朵。雄花直径1.6~2.2 cm,外轮2被片卵形,内轮2被片长圆形;雌花直径1.2~1.5 cm,外轮2被片扁圆形,内轮被片1,宽椭圆形。花期8—9月,果期11—12月。

分布:

　　广西壮族自治区河池市凤山县,百色市凌云县、那坡县,崇左市龙州县等地,生于海拔700~800 m的林下阴湿的石灰岩洞内石壁上或流水的洞口。

独牛秋海棠

Begonia henryi Hemsley

辨识特征：

　　球状茎类型，株高15～20 cm。叶片宽卵形或三角状卵形，长3.5～6 cm，宽4～7.5 cm；叶面深绿色或褐绿色，密被淡褐色柔毛。花被片粉红色，二歧聚伞花序，花2～4朵。雄花直径2～2.5 cm，外轮2被片扁圆形或宽卵形，内轮2被片长卵形；雌花直径1.3～1.7 cm，花被片2，扁圆形。花期8—9月，果期11—12月。

分布：

　　云南、四川、贵州、湖北、广西等地，生于海拔850～2600 m的阴湿石灰岩壁上或岩缝中，以及常绿阔叶林下阴湿的山坡、路边土坎上。

石生秋海棠
Begonia lithophila C. Y. Wu

辨识特征：

　　球状茎类型，株高15～20 cm。叶片长卵圆形，长5～12 cm，宽3～10 cm；掌状5深裂至中部，裂片卵状披针形；叶面深绿色、无毛。花被片桃红色，二歧聚伞花序，花3～5朵。雄花直径2.2～2.5 cm，外轮2被片宽卵形，内轮2被片椭圆形；雌花直径1.6～2 cm，外轮2被片阔卵形，内轮被片2，有时1，长圆形。花期8—9月，果期11—12月。

分布：

　　云南省昆明市石林彝族自治县、宜良县，玉溪市峨山彝族自治县，红河哈尼族彝族自治州石屏县等地，生于海拔1670～2000 m的林下阴湿石灰岩山地石壁上或岩缝中。

小叶秋海棠

Begonia parvula H. Lévl. et Vaniot

辨识特征:

　　球状茎类型,株高8～12 cm。叶片宽卵形至圆形,长、宽1～4 cm;叶面绿色至褐绿色,疏被柔毛,有时具银白色或紫褐色斑纹。花被片粉红色至玫红色,二歧聚伞花序,花1～3朵。雄花直径1.2～1.8 cm,外轮2被片倒卵形至扁圆形,内轮2被片长圆形;雌花直径1～1.6 cm,外轮2被片近圆形,内轮被片3,倒卵状长圆形。花期8—9月,果期11—12月。

分布:

　　云南省楚雄彝族自治州、红河哈尼族彝族自治州个旧市、文山壮族苗族自治州麻栗坡县,以及贵州、广西等地,生于海拔1200～1600 m的林下阴湿石灰岩壁或路边土坎上。

最亮秋海棠

Begonia summoglabra T. T. Yu

辨识特征：

　　球状茎类型，株高10~15 cm。叶片卵圆形，长9~15 cm，宽5~9 cm；叶面褐黄绿色，光滑无毛。花被片粉红色至玫红色，二歧聚伞花序，花3~6朵。雄花直径1~1.2 cm，外轮2被片卵圆形，内轮2被片狭长圆形；雌花直径0.8~1 cm，外轮2被片卵圆形，内轮被片1，狭长圆形。花期8—9月，果期11—12月。

分布：

　　云南省红河哈尼族彝族自治州屏边苗族自治县，生于海拔1400 m的常绿阔叶林下阴湿的石壁上或岩石间。

一点血秋海棠

Begonia wilsonii Gagnepain

辨识特征：

球状茎类型，株高10～20 cm。叶片轮廓宽卵形至菱形，先端渐尖，长10～16 cm，宽8～14 cm；叶面绿色近无毛，叶片具长柄。花被片桃红色，二歧聚伞花序，花4～6朵。雄花直径2～2.5 cm，外轮2被片卵圆形至倒卵形，内轮被片2或1，长卵圆形；雌花直径1.5～2 cm，外轮2被片卵圆形，内轮被片1，长卵形。花期7—8月，果期10—11月。

分布：

四川省乐山市峨眉山市，生于海拔700～1950 m的林下阴湿沟谷石壁上。

4. 扁果组 [Sect. *Platycentrum* (Klotzsch) A. De Candolle]

本组又称二室组，为根状茎类型；通常具直立茎，单叶或掌状复叶，叶片全缘或掌状分裂；雄花被片4，雄蕊辐射状，雌花被片5；子房2室，中轴胎座，每室胎座裂片2，花柱2（3）；蒴果具3不等翅，其中一翅较大。本组120余种，主要分布于亚洲。中国约有80种。

美丽秋海棠

Begonia algaia L. B. Smith et D.C.Wasshausen

辨识特征：

根状茎类型，株高25～35 cm。叶片宽卵形至长圆形，长10～20 cm，宽9～19 cm，掌状深裂，中间3裂片再中裂，裂片披针形至卵状披针形；叶面深绿色，散生粗毛。花被片粉红色至浅桃红色，二歧聚伞花序，花6～10朵，单株开花数极多，数十至上百朵。雄花直径4～5.5 cm，外轮2被片宽卵形，内轮2被片倒卵状长圆形；雌花直径4.5～5.2 cm，外轮2被片宽卵形，内轮被片3，倒卵形。花期5—6月，果期8—9月。

分布：

湖南、江西等地，生于海拔320～800 m的林下阴湿的山谷溪沟边、河畔，以及路边灌丛中或石壁上。

歪叶秋海棠

Begonia augustinei Hemsley

辨识特征：

　　根状茎类型，株高25~30 cm。叶片宽卵形，长12~20 cm，宽10~15 cm；叶面褐绿色，嵌紫褐色斑纹，沿中肋具银绿色斑纹，整体密被柔毛。花被片粉红色至桃红色，二歧聚伞花序，花3~6朵。雄花直径4.5~5 cm，外轮2被片椭圆形，内轮2被片长圆形；雌花直径3.8~4.2 cm，外轮2被片倒卵形，内轮被片2，有时3，倒卵状长圆形。花期7—8月，果期10—11月。

分布：

　　云南省普洱市澜沧拉祜族自治县惠民镇，西双版纳傣族自治州勐海县、景洪市等地，生于海拔960~1500 m的密林下阴湿的山谷或路边土坎、斜坡上。

金平秋海棠
Begonia baviensis Gagnepain

辨识特征：

根状茎类型，株高50～65 cm。叶片卵形或近圆形，掌状5～7深裂，长15～20 cm，宽10～22 cm；叶面深绿色被长柔毛，新梢密被粗糙红褐色卷曲长毛。花被片白色至浅粉红色，二歧聚伞花序，花2～4朵。雄花直径3.5～4 cm，外轮2被片宽卵形，内轮2被片倒心形；雌花直径2.6～3 cm，外轮2被片卵形，内轮被片3，倒卵形。花期7～8月，果期10—11月。

分布：

云南省红河哈尼族彝族自治州金平苗族瑶族傣族自治县，生于海拔450 m的季雨林下阴湿的山谷或溪沟旁。

花叶秋海棠

Begonia cathayana Hemsley

辨识特征：

直立茎类型，株高50～100 cm。叶片卵形或卵状三角形，长8～14 cm，宽5～11 cm；叶面暗紫褐色，密被短柔毛，具鲜艳的银绿色环状斑纹。花被片桃红色或橘红色，二歧聚伞花序，花8～10朵。雄花直径3.5～4 cm，外轮2被片卵状椭圆形，内轮2被片狭卵形；雌花直径2.2～2.8 cm，外轮2被片倒卵圆形，内轮被片3，长卵圆形。花期7—8月，果期10—11月。

分布：

云南省红河哈尼族彝族自治州河口瑶族自治县新街镇约马几、金平苗族瑶族傣族自治县分水岭国家级自然保护区、屏边苗族自治县、蒙自市，文山壮族苗族自治州西畴县、麻栗坡县等地，生于海拔1200～1500 m的常绿阔叶林下阴湿的山谷中、溪沟边或路边灌丛中。

赤水秋海棠

Begonia chishuiensis T. C. Ku

辨识特征：

　　根状茎类型，株高20～35 cm。叶片轮廓卵圆形至长卵形，长5～10 cm，宽4～6 cm；叶面褐绿色，被短小硬毛，背面紫红色。花被片白色，二歧聚伞花序，花4～8朵。雄花直径2.2～3.5 cm，外轮2被片宽卵形，内轮2被片长卵形；雌花直径1.5～3 cm，外轮2被片倒卵形，内轮被片2或1，长卵形。花期8—9月，果期11—12月。

分布：

　　四川，贵州省遵义市赤水市，生于海拔400～600 m的林下阴湿岩石壁上。

澄迈秋海棠
Begonia chuniana C. Y. Wu

辨识特征：

根状茎类型，株高25～40 cm。叶片卵状披针形，长6～11 cm，宽4～7 cm；叶面深绿色，光滑无毛。花被片白色或黄色，二歧聚伞花序，花3～12朵。雄花直径3～3.6 cm，外轮2被片卵形，内轮2被片长圆形；雌花直径1.8～2.2 cm，外轮2被片宽卵形，内轮被片2，长圆形。花期4—5月，果期7—11月。

分布：

海南省澄迈县、白沙黎族自治县，生于海拔1000 m的林下阴湿山谷或溪沟边。

周裂秋海棠

Begonia circumlobata Hance

辨识特征:

根状茎类型,株高25~50 cm。叶片轮廓扁圆形或宽卵形,长10~17 cm,宽8~15 cm,掌状6~7深裂,裂片通常不再分裂;叶面深绿色,散生短硬毛,有时具银白色斑点。花被片玫红色,二歧聚伞花序,花3~5朵。雄花直径2~3.5 cm,外轮2被片宽卵形,内轮2被片长圆形;雌花直径1.8~3 cm,外轮2被片近圆形,内轮被片2或3,倒卵状长圆形。花期5—6月,果期8—9月。

分布:

湖北、湖南、贵州、广西、广东、福建,生于海拔250~1100 m的林下阴湿山谷石壁上或溪沟边。

假侧膜秋海棠
Begonia coelocentroides Y. M. Shui et Z. D. Wei

辨识特征：

根状茎类型，株高15～25 cm。叶片轮廓卵形至长卵形，长10～15 cm，宽5～7 cm；叶面绿色，散生短硬毛，叶缘具长短不等浅红色至白色长毛。花被片白色至浅粉红色，二歧聚伞花序，花4～10朵。雄花直径1.5～2.5 cm，外轮2被片宽卵形，内轮被片2或3，倒卵形；雌花直径1.2～2 cm，外轮2被片卵圆形，内轮被片2或3，长卵形。花期8—9月，果期11—12月。

分布：

云南南部，生于海拔350～500 m的林下阴湿山谷或岩石壁上。

橙花秋海棠

Begonia crocea C.-l Peng

辨识特征:

　　根状茎类型,株高35~60 cm。叶片大型,宽卵形至近圆形,长12~25 cm,宽8~15 cm;叶面深绿色,疏生短毛。花被片橙黄色,二歧聚伞花序,花3~6朵。雄花直径3.5~4.5 cm,外轮2被片宽卵形,内轮2被片长卵形;雌花直径2.2~2.6 cm,外轮2被片宽卵形,内轮被片3,卵状长圆形。花期6—7月,果期9—10月。

分布:

　　云南省普洱市江城哈尼族彝族自治县嘉禾乡,生于海拔900~1200 m的林下阴湿山谷或溪流旁。

瓜叶秋海棠

Begonia cucurbitifolia C. Y. Wu

辨识特征：

　　根状茎类型，株高25～40 cm。叶片近圆形，掌状3～4深裂，长、宽近等，14～16 cm；叶面深绿色、无毛，厚草质。花被片白色，二歧聚伞花序，花2～4朵。雄花直径4～4.5 cm，外轮2被片长圆形，内轮2被片倒卵状长圆形；雌花直径2.2～2.5 cm，外轮2被片宽卵形，内轮被片3，倒卵状长圆形。花期1—2月，果期4—5月。

分布：

　　云南省红河哈尼族彝族自治州河口瑶族自治县南溪镇，生于海拔430 m的林下阴湿山谷或石灰岩间。

大围山秋海棠

Begonia daweishanensis S. H. Huang et Y. M. Shui

辨识特征:

根状茎类型,株高20～35 cm。叶片斜卵形或卵圆形,近全缘,长8～12 cm,宽7～10 cm;叶面亮绿色,无毛。花被片粉红色至桃红色,二歧聚伞花序,花3～6朵。雄花直径3.5～4 cm,外轮2被片宽卵形,内轮2被片长圆形;雌花直径3.2～4 cm,外轮2被片宽卵形,内轮被片3,长圆形。花期11—12月,果期翌年2—3月。

分布:

云南省红河哈尼族彝族自治州屏边苗族自治县大围山,生于海拔1420～1750 m的常绿阔叶林下阴湿山谷、路边土坎上或石灰岩间。

厚叶秋海棠

Begonia dryadis Irmscher

辨识特征：

　　根状茎类型，株高30～45 cm。叶片轮廓宽卵形，长7～12 cm，宽5.5～11 cm；叶面暗绿色，无毛。花被片桃红色，二歧聚伞花序，花3～5朵。雄花直径2～2.5 cm，外轮2被片卵形，内轮2被片倒卵形；雌花直径2.2～2.6 cm，外轮2被片倒卵状长圆形，内轮被片3，长圆形。花期7—8月，果期10—11月。

分布：

　　云南省西双版纳傣族自治州景洪市、勐腊县，普洱市澜沧拉祜族自治县，生于海拔1100～1400 m的林下或林缘阴湿的山谷、溪沟边或石灰岩间。

川边秋海棠
Begonia duclouxii Gagnepain

辨识特征：

　　根状茎类型，株高20～30 cm。叶片斜卵形，长4～8 cm，宽3～5 cm；叶面褐绿色，被短刚毛。花被片桃红色或白色，二歧聚伞花序，花6～10朵，单株开花数极多，数十至上百朵。雄花直径2～2.5 cm，外轮2被片宽卵形，内轮2被片倒卵状长圆形；雌花直径1.2～1.8 cm，外轮2被片宽卵形，内轮被片3，广椭圆形。花期5—6月，果期翌年8—9月。

分布：

　　云南省昭通市大关县、绥江县、盐津县，四川省乐山市峨眉山市，生于海拔1000～1400 m的林下阴湿山谷以及石灰岩溶洞内阴湿石壁上。

食用秋海棠

Begonia edulis H. Lévl.

辨识特征：

根状茎类型，株高35～60 cm。叶片轮廓近圆形，掌状浅裂至深裂，长、宽12～15 cm；叶面深绿色，近无毛或疏被短硬毛。花被片粉红色，二歧聚伞花序，花3～5朵。雄花直径2.5～3 cm，外轮2被片阔卵形，内轮2被片长圆形；雌花直径2.2～2.6 cm，外轮2被片倒卵形，内轮被片3，卵状长圆形。花期8—9月，果期11—12月。

分布：

云南省文山壮族苗族自治州富宁县、麻栗坡县，广西壮族自治区百色市德保县，贵州西南部，广东等地，生于海拔500～1500 m的林下阴湿山谷或溪沟边岩石上。

峨眉秋海棠

Begonia emeiensis C. M. Hu ex C.Y. Wu et T. C. Ku

辨识特征：

　　根状茎类型，株高35～55 cm。叶片卵状长圆形，长12～14 cm，宽11～13 cm；叶面深绿色或褐绿色，近无毛或散生短硬毛，叶缘波状浅裂。花被片白色或浅粉红色，二歧聚伞花序，花3～6朵。雄花直径3.5～4 cm，外轮2被片卵状长圆形，内轮2被片长圆形；雌花直径2.5～3 cm，外轮2被片阔倒卵形，内轮被片3，有时4，倒卵状披针形。花期7—8月，果期10—11月。

分布：

　　四川省乐山市峨眉山市，生于海拔900～950 m的林下阴湿的溪沟边或灌丛中。

乳黄秋海棠

Begonia flaviflora var. *vivida* Golding & Karegeannes

辨识特征：

直立茎类型，株高35～50 cm。叶片轮廓斜卵形，长10～22 cm，宽8～18 cm；叶面紫褐色被褐色短柔毛，具间断的银绿色环状斑纹。花被片乳黄色，二歧聚伞花序，花3～6朵。雄花直径2～2.5 cm，外轮2被片宽卵形，内轮2被片长圆形；雌花直径1.3～2 cm，外轮2被片阔倒卵形，内轮2被片卵圆形。花期7—8月，果期10—11月。

分布：

云南省怒江傈僳族自治州贡山独龙族怒族自治县，保山市腾冲市、龙陵县等地，生于海拔1590～2300 m的林下阴湿石壁或土坎上。

白斑水鸭脚

Begonia formosana f. albomaculata Yan Liu et M. J. Lai

辨识特征:

　　根状茎类型，株高20～45 cm。叶片斜卵形，水鸭掌状浅裂，长6～10 cm，宽4～5 cm；叶面深绿色近无毛，整体被银白色斑纹，叶柄紫红色。花被片浅粉红色，二歧聚伞花序，花2～4朵。雄花直径2～2.5 cm，外轮2被片阔卵圆形，内轮2被片倒卵形；雌花直径1.8～2.2 cm，外轮2被片宽卵形，内轮被片3，长圆形。花期5—6月，果期8—9月。

分布:

　　中国台湾北部，生于海拔700～900 m的林下阴湿山谷或阴坡潮湿地。

水鸭脚

Begonia formosana f. formosana(Hayata)Masamune

辨识特征：

根状茎类型，株高20～50 cm。叶片斜卵形，掌状浅裂，长6～8 cm，宽4～5 cm；叶面深绿色，光滑无毛。花被片浅粉红色至白色，二歧聚伞花序，花2～4朵。雄花直径2.8～4.2 cm，外轮2被片阔倒卵形，内轮2被片倒卵形；雌花直径2.2～2.6 cm，外轮2被片宽卵形，内轮被片3，长圆形。花期5—8月，果期9—10月。

分布：

中国台湾省台北市、桃园市、高雄市、新竹市以及宜兰县、屏东县等地，生于海拔700～900 m的林下阴湿山谷或阴坡潮湿地。

陇川秋海棠
Begonia forrestii Irmscher

辨识特征：

　　根状茎类型，株高15～25 cm。叶片宽卵形或近圆形，长7～14 cm，宽6～13 cm；叶片正面暗绿色，疏被柔毛，背面淡绿色，沿叶脉以及幼叶和叶柄均密被紫红色卷曲长柔毛。花被片粉红色至桃红色，二歧聚伞花序，花4～6朵，单株开花数较多。雄花直径3.5～4.8 cm，外轮2被片宽卵形，内轮2被片倒卵形；雌花直径3～3.5 cm，外轮2被片宽卵形，内轮被片3，倒卵形。花期11—12月，果期翌年2—3月。

分布：

　　云南省保山市腾冲市高黎贡山，德宏傣族景颇族自治州盈江县、陇川县，生于海拔1200～3000 m的林下阴湿山谷或石灰岩壁上。

墨脱秋海棠
Begonia hatacoa Buch.-Ham et D. Don

辨识特征:

　　直立茎类型,有时直立茎匍匐延伸,株高30~65 cm。叶片轮廓长卵形至卵状披针形,长6~10 cm,宽3~5 cm;叶面深绿色,近无毛或散生短毛。花被片粉红色,二歧聚伞花序,花2~4朵。雄花直径1.2~2.5 cm,外轮2被片三角状卵形,内轮被片1,长圆形;雌花直径1~2.2 cm,外轮2被片宽卵形,内轮被片3,长圆形至披针形。花期10—11月,果期翌年1—2月。

分布:

　　西藏自治区林芝市墨脱县,生于海拔600~1000 m的常绿阔叶林下阴湿沟谷、路边草丛中或岩石间。

河口秋海棠

Begonia hekouensis S. H. Huang

辨识特征：

  根状茎类型，株高25～35 cm。叶片卵形，长10～15 cm，宽8～12 cm；叶面深绿色，被短刺状毛，近羽状脉。花被片橘红色或粉红色，二歧聚伞花序，花6～8朵。雄花直径2.2～2.8 cm，外轮2被片椭圆形，内轮2被片宽卵形；雌花直径2～2.5 cm，外轮2被片宽卵形，内轮被片3，长圆形。花期8—9月，果期11—12月。

分布：

  云南省红河哈尼族彝族自治州河口瑶族自治县南溪镇花鱼洞，生于海拔350～400 m的季雨林下阴湿的石灰岩间或岩缝中。

掌叶秋海棠

Begonia hemsleyana var. hemsleyana J. D. Hook.

辨识特征：

　　直立茎类型，株高30～80 cm。掌状复叶，小叶片7～8片，卵状披针形；叶面深绿色，有时被银白色斑点。花被片桃红色至玫红色，二歧聚伞花序，花4～6朵。雄花直径2～2.5 cm，外轮2被片卵圆形，内轮2被片卵状长圆形；雌花直径1.6～2.2 cm，外轮2被片卵圆形，内轮被片3，长圆形。花期7—8月，果期10—11月。

分布：

　　云南、四川、广西等地，生于海拔700～1300 m的林下阴湿山谷、溪沟边或路边灌丛中。

香港秋海棠

Begonia hongkongensis F. W. Xing

辨识特征：

根状茎类型，株高15～20 cm。叶片轮廓长卵形，长6～12 cm，宽3～5 cm；叶面绿色至褐绿色，光滑无毛。花被片白色，二歧聚伞花序，花2～4朵。雄花直径1.5～2 cm，外轮2被片卵圆形，内轮2被片长椭圆形；雌花直径1.2～1.8 cm，外轮2被片阔卵形，内轮被片2或3，倒卵形。花期7—9月，果期10—12月。

分布：

香港特别行政区屯门区，生于海拔150～350 m的林下阴湿峡谷溪流石壁上。

缙云秋海棠

Begonia jinyunensis C.-I Peng, B. Ding et Q. Wang

辨识特征：

根状茎类型，株高20～35 cm。掌状复叶，小叶片7～8片，卵状披针形；叶片正面深绿色，背面浅紫色，叶缘波状浅裂或深裂。花被片白色，二歧聚伞花序，花6～12朵。雄花直径2～2.5 cm，外轮2被片阔卵形，内轮2被片倒卵形；雌花直径1.5～2 cm，外轮2被片倒卵形，内轮被片3，长圆形。花期7—8月，果期10—11月。

分布：

重庆，生于海拔400～500 m的阔叶林下阴湿石灰岩壁上。

撕裂秋海棠

Begonia lacerata Irmscher

辨识特征：

根状茎类型，株高25～40 cm。叶片宽卵形至近圆形，掌状5～7深裂，长9～16 cm，宽8～15 cm；叶面褐绿色，疏被小刚毛。花被片浅粉红色至桃红色，二歧聚伞花序，花3～6朵。雄花直径3.5～4 cm，外轮2被片宽卵形，内轮2被片广椭圆形；雌花直径3.2～3.8 cm，外轮2被片宽卵形，内轮被片3，倒卵状长圆形。花期7—8月，果期10—11月。

分布：

云南省红河哈尼族彝族自治州蒙自市、屏边苗族自治县，文山壮族苗族自治州富宁县，生于海拔1000～1850 m的密林下阴湿的岩石间。

圆翅秋海棠

Begonia laminariae Irmscher

辨识特征：

　　根状茎类型，株高25～45 cm。叶片扁圆形或近圆形，掌状7～11深裂，裂片披针形，长13～20 cm，宽12～18 cm；叶面深绿色，近无毛或疏生小刚毛。花被片粉红色至桃红色，二歧聚伞花序，花6～10朵，单株开花数较多。雄花直径3.5～4 cm，外轮2被片卵形，内轮2被片长圆形；雌花直径3～3.8 cm，花被片5，卵状长圆形。花期7—8月，果期10—11月。

分布：

　　云南省文山壮族苗族自治州麻栗坡县、马关县、西畴县和红河哈尼族彝族自治州屏边苗族自治县、河口瑶族自治县，贵州，生于海拔1200～1800 m的常绿阔叶林下阴湿的石灰岩山谷或溪沟边。

戟叶秋海棠

Begonia limprichtii Irmscher

辨识特征：

　　根状茎类型，株高15～25 cm。叶片卵形至宽卵形，长5～8 cm，宽4～7 cm；叶面褐绿色，散生长刚毛。花被片白色或粉红色，二歧聚伞花序，花3～6朵。雄花直径3.5～4 cm，外轮2被片宽卵形，内轮2被片宽椭圆形；雌花直径2.8～3.5 cm，外轮2被片近圆形，内轮被片2，有时3，长圆形。花期5—6月，果期8—9月。

分布：

　　四川省乐山市峨眉山市，生于海拔500～1600 m的密林下阴湿的山谷或灌丛中。

黎平秋海棠
Begonia lipingensis Irmscher

辨识特征:

　　根状茎类型,株高20~25 cm。叶片宽卵形至近圆形,长、宽4~6 cm;叶面褐红色,散生硬毛,叶柄被锈褐色卷曲长毛。花被片浅粉红色至玫红色,二歧聚伞花序,花6~8 朵,单株开花数极多。雄花直径3~3.5 cm,外轮2被片宽卵形,内轮2被片倒卵形;雌花直径2.2~2.5 cm,外轮2被片宽椭圆形,内轮被片通常2,有时3,宽椭圆形。花期7—8月,果期10—11月。

分布:

　　贵州省黔东南苗族侗族自治州黎平县和榕江县、铜仁市沿河土家族自治县、黔南布依族苗族自治州独山,湖南省邵阳市洞口县和怀化市雪峰山,广西壮族自治区桂林市龙胜各族自治县,生于海拔350~1120 m的密林下阴湿的山谷、石灰岩壁上、溪沟旁或路边灌丛中。

隆安秋海棠
Begonia longanensis C. Y. Wu

辨识特征:

根状茎类型,株高20～35 cm。叶片近圆形或宽卵形,长10～13 cm,宽8～10 cm;叶面褐绿色近无毛。花被片粉红色至桃红色,二歧聚伞花序,花4～6朵。雄花直径2.2～2.5 cm,外轮2被片卵圆形,内轮2被片长圆形;雌花直径1.8～2 cm,外轮2被片阔卵形,内轮2被片长圆形。花期7—8月,果期10—11月。

分布:

广西壮族自治区南宁市隆安县、河池市天峨县,生于海拔220 m 的林下阴湿山谷或溪沟边。

长翅秋海棠
Begonia longialata K. Y. Guan et D. K. Tian

辨识特征:

　　根状茎类型,株高30～60 cm。叶片大型,轮廓近圆形,掌状6～8深裂,长18～22 cm,宽15～20 cm;叶柄被紫红色条纹。花被片浅粉红色,二歧聚伞花序,花6～10朵。雄花直径4～5.5 cm,外轮2被片卵圆形,内轮2被片倒卵圆形;雌花直径3.5～5.2 cm,外轮2被片宽卵形,内轮被片3,倒卵圆形或长卵形,柱头朱红色。花期7—8月,果期10—11月。

分布:

　　云南省临沧市耿马傣族佤族自治县、镇康县凤尾镇,生于海拔1200～1800 m的林下阴湿山谷、路边斜坡上或林下石灰岩间。

大裂秋海棠
Begonia macrotoma Irmscher

辨识特征：

根状茎类型，株高25～50 cm。叶片大型，轮廓长圆形，掌状5～6深裂，长、宽11～15 cm；叶面深绿色，疏生短刚毛。花被片粉红色至桃红色，二歧聚伞花序，花6～10朵。雄花直径2～2.5 cm，外轮2被片广椭圆形，内轮2被片椭圆形；雌花直径2～2.2 cm，外轮2被片广椭圆形，内轮被片1，椭圆形。花期8—9月，果期11—12月。

分布：

云南省临沧市耿马傣族佤族自治县大青山、双江拉祜族布朗族傣族自治县，普洱市澜沧拉祜族自治县、江城哈尼族彝族自治县等地，生于海拔1200～2350 m的林下阴湿山谷、路边斜坡上或溪沟边。

马关秋海棠

Begonia maguanensis （S. H. Huang et Y. M. Shui） T. C. Ku

辨识特征：

  根状茎类型，株高25～35 cm。叶片近圆形，掌状5～7深裂，长13～22 cm，宽8～16 cm；叶面褐绿色，疏被糙毛。花被片桃红色，二歧聚伞花序，花6～10朵，单株开花数较多。雄花直径5～5.5 cm，外轮2被片宽卵形，内轮2被片椭圆形；雌花直径5～5.2 cm，外轮2被片近圆形，内轮被片3，卵圆形。花期7—8月，果期10—11月。

分布：

  云南省文山壮族苗族自治州马关县，生于海拔1760 m的常绿阔叶林下阴湿的岩石面或灌丛中。

蔓耗秋海棠

Begonia manhaoensis S. H. Huang et Y. M. Shui

辨识特征：

　　根状茎类型，株高25～35 cm。叶片轮廓长卵圆形，长15～20 cm，宽11～15 cm；叶面深绿色，被白色短柔毛。花被片浅粉红色至白色，二歧聚伞花序，花6～8朵。雄花直径3～3.5 cm，外轮2被片阔卵形，内轮2被片长圆形；雌花直径2～2.5 cm，花被片4，长椭圆形。花期8—9月，果期11—12月。

分布：

　　云南省红河哈尼族彝族自治州个旧市蔓耗镇绿水河、绿春县、金平苗族瑶族傣族自治县，临沧市镇康县凤尾镇，生于海拔350～700 m的季雨林下阴湿的山谷、路边斜坡上或岩石缝隙中。

大叶秋海棠
Begonia megalophyllaria C. Y. Wu

辨识特征：

根状茎类型，株高35~70 cm。叶片大型，扁圆形或卵圆形，长25~30 cm，宽20~25 cm；叶面褐绿色、无毛。花被片白色至粉红色，二歧聚伞花序，花3~6朵。雄花直径2.5~3.2 cm，外轮2被片宽卵形，内轮2被片长圆形；雌花直径1.8~2.2 cm，外轮2被片阔倒卵形，内轮被片2，长圆形。花期6—7月，果期9—10月。

分布：

云南省红河哈尼族彝族自治州屏边苗族自治县大围山、河口瑶族自治县瑶山乡，生于海拔900~1000 m的常绿阔叶林下阴湿的山谷或溪沟边。

孟连秋海棠

Begonia menglianensis Y. Y. Qian

辨识特征：

　　根状茎类型，株高15～25 cm。叶片轮廓卵圆形或近圆形，长8～12 cm，宽6～10 cm；叶正面褐绿色近无毛，叶背面浅绿色，叶脉及叶柄紫褐色密被紫红色长柔毛。花被片浅桃红色，二歧聚伞花序，花6～8朵，单株开花数极多。雄花直径3～3.8 cm，外轮2被片外侧被紫红色刚毛，阔卵形，内轮2被片倒圆形；雌花直径3～3.5 cm，花被片5，倒卵形各异，外轮被片外侧被紫红色刚毛。花期11—12月，果期翌年2—3月。

分布：

　　云南省普洱市孟连傣族拉祜族佤族自治县、西盟佤族自治县，生于海拔900～1000 m的林下阴湿山坡或石灰岩间。

肾托秋海棠
Begonia mengtzeana Irmscher

辨识特征:

根状茎类型,株高15~30 cm。叶片卵形,掌状3~6浅裂,托叶肾形,长6~11 cm,宽4~10 cm;叶面深绿色,沿脉疏生短刚毛,有时被银白色斑点。花被片白色,二歧聚伞花序,花6~10朵。雄花直径3.5~4.5 cm,外轮2被片广椭圆形,内轮2被片倒卵形;雌花直径1.8~2.2 cm,外轮2被片广椭圆形,内轮被片3,长椭圆形。花期7—8月,果期10—11月。

分布:

云南省红河哈尼族彝族自治州蒙自市、金平苗族瑶族傣族自治县分水岭国家级自然保护区、元阳县,生于海拔1750~2300 m的密林下阴湿的沟谷,路边土坎或岩石上。

奇异秋海棠
Begonia miranda Irmscher

辨识特征：

　　根状茎类型，株高25～45 cm。叶片大型，卵圆形至近圆形，掌状5～6深裂，长17～20 cm，宽15～18 cm；叶面褐绿色，叶柄密被倒生的披针形鳞片状毛状体。花被片白色或粉红色，二歧聚伞花序，花4～6朵。雄花直径3～4.2 cm，外轮2被片宽卵形，内轮2被片长圆形；雌花直径2.8～3.2 cm，外轮2被片近圆形，内轮被片3，长圆形。花期6—7月，果期9—10月。

分布：

　　云南省红河哈尼族彝族自治州屏边苗族自治县、金平苗族瑶族傣族自治县、绿春县等地，生于海拔1200～1600 m的常绿阔叶林下阴湿的山谷或岩石上。

山地秋海棠
Begonia oreodoxa Chun et F. Chun ex C. Y. Wu et T. C. Ku

辨识特征：

　　根状茎类型，株高18～25 cm。叶片宽卵形，长11～13.5 cm，宽8～10 cm；叶面暗绿色，密被褐色长硬毛。花被片浅粉红色，外侧略带紫红色，二歧聚伞花序，花4～8朵，单株开花数十朵。雄花直径2.5～2.8 cm，外轮2被片宽卵形，内轮2被片倒卵形；雌花直径2～2.5 cm，外轮2被片扁圆形，内轮2被片长圆形。花期3—4月，果期6—7月。

分布：

　　云南省红河哈尼族彝族自治州屏边苗族自治县大围山，生于海拔800～1200 m的密林下阴湿的山谷或溪沟边岩石缝隙中。

红孩儿

Begonia palmata var. *bowringiana* (Champ. ex Benth) J. Golding et C. Kareg.

辨识特征：

直立茎类型，株高25～60 cm。叶片斜卵形，掌状浅裂，长6～13 cm，宽4～10 cm；叶面深绿色或褐绿色，被短小硬毛或锈色茸毛，有的具白色斑纹。花被片玫红色或白色，二歧聚伞花序，花8～12朵。雄花直径3～3.5 cm，外轮2被片宽卵形，内轮2被片宽椭圆形；雌花直径2～2.5 cm，外轮2被片宽卵形，内轮2被片宽椭圆形。花期6—8月，果期9—11月。

分布：

云南南部、西南部、东南部，广西，广东，香港，海南，福建，台湾，江西，湖南，贵州，四川等地，生于海拔1100～2450 m的常绿阔叶林下阴湿的山谷或溪沟边。

刺毛红孩儿

Begonia palmata var. crassisetulosa (Irmscher) J. Golding et C. Kareg.

辨识特征：

　　直立茎类型，株高25～60 cm。叶片卵形，掌状浅裂，长9～12 cm，宽6～8 cm；叶面褐绿色被粗短圆锥状硬毛，有的嵌绿白色晕斑。花被片玫红色，二歧聚伞花序，花8～12朵。雄花直径4～4.5 cm，外轮2被片宽卵形，内轮2被片宽椭圆形；雌花直径3～3.5 cm，外轮2被片宽卵形，内轮2被片宽椭圆形。花期6—8月，果期9—11月。

分布：

　　云南省怒江傈僳族自治州福贡县、贡山独龙族怒族自治县、泸水市，保山市腾冲市，生于海拔1500～2800 m的密林下阴湿的山谷或溪沟边岩石上。

滇缅红孩儿

Begonia palmata var. henryi C. Y. Wu [1]

辨识特征:

　　根状茎类型,株高25~40 cm。叶片宽卵形,长5.5~9 cm,宽3.5~6 cm;叶面暗绿色密被短硬毛,有时具银白色斑纹。花被片浅粉红色至白色,二歧聚伞花序,花2~4朵。雄花直径2.2~2.6 cm,外轮2被片宽卵形,内轮2被片倒卵形;雌花直径1~1.3 cm,花被片4,宽卵形。花期6—8月,果期9—11月。

分布:

　　云南省大理白族自治州南涧彝族自治县,生于海拔600~800 m的常绿阔叶林下阴湿的山谷、路边斜坡或岩石壁上。

---

① 该变种为吴征镒院士到昆明植物园秋海棠保育温室考察时定的名称。

光叶红孩儿

Begonia palmata var. laevifolia（Irmscher）J. Golding et C. Kareg.

辨识特征:

直立茎类型,株高25～60 cm。叶片宽卵形,浅裂或波状,长12～15 cm,宽8～11 cm;叶面褐绿色,被粗短刺毛或长硬毛,有时具绿白色晕斑。花被片玫红色,二歧聚伞花序,花6～8朵。雄花直径3.5～4 cm,外轮2被片卵形,内轮2被片宽椭圆形;雌花直径2.8～3.2 cm,外轮2被片宽卵形,内轮2被片长椭圆形。花期11—12月,果期翌年2—3月。

分布:

云南省红河哈尼族彝族自治州河口瑶族自治县,生于海拔300～400 m的林下阴湿山谷或路边斜坡上。

裂叶秋海棠

Begonia palmata var. palmata D. Don

辨识特征：

　　直立茎类型，株高25～50 cm。叶片斜卵形或扁圆形，掌状3～7浅裂或深裂，有时裂片又再浅分裂，长12～20 cm，宽10～16 cm；叶面深绿色或褐绿色，被短小硬毛，有的叶面具白色斑纹。花被片玫红色、粉红色或白色，二歧聚伞花序，花3～6朵。雄花直径3～3.5 cm，外轮2被片宽卵形，内轮2被片宽椭圆形；雌花直径1.8～2.2 cm，外轮2被片宽卵形，内轮被片2，有时3，宽椭圆形。花期8—9月，果期11—12月。

分布：

　　云南省怒江傈僳族自治州贡山独龙族怒族自治县，西藏自治区林芝市墨脱县，生于海拔1300～2100 m的常绿阔叶林下阴湿的溪沟边或灌丛中。

掌裂叶秋海棠

Begonia pedatifida H. Lévl.

辨识特征：

根状茎类型，株高25～40 cm。叶片轮廓扁圆形至宽卵形，掌状5～6深裂，中间3裂片再中裂，长10～17 cm，宽8～12 cm；叶面深绿色，散生短硬毛。花被片粉红色或白色，二歧聚伞花序，花4～8朵。雄花直径3.8～5 cm，外轮2被片宽卵形，内轮2被片长圆形；雌花直径3.6～4 cm，外轮2被片宽卵形，内轮被片3，长圆形。花期6—7月，果期9—10月。

分布：

湖南、湖北、四川、贵州、广西等地，生于海拔350～1700 m的常绿阔叶林下阴湿的沟谷、石壁上或石灰岩洞内。

坪林秋海棠

Begonia pinglinensis C. -I Peng

辨识特征:

　　根状茎类型,株高30~40 cm。叶片轮廓卵形,长8~10 cm,宽4~7 cm,近全缘,叶缘波状或浅锯齿状;叶面深绿色被粗短毛,叶柄紫红色被白柔毛。花被片浅粉红色至白色,二歧聚伞花序,花2~6朵。雄花直径2.5~3.2 cm,外轮2被片阔倒卵形,内轮2被片倒卵形;雌花直径2~2.3 cm,外轮2被片宽卵形,内轮被片3,长圆形。花期8—10月,果期11—12月。

分布:

　　中国台湾省台北市,生于海拔200~300 m的林下阴湿山谷或阴坡潮湿地。

多毛秋海棠

Begonia polytricha C. Y. Wu

辨识特征：

根状茎类型，株高20～30 cm。叶片卵形，长6～7 cm，宽4～5 cm；叶面褐绿色，密被紫红色长柔毛，具紫褐色斑纹。花被片粉红色至桃红色，花药和柱头朱红色，二歧聚伞花序，花3～6朵。雄花直径4～4.5 cm，外轮2被片宽卵形，内轮2被片长圆形；雌花直径4～4.2 cm，外轮2被片长圆形，内轮被片3，狭或宽长圆形。花期7—8月，果期10—11月。

分布：

云南省文山壮族苗族自治州马关县，红河哈尼族彝族自治州绿春县、元阳县、屏边苗族自治县等地，生于海拔1800～2200 m的常绿阔叶林下阴湿的沟谷。

光滑秋海棠

Begonia psilophylla Irmscher

辨识特征：

　　根状茎类型，株高20～35 cm。叶片卵形，长8～12 cm，宽6～10 cm；叶面深绿色，光滑无毛。花被片粉红色，二歧聚伞花序，花6～8朵。雄花直径1.8～2.2 cm，外轮2被片宽卵形，内轮2被片长圆形；雌花直径1.6～2 cm，外轮2被片广椭圆形，内轮被片3，长椭圆形。花期7—8月，果期10—11月。

分布：

　　云南省红河哈尼族彝族自治州河口瑶族自治县南溪镇花鱼洞，生于海拔350～700 m的密林下阴湿的山谷或岩石缝隙中。

朱药秋海棠

Begonia purpureofolia S. H. Huang et Y. M. Shui

辨识特征：

　　直立茎类型，株高35～80 cm。叶片轮廓斜卵状三角形，长6.5～13.5 cm，宽4.5～10 cm；叶面褐绿色，密被红色长柔毛，具暗褐色环形斑纹。花被片粉红色，花药朱红色，二歧聚伞花序，花5～8朵。雄花直径4～4.2 cm，外轮2被片卵圆形，内轮2被片椭圆形；雌花直径3.6～4 cm，外轮2被片宽椭圆形，内轮被片3，椭圆形。花期11—12月，果期翌年2—3月。

分布：

　　云南省红河哈尼族彝族自治州屏边苗族自治县、河口瑶族自治县、金平苗族瑶族傣族自治县等地，生于海拔900～1650 m的常绿阔叶林下阴湿的沟谷或岩石壁上。

177

倒鳞秋海棠

Begonia reflexisquamosa C. Y. Wu

辨识特征:

　　根状茎类型,株高30～60 cm。叶片轮廓扁圆形或卵圆形,长13～22 cm,宽12～20 cm,掌状6深裂,裂片三角状披针形,中央裂片再浅裂;叶面深绿色,近无毛或疏被短柔毛,叶柄具紫红色反卷的鳞状毛。花被片白色,二歧聚伞花序,花3～8朵。雄花直径2.5～4 cm,外轮2被片阔卵形,内轮2被片卵形;雌花直径2～3.5 cm,花被片5,扁圆形。花期7—8月,果期10—11月。

分布:

　　云南省红河哈尼族彝族自治州绿春县、屏边苗族自治县,生于海拔700～1800 m的林下阴湿山坡上。

匍茎秋海棠

Begonia repenticaulis Irmscher

辨识特征:

　　根状茎类型。根状茎常匍匐,节处生根,株高20~30 cm。叶片宽卵形,长12~16 cm,宽10~14 cm;叶面暗绿色,密被绣褐色短毛,有时具紫褐色斑纹。花被片白色,二歧聚伞花序,花2~4朵。雄花直径4~4.5 cm,外轮2被片阔卵圆形,内轮2被片椭圆形;雌花直径4~4.2 cm,外轮2被片长卵圆形,内轮被片3,椭圆形。花期9—10月,果期12月至翌年1月。

分布:

　　云南省临沧市沧源佤族自治县南滚河国家级自然保护区、保山市腾冲市、大理白族自治州,生于海拔800~2000 m的林下阴湿的山谷或路边土坎、斜坡上。

大王秋海棠
Begonia rex Putz.

辨识特征：

根状茎类型，株高20～35 cm。叶片大型，宽卵形至近圆形，长20～25 cm，宽13～20 cm；叶面暗绿色或褐绿色，疏生长硬毛，具银绿色环状斑纹。花被片浅粉红色至粉红色，二歧聚伞花序，花4～6朵。雄花直径4.2～5.6 cm，外轮2被片广椭圆形，内轮2被片狭长圆形；雌花直径2.2～3.5 cm，外轮2被片倒卵状长圆形，内轮被片3，狭长圆形。花期9—10月，果期12月至翌年1月。

分布：

云南、广西、贵州等地，生于海拔400～1000 m的密林下阴湿的沟谷或路边岩石壁上。

滇缅秋海棠
Begonia rockii Irmscher

辨识特征：

    根状茎类型，株高20～35 cm。叶片斜卵形，长6～10 cm，宽5～8 cm；叶面紫褐色被褐色卷曲毛。花被片白色，二歧聚伞花序，花3～5朵。雄花直径2.5～3 cm，外轮2被片卵形，内轮2被片椭圆形；雌花直径1.2～1.8 cm，外轮2被片近圆形，内轮被片通常2，有时3，卵圆形。花期11—12月，果期翌年2—3月。

分布：

    云南西部中缅边境，生于海拔700～800 m的林下阴湿山谷或石壁上。

玉柄秋海棠
Begonia rubinea H. Z. Li et H. Ma

辨识特征:

根状茎类型,株高20~35 cm。叶片卵状披针形,长8~12 cm,宽4~6 cm;叶片正面褐绿色,光滑无毛,背面紫红色,叶全缘或掌状3~4浅裂,叶柄紫红色。花被片粉红色至桃红色,二歧聚伞花序,花2~4朵。雄花直径2.8~3.5 cm,外轮2被片阔卵形,内轮2被片长圆形;雌花直径2.5~3.2 cm,花被片5,倒卵圆形。花期7—9月,果期10—12月。

分布:

贵州省遵义市习水县,生于海拔700 m的林下阴湿沟谷或石壁上。

红斑秋海棠

Begonia rubropunctata S. H. Huang et Y. M. Shui

辨识特征：

根状茎类型，株高20～35 cm。叶片卵圆形或近圆形，2～3回掌状深裂，长、宽15～20 cm；叶面褐绿色，具暗褐色或银白色斑纹。花被片粉红色，二歧聚伞花序，花6～8朵。雄花直径4～4.5 cm，花被片4，宽倒卵形；雌花直径2～2.2 cm，花被片4～5，近圆形。花期8—9月，果期11—12月。

分布：

云南省西双版纳傣族自治州勐腊县，生于海拔600～1100 m的林下阴湿的石灰岩间或石壁上。

锡金秋海棠

Begonia sikkimensis A. De Candolle

辨识特征：

直立茎类型，株高30～80 cm。叶片轮廓扁圆形或近圆形，长12～20 cm，宽10～19 cm，先端长渐尖，掌状5～7深裂，裂片镰刀状披针形，通常1～3再浅裂；叶面深绿色、无毛。花被片粉红色，二歧聚伞花序，花6～8朵。雄花直径2.5～3.5 cm，外轮2被片卵形，内轮2被片椭圆形；雌花直径2～3 cm，花被片5，卵圆形各异。花期8—9月，果期11—12月。

分布：

西藏自治区林芝市墨脱县，生于海拔850～1200 m的常绿阔叶林下阴湿山谷、路边土坎上或溪沟边，江边林下阴湿地。

多花秋海棠
Begonia sinofloribunda Dorr

辨识特征：

    根状茎类型。根状茎斜生，长达10～15 cm，株高15～25 cm。叶片卵状披针形，长6～12 cm，宽2.5～4 cm；叶片盾状着生，叶面深绿色，光滑无毛，被小圆突起。花被片浅绿紫色，二歧聚伞花序，花3～6朵。雄花直径1.2～1.5 cm，花被片2，倒卵圆形；雌花直径0.8～1.2 cm，花被片2，扁圆形。花期4—5月，果期7—8月。

分布：

    广西壮族自治区崇左市龙州县，生于海拔230 m的林下阴湿山谷或石灰岩间。

长柄秋海棠

Begonia smithiana T. T. Yu ex Irmscher

辨识特征：

根状茎类型，株高20~30 cm。叶片卵形至宽卵形，长6~12 cm，宽4~8 cm；叶面深绿色略带紫红色，散生短硬毛。花被片粉红色，二歧聚伞花序，花3~6朵。雄花直径2~2.8 cm，外轮2被片宽卵形，内轮2被片长卵圆形；雌花直径1.6~2.6 cm，外轮2被片宽卵形，内轮被片2，有时1，狭椭圆形。花期7—8月，果期10—11月。

分布：

湖北、湖南、贵州，生于海拔700~1320 m的密林下阴湿沟谷、灌丛中或岩石壁上。

粉叶秋海棠
Begonia subhowii S. H. Huang

辨识特征:

　　根状茎类型，株高25～40 cm。叶片斜卵形，长6～12 cm，宽4～8 cm；叶面深绿色、无毛，近全缘，幼叶略带暗红色。花被片白色或浅粉红色，二歧聚伞花序，花5～6朵。雄花直径2.5～4.2 cm，外轮2被片广椭圆形，内轮2被片长圆形；雌花直径2.5～4 cm，外轮2被片宽卵形，内轮被片3，椭圆形。花期1—2月，果期5—6月。

分布:

　　云南省文山壮族苗族自治州麻栗坡县，生于海拔1500 m的石灰山密林下阴湿的石缝或灌丛中。

截叶秋海棠

Begonia truncatiloba Irmscher

辨识特征:

根状茎类型,株高40～80 cm。叶片大型,扁圆形或斜卵形,掌状5～6浅裂,长10～18 cm,宽10～16 cm;叶面褐绿色被短毛,花被片白色,二歧聚伞花序,花5～6朵。雄花直径2.2～3.2 cm,外轮2被片宽卵形,内轮2被片倒卵形;雌花直径2～3 cm,外轮2被片卵形,内轮被片3,椭圆形。花期7—8月,果期10—11月。

分布:

云南省红河哈尼族彝族自治州屏边苗族自治县、金平苗族瑶族傣族自治县、河口瑶族自治县瑶山乡、蒙自市和文山壮族苗族自治州西畴县、麻栗坡县天保镇,广西等地,生于海拔1000～1600 m的密林下阴湿的沟谷或路边斜坡上。

变色秋海棠
Begonia versicolor Irmscher

辨识特征：

　　根状茎类型，株高15～30 cm。叶片宽卵形或近圆形，长8～12 cm，宽6～10 cm；叶面绿色、褐绿色至紫褐色，密被基部锥状突起的糙毛，有时具银白色斑纹。花被片粉红色，二歧聚伞花序，花2～4朵。雄花直径3.2～4.2 cm，外轮2被片宽卵形，内轮2被片倒卵形；雌花直径1.6～2.2 cm，外轮2被片近圆形，内轮被片3，倒卵形。花期6—8月，果期9—10月。

分布：

　　云南省红河哈尼族彝族自治州屏边苗族自治县大围山、文山壮族苗族自治州麻栗坡县，生于海拔1280～1320 m的密林下阴湿的山谷、路边草丛中或溪沟边。

长毛秋海棠

Begonia villifolia Irmscher

辨识特征：

直立茎类型，株高40～85 cm，植株新梢密被紫红色长柔毛。叶片宽卵形，长9～15 cm，宽7～13 cm；叶面绿色或紫褐色，被黄褐色卷曲长柔毛。花被片白色或浅粉红色，二歧聚伞花序，花2～4朵。雄花直径3.2～5 cm，外轮2被片卵形，内轮2被片长圆形；雌花直径3.2～4.5 cm，花被片5，卵圆形。花期3—4月，果期6—7月。

分布：

云南省红河哈尼族彝族自治州屏边苗族自治县，文山壮族苗族自治州西畴县、麻栗坡县、马关县都龙镇，生于海拔1100～1700 m的常绿阔叶林下阴湿的沟谷或路边斜坡上。

黄瓣秋海棠

Begonia xanthina J. D. Hooker

辨识特征：

　　根状茎类型，株高20～40 cm。叶片长卵圆形，长12～18 cm，宽8～13 cm；叶面褐绿色至褐紫色，有时具银白色斑点。花被片黄色，二歧聚伞花序，花4～10朵。雄花直径4～4.2 cm，外轮2被片卵圆形，内轮2被片长卵圆形；雌花直径2～2.5 cm，外轮2被片卵圆形，内轮被片3，倒卵形。花期10—11月，果期翌年1—2月。

分布：

　　云南省德宏傣族景颇族自治州盈江县勐来河，生于海拔1500 m的密林下阴湿的沟谷、路边斜坡或石壁上。

5. 棒果组 [Sect. *Leprosae* (T. C. Ku) Y. M. Shui]

本组为根状茎类型。叶片卵圆形或长椭圆形。雄花被片4，雌花被片3或5，子房3室，中轴胎座，每室胎座裂片2，花柱3。果实肉质，棒状。本组4种，分布于中国和越南北部。中国有3种。

柱果秋海棠
Begonia cylindrica D. R. Liang et X. X. Chen

辨识特征：

根状茎类型，株高10～20 cm。叶片宽卵形或近圆形，长5～8 cm，宽4～7 cm；叶面褐绿色密被蜂窝状突起，叶片盾状着生。花被片粉红色至橘红色，二歧聚伞花序，花8～12朵，单株开花数较多。雄花直径1.6～2.2 cm，外轮2被片扁圆形，内轮2被片狭长圆形；雌花直径1.2～1.5 cm，花被片2，有时3，倒卵圆形。花期6—7月，果期9—10月。

分布：

广西壮族自治区崇左市龙州县，生于海拔150 m的林下阴湿的山谷或石灰岩壁上。

癞叶秋海棠

Begonia leprosa Hance

辨识特征：

根状茎类型，株高15～25 cm。叶片近圆形或宽卵圆形，长5～9 cm，宽4～8 cm；叶面褐绿色，有时具白色斑纹。花被片浅粉红色至橘红色，二歧聚伞花序，花2～5朵，单株开花数较多。雄花直径1.5～2 cm，外轮2被片宽卵形，内轮2被片狭长圆形；雌花直径1.5～1.8 cm，外轮2被片宽卵形，内轮2被片倒卵状长圆形。花期8—9月，果期11—12月。

分布：

广西壮族自治区河池市东兰县武篆镇、桂林市阳朔县、百色市，广东省茂名市信宜市、阳江市阳春市、湛江市廉江市、清远市连州市，生于海拔700～1800 m的林下阴湿的沟谷或石灰岩洞内石壁上。

长果秋海棠

Begonia longicarpa K. Y. Guan et D. K. Tian

辨识特征：

根状茎类型，株高15～30 cm。叶片轮廓长卵圆形，长8～23 cm，宽5～13 cm；叶片正面暗绿色，光亮无毛，背面浅绿色，密被紫红色长柔毛。花被片白色至浅绿色，二歧聚伞花序，花4～8朵，单株开花数较多。雄花直径2.5～3.2 cm，外轮2被片卵圆形，内轮2被片狭长圆形；雌花直径2.2～3 cm，外轮2被片卵圆形，内轮被片1，狭长圆形。花期9—10月，果期12月至翌年1月。

分布：

云南省红河哈尼族彝族自治州河口瑶族自治县南溪镇蚂蝗堡，生于海拔90～250 m的热带雨林下阴湿的沟谷、溪边。

6. 无翅组 [Sect. *Sphenanthera* (Hasskarl) Warburg]

本组亦称四室组，为根状茎类型，或具较高的直立茎，雌雄异株。雄花被片4，雌花5（-7），子房3室或4室，中轴胎座，每室胎座裂片2，花柱3或4。果实浆果状，无翅。本组30余种，主要分布于亚洲。中国有10余种。

无翅秋海棠

Begonia acetosella Craib

辨识特征：

直立茎类型，株高50～150 cm，雌雄异株。叶片长卵状披针形，长8～13 cm，宽3～7 cm；叶片正面深绿色，被极疏小刚毛，背面沿脉密生柔毛。花被片白色或浅粉红色，聚伞花序，花4～6朵。雄花直径2.5～2.8 cm，外轮2被片倒卵状椭圆形，内轮2被片长圆状披针形；雌花直径1.5～2 cm，花被片5，卵圆形。花期7—8月，果期10—11月。

分布：

云南南部、东南部、西南部，生于海拔500～1800 m的林下阴湿山谷或路边斜坡上。

粗毛无翅秋海棠

Begonia acetosella var. hirtifolia Irmscher

辨识特征:

直立茎类型,株高50~150 cm,雌雄异株。叶片长卵状披针形,长8~13 cm,宽3~7 cm;叶片正面深绿色,密生刚毛。花被片白色或浅粉红色,聚伞花序,花4~6朵。雄花直径2.5~2.8 cm,外轮2被片倒卵状椭圆形,内轮2被片长圆状披针形;雌花直径1.5~2 cm,花被片5,卵圆形。花期7~8月,果期10—11月。

分布:

云南省普洱市、西双版纳傣族自治州勐腊县,生于海拔1400 m的林下阴湿山谷或路边斜坡上。

角果秋海棠

Begonia ceratocarpa S. H. Huang et Y. M. Shui

辨识特征：

　　根状茎类型，株高20～30 cm。叶片卵状长圆形至卵状披针形，长14～16 cm，宽7～8 cm；叶面深绿色近无毛。花被片桃红色，二歧聚伞花序，花8～10朵，单株开花数极多，数十至上百朵。雄花直径2.5～3 cm，外轮2被片宽卵形，内轮2被片倒卵状披针形；雌花直径2～2.5 cm，花被片5，宽倒卵形。花期11—12月，果期翌年2—3月。

分布：

　　云南省红河哈尼族彝族自治州河口瑶族自治县南溪镇，生于海拔350～400 m的热带石灰山季雨林下阴湿的岩石缝隙或路边灌丛中。

香花秋海棠
Begonia handelii Irmscher

辨识特征：

　　根状茎类型，株高25～50 cm，雌雄异株。叶片卵形或卵状长圆形，长10～15 cm，宽6～11 cm；叶面浓绿色，疏被短刚毛。花被片白色或浅粉红色，二歧聚伞花序，花8～12朵，单株开花数极多，数十至上百朵。雄花直径6～8 cm，外轮2被片宽卵形，内轮2被片卵状长圆形；雌花直径6～10 cm，外轮2被片宽卵形，内轮2被片卵状长圆形。花期3—4月，果期6—7月。

分布：

　　云南、广西、海南等，生于海拔150～850 m的热带雨林下阴湿的沟谷或路边斜坡上。

红毛香花秋海棠

Begonia handelii var. rubropilosa (S. H. Huang & Y. M. Shui) C. -l Peng

辨识特征：

根状茎类型，株高25～50 cm，雌雄异株。叶片卵形或卵状长圆形，长10～15 cm，宽6～11 cm；叶面浓绿色，疏被红色长柔毛。花被片白色或浅粉红色，二歧聚伞花序，花8～12朵，单株开花数极多，数十至上百朵。雄花直径6～8 cm，外轮2被片宽卵形，内轮2被片卵状长圆形；雌花直径6～10 cm，外轮2被片宽卵形，内轮2被片卵状长圆形。花期2—3月，果期5—6月。

分布：

云南省红河哈尼族彝族自治州屏边苗族自治县、河口瑶族自治县南溪镇，生于海拔300～1400 m的阔叶林下阴湿的沟谷或路边斜坡上。

澜沧秋海棠

Begonia lancangensis S. H. Huang

辨识特征:

　　直立茎类型，株高30~65 cm，雌雄异株。叶片斜卵状长圆形，长12~18 cm，宽6~10 cm；叶面深绿色或呈极浅的银绿色，无毛，近全缘。花被片白色，二歧聚伞花序，花10~12朵，单株开花数较多。雄花直径3.8~4.2 cm，外轮2被片卵圆形，内轮2被片广椭圆形；雌花直径4~4.5 cm，花被片4~5，长卵圆形。花期3—4月，果期6—7月。

分布:

　　云南省普洱市澜沧拉祜族自治县、西双版纳傣族自治州勐海县，生于海拔1200~1600 m的常绿阔叶林下阴湿的沟谷或路边斜坡上。

长叶秋海棠

Begonia longifolia Blume

辨识特征:

　　直立茎类型,株高50~150 cm。叶片卵状披针形,长10~16 cm,宽3.5~6 cm;叶面褐绿色、无毛。花被片白色,二歧聚伞花序,花4~10朵。雄花直径1.8~2.2 cm,外轮2被片宽倒卵形或近圆形,内轮2被片广椭圆形;雌花直径2.8~3.5 cm,花被片5~6,倒卵形。花期7—8月,果期10—11月。

分布:

　　云南南部、东南部,广东,海南,湖南,江西,生于海拔600~2200 m的常绿阔叶林下阴湿的山谷或路边土坎、斜坡上。

铺地秋海棠
Begonia prostrata (Irmscher) Tebbitt

辨识特征:

根状茎类型,株高35～50 cm,雌雄异株。叶片宽卵形,长10～14 cm,宽6～8 cm;叶面深绿色,生极疏短刚毛,有时具白色斑纹。花被片桃红色,二歧聚伞花序,花3～12朵,单株开花数极多,数十至上百朵。雄花直径3.6～4.5 cm,外轮2被片阔卵圆形,内轮2被片倒卵状椭圆形;雌花直径3.5～4.2 cm,外轮2被片阔卵圆形,内轮2被片倒卵状长圆形。花期3—4月,果期6—7月。

分布:

云南省普洱市、临沧市、西双版纳傣族自治州,生于海拔1100～1500 m的密林下阴湿的山谷或路边斜坡上。

厚壁秋海棠

Begonia silletensis (A. DC)C. B. Clarke subsp.
mengyangensis Tebbitt et K. Y. Guan

辨识特征：

　　根状茎类型，株高35～70 cm，雌雄异株。叶片大型，宽卵形至圆形，长15～25 cm，宽10～14 cm；叶面深绿色、无毛。花被片白色或浅桃红色，二歧聚伞花序，花4～12朵，单株开花数极多，数十至上百朵。雄花直径3.5～4.2 cm，外轮2被片阔卵圆形，内轮2被片倒卵状椭圆形；雌花直径4～5.5 cm，外轮2被片卵圆形或近圆形，内轮被片2，有时3，长圆形。花期4—5月，果期7—8月。

分布：

　　云南省西双版纳傣族自治州景洪市、勐腊县、勐海县，临沧市沧源佤族自治县，德宏傣族景颇族自治州瑞丽市，生于海拔600～800 m的林下阴湿的沟谷或路边斜坡上。

陀螺果秋海棠

Begonia tessaricarpa C. B. Clarke

辨识特征：

　　根状茎类型，株高35～65 cm，雌雄异株。叶片大型，轮廓宽卵形或卵圆形，长15～25 cm，宽10～12 cm；叶面深绿色，被短柔毛或近无毛。花被片白色，二歧聚伞花序，花4～12朵，雄株开花数较多。雄花直径3.5～4 cm，外轮2被片阔卵形，内轮2被片倒卵状椭圆形；雌花直径5～6 cm，花被片4，长卵形，内轮2被片略长于外轮2被片，子房或果实具6～8浅棱，陀螺状。花期7—8月，果期10—11月。

分布：

　　西藏自治区林芝市墨脱县，生于海拔600～1400 m的常绿阔叶林下阴湿山谷或路边草丛中、溪沟边。

四棱秋海棠
Begonia tetragona Irmscher

辨识特征：

直立茎类型，株高65～200 cm，雌雄异株。叶片长圆形或卵状长圆形，长10～15 cm，宽3.5～8 cm；叶面绿色散生小刚毛，叶缘有重锯齿。花被片白色至浅粉红色，二歧聚伞花序，花2～6朵。雄花直径3.2～4.6 cm，外轮2被片宽卵圆形，内轮2被片卵状长圆形；雌花直径3～3.5 cm，外轮2被片阔倒卵形，内轮被片2，长圆形。花期4—6月，果期7—9月。

分布：

云南南部、东南部和西南部，生于海拔1100～1700 m的常绿阔叶林下阴湿的山谷、溪沟旁或路边斜坡上。

第四章
秋海棠的引种栽培历史及园艺应用

第一节 秋海棠的引种栽培历史

1. 秋海棠引种栽培简史

尽管秋海棠在中国的栽培历史悠久，然而主要是广泛分布的耐寒种类中华秋海棠（*B. grandis* subsp. *grandis* Dryander），栽培目的也是以药用为主，其他种类并未得到广泛栽培。秋海棠作为园艺观赏植物被发现、引种和培育的历史主要是从欧洲开始的。法国植物学家普鲁米尔（Plumier）于1690年首次以*Begonia*为属名命名6个秋海棠属植物，后来林奈接受了该属名并录入其1753年的《植物种志》（*Species Plantarum*）一书中，从此该属的属名获得统一。由于早期人们对热带植物种子的萌发需求不了解，引种主要是通过活体植株，而海上运输条件较差，从非洲等热带地区引种热带植物的成活率极低。威廉·布朗（William Brown）于1777年成功将一个来自牙买加的种小秋海棠（*B. minor* Jacquin）引入到邱园。这是第一个活着抵达欧洲海岸的种类，标志着秋海棠属植物引种栽培历史的开始。早期运输条件的简陋，限制了引种的成功率。直到1835年，英国人N. 沃德（Nanthaniel Ward）发明了便携式玻璃温室，这能为植物提供一个持续湿润的、温度相对稳定的环境，并能避开航行过程中的盐雾，使成活率得到极大提高。到1847年，欧洲栽培的秋海棠种类已达70～80种。这时刚刚独立不久的美国，经过短暂的快速发展时期，也开始对秋海棠产生了兴趣。1850年以后，许多秋海棠引入欧洲不久就在北美出现。南北战争结束以后，美国经济迅猛发展，对秋海棠的狂热日益增长。到20世纪20年代，当欧洲还在从第一次世界大战的破坏中恢复时，许多新发现的种类开始最先在美国栽培，后转为从美国引入欧洲。这一趋势一直持续到现在。随着美国秋海棠协会在1932年成立，秋海棠属植物越来越受到欢迎，更大范围的新种被引入栽培，尤其是来自墨西哥、西印度群岛和巴西的种类。从20世纪初期至今，很多新引入美国和欧洲的新种都得益于秋海棠协会的种子交换，通过种子引入新植物的途径逐渐替代了19世纪早期使用的运输活植物的老方法。

值得一提的是，早期引种的很多宝贵种类，有些本身就受到广泛的欢迎，有些则成为如今广为栽培的园艺品种的亲本。如：维奇秋海棠（*B. veitchii* Hook. f. , 1865)、玻利维亚秋海棠（*B. boliviensis* A. DC., 1864)和皮尔斯秋海棠（*B. pearcei* J. D. Hooker, 1865)是现在广泛流行的球茎重瓣秋海棠的重要亲本；施密特秋海棠（*B. schmidtiana* Regel ）和四季秋海棠（*B. cucullata*

Willdenow）是四季秋海棠类品种的亲本；索科特拉秋海棠（*B. socotrana* J. D. Hooker）是冬季开花的丽格秋海棠的重要亲本；而大王秋海棠则是广受欢迎的蟆叶秋海棠类的共同祖先，当然这些种类本身也受到广泛的喜爱。此外，精致而富有香味的柳伯斯秋海棠（*B. lubbersii* Morren）、密封玻璃容器的最佳选择棱果秋海棠（*B. prismatocarpa* J. D. Hooker）、具有醒目叶斑的铁甲秋海棠（*B. masoniana* Irmscher ex Ziesenhenne）等至今仍然为全世界广泛栽培。

自早期的秋海棠种类被发现以后，植物搜集者们从未停止找寻新奇有趣种类的脚步，尽管有时是冒着生命的危险。如今我们已经知道，秋海棠属植物几乎分布在世界的每一个具有热带或亚热带气候的地区，唯一的例外是澳大利亚北部茂密的雨林。现今全世界已发表1800多个秋海棠野生种，使该属成为世界有花植物最大的十个属之一。

当然，植物采集者千辛万苦从世界各地采集来的野生种并未就此停滞不前，很多欧美本土的园艺师充分利用了这些资源，进行了广泛的杂交育种和筛选，得到了相当丰富的园艺品种，博得一代又一代人的喜爱。由于秋海棠属内杂交极易成功，因而许多秋海棠的爱好者也不断地进行收集和杂交，产生越来越多的杂交品种。由于各国对秋海棠栽培和育种的狂热兴趣使得秋海棠园艺品种数量目前超过17000个品种。

我国尽管拥有丰富的野生资源，其中不乏出色的园艺栽培种，然而秋海棠作为园艺植物栽培的历史较晚。

2. 世界上主要的秋海棠协会以及网址

随着人们对秋海棠的喜爱不断上升，为了便于大家分享不同的品种和交流栽培经验，各国相继建立了秋海棠协会。目前最具有影响力的有美国秋海棠协会（1932）、苏格兰东部秋海棠协会（1988）、英国国家秋海棠协会（1948）、澳大利亚西部秋海棠协会（1981）、日本秋海棠协会（1962）等。

The American Begonia Society 美国秋海棠协会
网址：www.begonias.org
美国秋海棠协会建立于1932年，是世界上建立最早的秋海棠协会。

由于该协会会员遍布各个州，为了方便小范围的会员之间的交流，该协会支持会员在人数达到7个及以上的团体成立分支协会。该协会现有分支已经达到54个，部分分支也建立了自己的网站。

该协会建立初期就创办了自己的期刊 *The Begonian*，支持会员发表文章或者短讯交流自己在秋海棠栽培、管护、育种等方面的经验，并就自己遇到的困难进行请教；同时也吸收世界各地秋海棠分类、育种、园艺专家等入会，并提供世界各地新种、品种的介绍，极大地丰富了大家关于秋海棠方方面面的知识。并且，会员之间可以互通有无，相互交换和赠送喜欢的种类。如今该协会也建立了种子库，会员可以赠送或者出售不同种类秋海棠的种子给协会，协会再根据大家的需要出售或赠送给其他会员们。

The East of Scotland Begonia Society 苏格兰东部秋海棠协会
网址：www.eastofscotlandbegonias.scottishbegoniasociety.co.uk

该协会建立于1988年，是以促进球茎类重瓣秋海棠的栽培和新品种培育为主。该协会每年一次的秋海棠花展很受会员欢迎，大家喜欢把自己的杰作一起拿出来分享。网站对近几年的花展盛况进行了报道，也展示评选出有名品种。

Melbourne Begonia Society 澳大利亚墨尔本秋海棠协会

网址：www.begoniasmelb.org.au

该协会源于维多利亚秋海棠协会的一个分支，后来于1999年建立了自己的秋海棠协会。协会宗旨是促进秋海棠引种和新品种培育，搜集秋海棠种类和新品种的相关信息，促进会员之间的广泛交流和提升，促进使用种子繁殖以保护秋海棠资源。

National Begonia Society 英国国家秋海棠协会

网址：www.national-begonia-society.co.uk

该协会成立于1948年，如今协会的成员已经遍布英国和世界各地。

The Begonia Society of W.A. (Inc.) 澳大利亚西部秋海棠协会

网址：begoniaswa.org

该协会的标志是一轮圆圆的明月前面停栖着一只黑天鹅，伴着几片不同色彩和斑纹的秋海棠叶片，非常引人注目。

Begonia Society of New South Wales Australia 澳大利亚新南威尔士秋海棠协会

网址：www.begoniansw.com.au

Victorian Begonia Society 维多利亚秋海棠协会

网址：begoniasvictoria.wordpress.com

Brad's Begonia World/ Brad Thompson 布雷德秋海棠世界

网址：www.bradsbegoniaworld.com

日本ベゴニア協会 日本秋海棠协会

网址：www.j-begonia.org

该协会1962年5月成立，首任会长植村犹行。协会成员最多时达1000人，以日本国成员为主，联合美国秋海棠协会（ABS）、各国植物园、其他国家成员以及种苗商，开展新品种培育和引种、种苗增殖及栽培繁殖技术研讨交流等。创办会刊《秋海棠》（『ベゴニア』），每年出刊4期。已编著出版专著《原色秋海棠写真集》（『原色ベゴニア写真集』）和《秋海棠百科》（『ベゴニア百科』）。

第二节 秋海棠在园林园艺中的应用

在自然界，秋海棠属植物几乎生长于整个热带地区和亚热带地区不同的海拔和生境，因此很容易理解，不同的秋海棠种类喜欢截然不同的栽培条件。这也注定了其在园林园艺上应用的广泛性。

日本株式会社花鸟园

日本株式会社花鸟园用垂吊秋海棠装饰的生态餐厅

日本株式会社花鸟园用直立茎秋海棠装饰的生态餐厅

日本株式会社花鸟园中的垂吊秋海棠

在历史的变迁中，秋海棠属进化出适应各种不同环境的种类。除了常见分布在热带雨林林下和林缘水沟附近外，还有一些分布在石灰岩洞洞口附近。甚至有一些种类能够在阴坡的石灰岩绝壁上生长，这里土壤极度缺乏，凭着较低的光照和温度，依赖偶尔的降雨和四周植物维持的湿度生存。与分布在湿润地区雨林绝壁上或山洞中的种类相比，那些分布在墨西哥北部半干旱地区山坡上的种类抗逆性极强，可以说是秋海棠大家族中的"硬汉子"。

在国内，多数秋海棠种类仅分布于云南和广西两省区纬度偏低的热带和亚热带常绿阔叶林地域，喜欢温暖、潮湿、光线柔和的阴坡、林下或林缘沟边地带，为常绿性多年生草本，如铁甲秋海棠、假厚叶秋海棠、一口血秋海棠等，适宜作为室内盆栽，或者用于在光线柔和、温暖、湿润的小环境丛植；也有一些种类生境常年湿度较高，环境条件的波动较小，如变色秋海棠、蕺叶秋海棠、古林箐秋海棠等，植株紧凑，对环境的湿度要求极高，是封闭容器植物的极佳选择；少数种类分布在海拔稍高或者纬度偏高的地带，适应稍寒冷的环境，抗逆性较强，为冬季休眠的多年生宿根草本，如中华秋海棠、心叶秋海棠、木里秋海棠等，在室外光线不是很强的地方作为小景观或者绿篱使用，成功率较高。尽管这些种类为野生种，在国内用于观赏植物栽培尚属少见，但是它们各自具有观赏特色，或具有特别的叶形和叶斑，或具有特殊的环境适应性，或者花序和花朵观赏性较强，在国外受到很大的关注，被很多爱好者争相引种栽培，爱不释手，也利用这些宝贵的资源培育了相当多的杂交品种。

由于秋海棠是一类在环境变迁中适应了各种不同条件的类群，而该属的分化历史较短，主要是通过地理隔离和生境差异实现物种形成，因而种间没有明显的生殖隔离。人类大量的引种活动使得种之间有机会相遇，而大量的杂交活动使得秋海棠属的杂交品种层出不穷。人们根据需要筛选出了适应高强光的四季秋海棠系列品种、喜阴湿环境的众多观叶根茎类秋海棠品种等。人们可以根据各品种的适应性和植株特征，安置在不同的场合和环境来美化人类的生活空间。

1. 室内盆栽

　　一般家居室内环境条件相对稳定，温度一般不超过30℃，而低温一般也在5℃以上，空气湿度不至于太干或者太湿。尽管有些地方冬季或者夏季室内自然温度会超过这个范围，但是家庭空调和暖气的使用，保证了室内环境的宜居性。这一般也是大多数植物最喜欢的温度条件。秋海棠一般不耐强光直射，耐阴性较强，因此一般的家居环境，只要避开阳光直射的窗口，秋海棠在室内总能生长良好。只有少数对环境湿度要求较高的种类会在干季因为湿度太低（长期小于30%）而发生叶片干卷，生长不良。因此秋海棠室内盆栽的选择范围很宽，大多数观叶类根茎秋海棠和观花的丽格秋海棠以及一些直立茎类秋海棠都可以选择。球茎类秋海棠可以适时放在有部分阳光直射的窗口，促进生长和开花。即使是对环境湿度要求较高的种类，也能采取一定的对策，如使用透明的封闭容器栽培于室内装饰环境，更独具特色。

重庆大木国际秋海棠花园

重庆大木国际秋海棠花园

2009年中国花卉博览会秋海棠造型

昆明滇池ONE别墅区的四季秋海棠

2. 室外造景

相对于室内环境的稳定性，室外环境受气候和天气影响较大，不过人们已经培育出了适应性极好的四季类秋海棠。该类秋海棠能够忍受暴露在阳光下的强光照环境，并且对环境湿度要求较低，因此常被用来作造景素材。这类秋海棠的花色有白色、粉色和红色，叶片颜色有鲜绿色和暗红色几种，用于公园造型、花坛摆设、道路两旁花带等。另外，在没有阳光直射的阴面树下、墙边可以栽培一些直立茎类的秋海棠，并根据环境湿度搭配一些根茎类观叶品种营造小景观或者作为隔离带。在园林中树林下、水沟边阴湿环境可以搭配一些喜湿的观叶类秋海棠，如根茎类观叶品种和直立茎类观叶、观花品种，丰富植物种类和色彩。

3. 温室景观

在人为的控制下，温室环境能够实现大多数秋海棠适宜的光照和温湿度条件，因此种类的选择性最广泛，可以根据需要配置多种类型的秋海棠，营造秋海棠专类园，垂吊、盆栽、丛植，其多样性足以满足需要。

4. 微景观

随着玻璃制品的生产造价越来越低，各种玻璃容器栽培喜湿的秋海棠也在国外流行一时，并被一些爱好者一直保持着。如今，国内也开始了对容器营造的微景观的狂热喜爱。一直以来被国外认为最适宜封闭容器栽培的变色秋海棠和蛱叶秋海棠出现在国人眼前，而国内近几十年来越来越多的小型根茎类秋海棠的发现，更丰富了人们的选择，期待着人们将多姿多彩的秋海棠纳入自己的微景观容器中。

经济的快速发展也带动着人们物质文化生活需要的增长，在温室等待了几十年的秋海棠终于迎来为人类服务的机会，我们憧憬着秋海棠走进千家万户的美好景象。

四季秋海棠露地栽培

昆明植物园百草园配植的秋海棠

别墅区内的盆栽秋海棠

昆明西山风景区内配植直立茎类秋海棠

玻璃缸中栽培的秋海棠

第三节 秋海棠的园艺学分类

由于秋海棠园艺品种越来越多，因此为了方便园艺育种家和消费者交流并选择所需要的种类，世界各地的秋海棠协会根据地方品种的丰富情况分别对园艺品种进行了分类。

目前世界上主要有两种分类系统，分别是美国秋海棠协会和英国苏格兰秋海棠协会的分类体系。

1. 美国秋海棠协会的分类系统

主要根据秋海棠的植株形态和亲缘关系，为方便园艺爱好者选择而将流行的秋海棠品种分为8类：

竹节类秋海棠（Cane Begonias）；

灌木状秋海棠（Shrub–like Begonias）；

根茎类秋海棠（Rhizomatous Begonias）；

四季类秋海棠（Cucullata Begonias）；

球茎类秋海棠（Tuberous Begonias）；

大王类秋海棠（Rex Cultorum Begonias）；

藤蔓类秋海棠（Trailing–Scandent Begonias）；

粗茎类秋海棠（Thick–Stemmed Begonias）。

各类的主要特征分述如下：

竹节类秋海棠

茎粗壮，竹节状，节间较长，因而被称作'竹节'秋海棠。该类群植株大小迥异，但是主茎明显，竹节特征显著；叶片整齐，像切过一样，大部分种类叶片脉间有银白色斑点，或者有时叶片除叶脉为绿色或紫红色外，整个叶片呈银白色；花朵成簇而大，有时有香味。在美国，竹节类秋海棠在南方的州内最流行，栽培于无雾地区的室外，同时在室内和温室也能生长良好。值得一提的是有两位育种家创造了许多早期流行的大型品种，尤其是艾琳（Irene）的杂交种'艾琳努斯'秋海棠（B. 'Irene Nuss'）和贝尔瓦（Belva）的'索菲塞西尔'秋海棠（B. 'Sophie Cecile'）一直以来栽培最为广泛。另外一类最流行的竹节秋海棠一般称为"天使翼"秋海棠(Cane Begonias)。这些植株大小各异，有些适宜于吊篮，有些为较大的直立植株，但是都具有相似的叶形，像天使的翅膀，因而被赋予一个共同的名字"天使翼"。

灌木状秋海棠

该类因具有较多分枝、生长繁盛而得名，大多数种类不像竹节类一样多花，但是也有一些常年开花，全国各地都能作为花坛花卉。灌木状秋海棠多因其易栽培、有趣的叶片形态、生长茂盛而被栽培利用。大多数灌木状秋海棠开白花，但也有很多粉红色和红色品种，多数花被毛。该类叶片表面变异也很大，有些叶片光亮，而有一些叶片被毛，有时甚至完全覆盖毛被。

根茎类秋海棠

该类植株一般长得不高，叶片生长于匍匐的根状茎上，因而得名。这一类群的植物因其有趣的叶片形态和紧凑的株型而被栽培。有些叶片被毛，有些圆而发亮，有些呈星形，颜色和质地的多样性无穷无尽，能够满足任何一种欣赏品味。它们也有大量的花朵甚能覆盖整个植株，大多数春季开花，但也有一些全年开花。株型大小从极小到极大，如'费雷迪'秋海棠（*B.* 'Freddie'）在最适宜环境下叶片长度能达到3英尺（1英尺 = 0.3048 m）（夏威夷室外栽培）。

四季类秋海棠

栽培最广泛的一类，一年四季都会开花，因而称为四季类秋海棠；也有些地方称为蜡型，因为这类秋海棠的叶片表面看起来像蜡一样光亮。此类品种花色具白色、粉红色至红色的所有变换。叶片颜色通常有绿色和古铜色两种，但是也有带斑纹的类型，如'迷人'秋海棠（*B.* 'Charm'），还有海芋型叶片，幼叶呈白色；少数种类叶片呈被密毛的白色或红棕色。花呈单瓣和重瓣。

球茎类秋海棠

球茎类秋海棠作为花坛植物和温室植物在全世界非常流行，主要以其花朵艳丽而被栽培。花朵大小从小型、1/2英寸（1英寸 = 25.4 mm）到大花型，花朵大如餐盘。花从单瓣至完全重瓣，颜色包含除蓝色以外的所有颜色系列。也有一些种类具有不同颜色的花边，一些品种具有香味。株型有垂吊型和直立型。球茎类秋海棠生长于球状茎上，并且在秋冬季节会有短暂的休眠，春天又重新发芽生长。

另外一种相关的类型是半球茎类，不具有球状茎，但是茎基膨大。多数半球茎类秋海棠具有较小的叶片和较小的白色花，但也有两种粉红色花的。它们膨胀的基部和较小的枝叶使其成为天然的草本盆景植物。

大王类秋海棠

大王类秋海棠是秋海棠中最绚烂的一类，也属根茎类秋海棠，因其多色的叶片而被栽培，而且叶片的大小和形状各异。所有的大王类秋海棠都是越南产大王秋海棠(Rex Cultorum Begonias)与其他根茎类秋海棠杂交的后代，叶片具有显著的环状斑纹。由于该类秋海棠的叶片比花更绚烂，因此该类秋海棠以观叶为主。

藤蔓类秋海棠

藤蔓类秋海棠多因其藤蔓习性而被栽培，这种习性通常在春天赋予其一种独特垂吊式的花朵展示方式。其中，一些新品种花期较长甚至终年开花；一些品种具有光亮的叶片，看起来像喜林芋；一些品种叶片较大，能向上攀缘，在野外状态下能攀缘上树桩。大多数藤蔓类秋海棠开白色或粉红色花。部分具有地下球状茎或者根状茎的秋海棠属种类，由于地上茎纤细而长，也具有垂吊的习性，这部分品种也根据其观赏特点而被归为藤蔓类秋海棠。

粗茎类秋海棠

粗茎类秋海棠栽培不是很广泛，但是类型多样。它们具有地下根状茎，不休眠，而地上茎粗壮，节不似竹节类明显，叶片形态多样。多数粗茎类秋海棠不怎么分枝，而是从基部进行新的生长。它们通常会掉落基部的叶片从而展现其较粗壮的茎，仅顶端留有叶片，特别引人注目，非常适合喜欢猎奇的人栽培。

美国秋海棠协会有很多分支协会，但是大多数分支机构均沿用该协会的分类系统。其中阿斯特罗斯分支协会在美国秋海棠协会的基础上，进行了更加详细的下级分类，如花色、叶片斑纹有无等。澳大利亚秋海棠协会采用的秋海棠园艺分类系统与美国秋海棠协会的分类基本一致，只是在其基础上将半球茎类独立出来作为一个大类。

2. 英国的分类系统

由于英国主要对重瓣的球茎类秋海棠感兴趣，因此分类上对其他种类较为简略。苏格兰秋海棠协会主要依据茎形态特征将秋海棠园艺品种分为3种类型：

根茎类秋海棠（Rhizomatous Begonias）

范围比较宽，基本特征是具有匍匐地面上的粗大的根状茎。许多现在的栽培品种，如虎爪秋海棠（*B.* 'Tiger Paws'），都是1940年发现于墨西哥的波氏秋海棠（*B. bowerae* Ziesenhenne）的杂交后代。这种类型叶片小，比大叶片的种类耐低温，并且相对不易感白粉病。大多数根茎类秋海棠沿地面匍匐，但他们也将部分直立、较高的种类，像'小兄弟'秋海棠（*B.* 'Little Brother Montgomery'），归到这一类中。

球茎类秋海棠（Tuberous Begonias）

这一类群包含现今的重瓣花类和垂吊型杂交品种的祖先，一般都具有地下球状茎，冬季休眠，地上部分枯萎，仅留球状茎，第二年春天又重新发芽生长。这一类群主要以观花为主，英国在这方面培育了众多重瓣型、花朵较大的品种。由于垂吊型在花展架上出现的种类较少，如今玻利维亚秋海棠（*B. boliviensis*）又流行了起来，它垂吊的习性被用来培育各种垂吊型品种。

须根类秋海棠（Fiberous Begonias）

所有的秋海棠都具有须根，而该类群是为了区分那些不同时具有球状茎或者根状茎的类型。这一类包含竹节类，如高大的'露瑟娜'秋海棠（*B. 'Lucerna'*），以及灌木状类，如红筋秋海棠（*B. scharffii* J. D. Hooker）。四季秋海棠类品种，是如今较为流行的花坛植物，来自于小型的亚灌木状四季秋海棠（*B. cucullata* Willdenow）。这一类中的少数种类，如凯勒曼伊秋海棠（*B. kellermanii* C. de Candolle）比多数秋海棠更能忍受干燥的环境，并能接受较多的直射光。美国秋海棠协会单独为旋花秋海棠（*B. convolvulacea* A. de Candolle）一类开设了一个垂吊型类群。在苏格兰，这些种类被放在其他类别中（各种难以归类的秋海棠）。

日本秋海棠协会的秋海棠分类原则和类别与欧洲的分类相似，主要依据秋海棠的生长类型分为三大类：直立性秋海棠、根茎类秋海棠、球茎类秋海棠。

3. 国内采用的分类规则

由于国内秋海棠作为园艺花卉发展较晚，相关分类还比较滞后。基于英国和日本的分类规则，依据地下茎和地上茎的形态兼顾观赏特征进行分类：

球茎类秋海棠（Tuberous Begonias）

主要为具有地下球状茎、冬季休眠的类群。多数为国外培育的重瓣大花品种，也包含野生类群中具有明显地下球状茎且冬季休眠的种类。

根茎类秋海棠（Rhizomatous Begonias）

该类群具有明显的地下匍匐根状茎，一般无地上茎或地上茎不明显，叶片均基生，叶片形状、质地、色彩的多样性极其丰富，并且多数具有特别的叶斑，主要以观叶为主。

直立茎类秋海棠（Erect-Stemmed Begonias）

该类主要特点是具有明显的地上茎，有或无地下根状茎，不具有冬季休眠习性。该类包含了国内相对常见的丽格海棠、四季类秋海棠和竹节类秋海棠，以及少部分具有根状茎的直立种类，如前述'小兄弟'秋海棠和国产野生种裂叶秋海棠等。

从观赏的角度看，球茎类秋海棠主要以观花为主，一般具有地上茎，直立或者匍匐，花朵大型或多数，适宜做一般盆栽和垂吊盆栽；也有的种类不具有地上茎但花序较大，花葶很高，别具特色。根茎类秋海棠不具有地上茎，叶片均基生，株型紧凑，叶片形态丰富，最适宜作为观叶盆栽或丛植。直立茎类秋海棠均具有明显的地上茎，植株直立生长，极少部分地上茎纤细可做垂吊盆栽，其他种类可根据植株的大小做小型至大型盆栽；直立茎类的适应性稍强，不具有休眠习性，可以选择不同花期的种类进行搭配，营造全年可观的景观，同时弥补冬季的单调色彩。

第五章
秋海棠常见外来栽培种（品种）

第一节 外来原种

棱角秋海棠
Begonia angularis Raddi

特征概述：

　　本种原产巴西，托叶大而明显，叶柄黄绿色至粉红色，叶片缎绿色，叶脉灰绿色；成熟的茎六棱，节间上部有窄的红色带；花序着生于近顶叶片的叶腋，花极多，白色至粉红色，雄花被片4，雌花被片5。花期在晚冬至早春。昆明植物研究所引种的植株花期在12月。该种较容易栽培，植株能长至高约1 m。

有角秋海棠

Begonia angulata Vellozo

特征概述：

    本种原产巴西，植株高大；叶片光滑无毛，主脉近白色，叶缘波状，托叶大而明显；花序近顶生，花小而多，白色。花期7—11月。

玻利维亚秋海棠

Begonia boliviensis A. de Candolle

特征概述：

    该种原产南美洲的玻利维亚，于1857年被德国人发现并得名，后于1864年被理查德·佩尔斯（Richard Pearce）引回英国栽培，随后在1867年的国际园艺植物展上一举成名。该种因特有的垂吊习性而出名，此外，其叶片和花被片狭长，花色鲜艳。该种在垂吊型球茎秋海棠品种的育种上具有不可替代的重要作用，是它们的共同祖先。该种特有的半开放花朵决定了其鸟媒传粉的特性。另外，由于该种的分布海拔较高，因此需要相对凉爽的栽培环境，避免阳光直射。

波氏红花秋海棠

Begonia bowerae var. roseiflora MacDougall

特征概述：

原产墨西哥南部，1966年由麦克杜格尔（MacDougall）发表。由于叶缘的白色长毛形似眼睫毛而常被称为睫毛秋海棠。该变种易于栽培，且株型紧凑，叶片形态特别，花序高出植株，花朵多数、粉红色，是观赏性较好的野生种。昆明植物研究所栽培的植株花期为3—5月。

鲁道夫·蔡森赫纳（Rudolf Ziesenhenne）在 *The Begonian*（1973）中对波氏秋海棠（*B. bowerae*）的3个变种进行了描述：波氏褐斑秋海棠（*B. bowerae var. nigramarga*）、波氏大叶秋海棠（*B. bowerae var. major*）、波氏红花秋海棠（*B. bowerae var. roseiflora*）。其中，波氏褐斑秋海棠为观赏价值最高的变种，叶片较小，并且叶片上面有显著的叶斑（沿叶脉附近紫褐色，脉间为绿色或黄绿色斑块）；波氏大叶秋海棠叶片较大，约为波氏褐斑秋海棠的2倍，但叶片几乎为绿色，无明显斑纹，叶尖急尖；波氏红花秋海棠叶片与波氏大叶秋海棠大小近似，但叶尖渐尖，也没有明显斑纹。

该种被多次用于新品种培育的亲本，尤其是波氏褐斑秋海棠。鲁道夫·蔡森赫纳等利用波氏秋海棠及其变种进行了大量的杂交并获得了许许多多的杂交品种。1981年鲁道夫·蔡森赫纳对这些品种进行了汇总，根据其不完全统计，当时的品种已经有583个。

卡洛里叶秋海棠
Begonia carolineifolia

特征概述：

原产墨西哥，1852年发表。本种根状茎粗壮略斜升，株高30～40 cm。掌状复叶，小叶片7～8片，长卵状披针形，深绿色，光滑无毛；花被片桃红色。花期2—4月。

茎姿秋海棠

Begonia carrieae Ziesenhenne

特征概述：

　　原产墨西哥，具有粗壮的根状茎。叶柄和叶片背面被有密集的白色鳞状毛；叶片鲜绿色，不亮，上面密被短毛，叶脉洼陷。花序高于植株，花白色较大。

　　本种也被多次用于杂交育种，鲁道夫·蔡森赫纳1976年列出了其利用该种与其他品种杂交获得的注册品种12个，另外还有很多当时尚未注册的品种。本书中的'琦琪'秋海棠（*B.* 'Chichee'）和'洛斯佩图'秋海棠（*B.* 'Lospe-tu'）也是利用该种作为亲本之一杂交获得的品种。

古巴秋海棠

Begonia cubensis Hasskarl

特征概述：

  本种原产古巴东部，生于海拔400～1200 m的林下阴湿沟谷或林缘。直立茎，有时垂吊延伸，浅紫色，株高40～50 cm。叶片卵状披针形，叶面绿色无毛，叶缘被白柔毛。花被片桃红色至极浅粉红色，二歧聚伞花序，花3～6朵。花期8—10月。

陶泽秋海棠
Begonia dayii H. E. Moore

特征概述：

本种原产墨西哥，1947年由H. E. 莫勒（H. E. Moore）发表。属根状茎类型，叶片厚草质，轮廓阔卵形全缘，光滑无毛，叶面具陶瓷光泽，叶脉茶褐色清晰。花被片白色略带黄绿色。花期2—4月。

银点秋海棠

Begonia delisiosa Linden et Fotsch

特征概述：

本种原产波兰，1933年由林登和福奇（Linden & Fotsch）发表。直立茎粗壮，褐绿色，株高25～50 cm。叶片轮廓阔卵形，叶面深绿色被银白色斑点。花被片粉红色，二歧聚伞花序，花3～6朵。花期9—10月。

迪特里希秋海棠

Begonia dietrichiana Irmscher

特征概述：

　　本种原产巴西东南部，1953年发表。直立茎紫褐色，株高30～60 cm。叶片轮廓长椭圆形，叶面紫褐色、光滑无毛。花被片白色，二歧聚伞花序，花6～9朵。花期5—7月。

纳塔秋海棠

Begonia dregei Otto et Dietrich

特征概述：

　　本种原产非洲纳塔尔，1836年由J. F.德雷格（J. F. Drege）发表。株高可达1 m，一般栽培植株高40 cm左右，通常有膨大的基部，主茎粗壮。叶片较小，通常浅裂，光滑无毛，绿色，叶脉和叶缘带红色。花序一般在顶枝着生，花少数，有香味，白色或者粉红色，雄花被片2，雌花被片5。孢子体细胞染色体数目2n=56。该种野外居群间叶片形态变异极其多样，现在已发表的有3个种下变种。

　　该种于1836年在非洲南部被发现，随后被引入欧洲。在野外，该种生长于极荫蔽的南坡。在栽培时，拟采用稍浅的盆，基质透水性要好，保持明亮的光照。另外，此种易感白粉病，所以要保持较好的通风。最好使用种子繁殖，因为扦插繁殖很难得到膨大的基部。

枫叶秋海棠

Begonia dregei var. macbethii L. H. Bailey

特征概述：

　　原产非洲纳塔尔，1961年作为纳塔秋海棠（*B. dregei*）的变种发表。基本形态和生态特性与纳塔秋海棠较近似，但叶片掌状3～4浅裂，形态似枫叶，叶面具白色斑点等与原种相互区别。

长叶刺萼秋海棠
Begonia echinosepala var. *elongatifolia* Irmscher

特征概述：

1871年发表的种类，产自巴西，属于直立茎类，但茎稍纤细。该变种叶片绿色，偏斜，似柳叶但较窄，叶片宽1.5~2 cm，区别于同一种下另一变种（叶宽2~4 cm）。花序腋生，花少数，白色，花被外侧密被白色毛。

异叶秋海棠

Begonia egregia N. E. Brown

特征概述：

　　本种原产巴西东南部，1887年由N.E.布朗（N.E. Brown）发表。直立茎粗壮，褐绿至褐黄色，株高40～50 cm。叶片有的盾状着生，轮廓长卵状披针形，叶面绿色，被白柔毛。花被片白色，二歧聚伞花序，花15～25朵。花期3—5月。

海神秋海棠
Begonia episala Brade

特征概述：

  本种原产巴西，1948年由布拉德（Brade）发表。属直立茎类型，株高25～40 cm。叶片轮廓卵形，叶面褐紫色，背面密被茶色棉毛。花被片白色。花期6—8月。孢子体细胞染色体数目2n=56。

多叶秋海棠

Begonia foliosa var. *foliosa* Humboldt, Bonpland et Kunth

特征概述：

  原产哥伦比亚、委内瑞拉、厄瓜多尔，野外多见。植株灌木状，枝条呈优雅的拱形，株高能达到4 m。叶片极小而密，有锯齿，暗绿色，有光泽，尖端圆钝，托叶宿存。花序着生于枝端叶片的叶腋，常见一朵雄花，两朵雌花，花白色、粉色或红色，雄花被片4，雌花被片5。该种易于栽培，相比大多数秋海棠要求浇水更频繁些，喜欢凉爽、荫蔽的环境，最适空气湿度50%～70%。

柳叶秋海棠
Begonia fuchsioides W. J. Hooker

特征概述：

　　原产哥伦比亚、委内瑞拉。植株呈灌木状，叶片小而密，长卵圆形，绿色，有光泽，边缘有疏锯齿，叶尖细尖，较多叶秋海棠叶片稍大。花序2~3回二歧分支。昆明植物研究所栽培的植株花期为4—6月。

马修纤细秋海棠

Begonia gracilis var. martiana A. de Candolle

特征概述：

原产墨西哥，1829年就已经被引种栽培，由于其对环境的要求特殊，仅在采集者之间传递和栽培。该种需要凉爽的环境和明亮的光线，可承受直射光，要求栽培基质透水性好，最好使用瓦盆栽培。

本种具有球状茎，地上茎直立但细弱易倒伏，叶片较小，花序着生于地上茎顶端，花深粉红色，单瓣而大，雄花较多。

该种在昆明植物园秋海棠温室一般夏季末开始出芽生长，叶片较小，9—10月盛花，11月地上部分枯萎，进入休眠期。另外，生长期末其叶腋会产生许多珠芽，可用于繁殖。

由于本种叶片较小，并且耐强光，因此常用于培育小叶品种和提高品种的耐强光性，早期曾被用来与四季秋海棠类品种进行杂交育种。

苡叶秋海棠
Begonia herbacea Vellozo

特征概述：

　　原产巴西，于1831年首次发表。1953年，艾姆希尔（Irmscher）又描述了几个变种。该种所在的糙果组（*Trachelocarpus*）共有6个种，均分布于巴西东部山脉的山地森林中，全部为具有窄而对称的近披针形叶片的根茎类秋海棠。这种形态在秋海棠属内较为特别。由于形态较为相似，这些种类区分起来较为困难。泰比特（Tebbitt，2005）也提到该组内的分类难题自从苡叶秋海棠一发表就已经存在了。

僧帽秋海棠

Begonia hispida var. cucullifera Irmscher

特征概述：

　　原产巴西大西洋海岸森林，直立茎可长至2 m高。本种最明显的特征是叶片上面附生有直立的小叶片，但是这些小叶片并不能用于繁殖。植株全身被毛。花序腋生，雄花被片4，雌花被片5，花白色，有时带有粉红色。孢子体细胞染色体数目$2n=56$。
　　该种在秋海棠普遍适宜的环境下容易成活，一般用茎段扦插繁殖。

天胡荽叶秋海棠
Begonia hydrocotylifolia Otto ex W. J. Hooker

特征概述：

　　本种原产墨西哥。叶片近圆形，较小，叶片绿色，沿叶脉有黑色斑纹；叶片幼时被红毛，成熟叶片光滑无毛。花序高出植株，花多数，雌、雄花被片均2，浅粉红色，子房浅绿色，略带浅粉色翅。花期3—6月。该种在19世纪40年代就已经被引入德国柏林植物园栽培，并且用于杂交育种。

丽纹秋海棠
Begonia kui C.-I Peng

特征概述：

原产越南北部，生于阔叶林下阴湿的石灰岩间。根状茎匍匐，紫褐色，株高12～18 cm。叶片轮廓近圆形，叶面紫褐色，脉间具银白色条状斑纹，密被紫红色长柔毛。花被片桃红色，二歧聚伞花序，花20～30朵。花期9—10月。

赖特斑点秋海棠
Begonia maculata var. wrightii Hort. ex Fotsch

特征概述：

　　本种原产巴西。全株光滑无毛，竹节状茎粗壮，株高可达1 m。叶片较大，不裂，非盾状着生，叶片上面暗绿色，带有白色斑点，背面紫红色。花被片红色。

金属色秋海棠

Begonia metallica W. G. Smith

特征概述：

　　巴西野生种，1876年发表。该种具有较细而结实的直立茎，叶片被描述为"彩虹色和压花丝绸""具有磨光的金属光泽"。成熟叶片暗绿色，背面叶脉带红色。新叶两面亮红色，叶片正面有稀疏白色毛，背面较密。花粉红色，带有红色毛，雄花显著。花期8—9月。该种对栽培条件的要求不高，容易管理，但是如果受到阳光直射，也会灼伤。

软毛秋海棠

Begonia mollicaulis Irmscher

特征概述：

原产南美洲巴西，发表于1957年。植株整体被白色短茸毛，像毛毯一样柔软，叶片不裂，翠绿色，叶脉浅绿色。直立茎明显，叶片着生于直立茎上。花序顶生，花多数，白色，雄花被片4，雌花被片5或6。自然坐果率和结实率较高，子房幼时白色，授粉后逐渐变绿。花期8—11月。

莲叶秋海棠

Begonia nelumbiifolia Chamisso et Schlechtendal

特征概述：

　　本种原产墨西哥、哥伦比亚，生于阔叶林下阴湿沟谷或林缘。根状茎匍匐、粗壮，紫褐色。叶片轮廓卵圆形，叶片盾状着生，叶面绿色、光滑无毛。花被片白色，二歧聚伞花序，花45～60朵。花期1—2月。

靓脉秋海棠
Begonia olsoniae L. B. Smith et B. G. Schu.

特征概述:

　　本种原产巴西,1965年发表。根状茎匍匐、粗壮,褐绿色,株高25～35 cm。叶片轮廓卵圆形,叶面褐绿色密被粉红色长柔毛,叶脉亮绿色。花被片白色略带桃红色,二歧聚伞花序,花3～6朵。花期5—6月。

亚灌木秋海棠

Begonia oxyphylla A. de Candolle

特征概述：

　　本种原产巴西。植株高大，株型亚灌木状，叶片长卵形，宽度不超过6 cm。花序腋生，花极小而多数，白色，有香味。孢子体细胞染色体数目2n=56。花期7—8月。

蓼叶秋海棠
Begonia partita Irmscher

特征概述：

　　原产南部非洲，1961年发表。直立茎粗壮，茎基肉质膨大，褐绿色，株高45～55 cm。叶片轮廓卵状披针形，掌状3～4深裂，似枫叶，叶面绿色、光滑无毛。花被片白色，二歧聚伞花序，花2～4朵。花期8—9月。

皮尔斯秋海棠

Begonia pearcei J. D. Hooker

特征概述：

    原产南美洲的玻利维亚，1864年由理查德·皮尔斯（Richard Pearce）引种到欧洲。花被片黄色，开花数量大且花期较长，分枝较多，宜作为室内盆栽。皮尔斯秋海棠，是用于培育球茎秋海棠黄色花品种的重要亲本，目前几乎全部的黄色系球茎秋海棠都含有它的基因。花期从6月初至11月中旬。

光叶秋海棠

Begonia pinetorum A. de Candolle

特征概述：

　　原产墨西哥、危地马拉。植株整体光滑无毛，叶片不裂，深绿色，叶脉暗褐色。花被片浅绿色，子房绿色。

棱果秋海棠

Begonia prismatocarpa J. D. Hooker

特征概述：

　　原产非洲西部，植株极矮小，匍匐生长，株高约11 cm。叶片浅裂、卵形、绿色、非盾状着生。花黄色，极小，雌、雄花被片均为2。由于植株矮小、匍匐生长、喜高湿环境，因而是最佳的封闭容器栽培植物，被爱好者广泛搜集。

　　该种在1861年首次被古斯塔夫·曼（Gustav Mann）发现于非洲西部的比奥科岛（Bioko），后来在非洲大陆其他地方也有发现；1969年美国从英国引入。

　　该种在野外生长于石壁上或者朽木上，栽培基质一般为粗剪过的泥炭藓和珍珠岩；繁殖方式可以通过种子、叶片扦插等；喜欢较亮的光线，但是惧怕阳光直射，一般在室内补充灯光照明。尽管该种已经是来自非洲的黄花种类中最容易栽培的，但是由于对环境要求较高并且对环境变化非常敏感，因而栽培管理要谨慎。

宁巴四翅秋海棠
Begonia quadrialata Warb. subsp. *nimbaensis* M.Sosef

特征概述：

本种原产西部非洲几内亚、利比里亚和科特迪瓦边境的宁巴山，生于350～1600 m林下阴湿石灰岩间。根状茎类型，株高15～18 cm。叶片卵形，长5～7 cm，宽2.5～4 cm，叶面褐绿色、光滑无毛，沿掌状脉紫褐色，叶缘被疏长毛。花被片橘黄色，二歧聚伞花序，花2～4朵。雄花直径1.8～2 cm，花被片2或1，阔卵形；雌花直径1.6～1.8 cm，花被片2，阔卵形。蒴果长卵形，具近等3翅，三棱状。花期7—9月。栽培保存植株正常开花，但未能正常结实。

2002年11月该种由日本人神户敏成从日本富山中央植物园引种栽培至昆明植物园。

气根秋海棠

Begonia radicans Vellozo

特征概述：

    原产巴西，历史上曾经出现过9个异名，可以说经历了漫长的分类历史。本种属地上茎匍匐生长的垂吊型秋海棠种类，也是许多垂吊型品种的重要亲本。叶片绿色，卵圆形，光滑无毛。花很可爱，颜色从花被片基部中心至外缘由红色至白色渐变；雄花花蕊为浅黄色，雌花的花柱呈无色透明的卷曲状。盛花时，花序和花均多数，随枝条下垂，有时像瀑布一样。

大王秋海棠（印度）

Begonia rex Putzeys

特征概述：

　　该种分布于亚洲的印度东北部，具有明显的根状茎，叶片均基生，叶柄和叶片背面密被毛，叶片绿色或带紫色，正面具有明显的银白色环状斑纹。

　　本种早在1858年就被一位比利时的园艺家J. 林登（Jean Linden）商品化，并且被早期育种家用来与当时引入栽培的其他秋海棠品种进行大量的杂交，如：有角秋海棠、花叶秋海棠、装饰秋海棠、王冠秋海棠、墨脱秋海棠、裂叶秋海棠、黄瓣秋海棠，甚至也与亲缘关系较远的中华秋海棠、纳塔秋海棠、索科特拉秋海棠等进行杂交育种尝试。因为杂交组合千奇百怪，也产生了数以千计的大王秋海棠系列观叶品种。这些品种大部分继承了大王秋海棠的环状斑纹，且叶片色彩的多样性极其丰富。

　　尽管广为栽培的大王秋海棠均为叶斑显著的类型，但是在野外遇到过大王秋海棠的采集者也在同一生境看到了具有不同叶色且不具有环状斑纹的类型，如带紫色叶片和纯绿色叶片类型，说明其原种本身就具有丰富的多样性。

牛耳秋海棠

Begonia sanguinea Raddi

特征概述：

　　本种原产巴西，1820年由塞洛（Sello）发表。直立茎褐绿至褐紫色，株高40～45 cm。叶片厚草质，轮廓卵形，叶面褐绿色、光滑无毛，背面紫红色。花被片白色，二歧聚伞花序，花12～15朵。花期3—5月。

红筋秋海棠
Begonia scharffi J. D. HooKer

特征概述：

　　本种原产巴西东部，由J. D. 胡克（J. D. HooKer）发表。直立茎紫褐色，株高40～70 cm。叶片轮廓长卵形，叶面褐绿色，被疏短毛。花被片桃红色或白色，二歧聚伞花序，花12～15朵。花期8—10月。

茸毛秋海棠

Begonia scharffiana Regel

特征概述：

　　本种原产巴西，1887年发表。直立茎粗壮，褐紫色，株高40~50 cm。叶片轮廓长卵形，叶面褐绿色，密被长柔毛，叶缘反卷。花被片浅桃红色，二歧聚伞花序，花8~10朵。花期9—10月。

施密特秋海棠

Begonia schmidtiana Regel

特征概述：

    原产巴西，最高能长到60 cm，一般栽培者约30 cm，分枝较多，株型紧凑。全株密被白色短毛，叶片较小且不裂，近卵形。花序顶生和顶枝腋生，外轮上部被白色；基部红色，内轮被白色，雄花被片4，雌花被片5，全年都可开花，盛花期4—8月。

    本种喜欢温暖且光线较明亮的环境，但要避免阳光直射。浇水不要过勤，表层土2~3 cm干燥时方可，避免浇水过多引起根腐病。该种可以通过茎扦插繁殖。该种是四季秋海棠类品种的重要亲本之一。

棉毛秋海棠

Begonia tomentosa Schott

特征概述：

　　本种原产巴西，1827年发表。直立茎类型，株高30～50 cm，植株整体密被白色棉毛。叶片轮廓卵形，正面褐绿色、背面紫红色，整体密被白色棉毛。花被片浅桃红色，外侧被红色柔毛。孢子体细胞染色体数目2n=56。栽培需注意控制土壤或基质水分，以免根茎腐烂。

彩纹秋海棠

Begonia variegata Y. M. Shui et W. H. Chen

特征概述：

　　原产越南，曾被作为铁甲秋海棠（*B. masoniana*）的变种记为中国分布种。后经确认，该种在中国没有野生居群，仅在越南分布，并将其提升为种。该种叶片大型，株型紧凑，叶片有明显的锈红色斑纹，与铁甲秋海棠相比其叶缘一周也具有锈褐色斑纹。花序高出植株较多，花多数，花小，黄绿色。花期3—10月。

第二节 外来园艺品种

'阿布·达比'秋海棠
Begonia 'Abu Dhabi'

特征概述：

　　1972年，P. 沃利（Patrick J. Worley）用波氏褐斑秋海棠（*B. bowerae* var. *nigramarga*）与紫罗兰秋海棠（*B. violifolia*）进行杂交得到的品种。植株矮小，叶柄较短，叶片沿叶脉和叶缘呈暗褐色斑纹。

'宝石蓝'秋海棠
Begonia 'Aquamarine'

特征概述：

　　1953年由楚格（Zug）育成，母本是路德维格秋海棠（*B. ludwigii*），父本是'西尔瓦多'秋海棠（*B.* 'Silvadore'）。根状茎类型，株型紧凑。叶片阔卵形，褐绿色被银白色斑纹，有时略带桃红色。花被片白色至浅粉红色，冬春季开花。栽培适应性较强。

'埃里斯'秋海棠

Begonia 'Aries'

特征概述：

　　1970年由美国人T. 沃雷利（Thelma O'Reilly）以'罗拉'秋海棠（*B.* 'Norah Bedson'）为母本、'莱斯利林恩'秋海棠（*B.* 'Leslie Lynn'）为父本杂交培育而成的品种。叶片波皱而表面光滑，浅绿色，叶面散布红棕色的点和线，边缘有细的缘毛，叶脉7条。花双色调粉红色，花被片2。花期4—7月。

'芭芭拉'秋海棠
Begonia 'Barbara Hamilton'

特征概述：

2000年育成，属直立茎类型。叶片长椭圆形，近全缘，叶面绿色、光滑无毛，具银白色近圆形斑点。花被片粉红色至桃红色，开花数极多。花期9—11月。

'博克特'秋海棠

Begonia 'Bokit'

特征概述:

  属根状茎类型,株型紧凑。叶片褐绿色,镶嵌淡绿色斑纹,叶缘被白色长睫毛,叶基微螺旋状。花被片浅粉红色,开花数较多。花期2—4月。

'旋转木马'秋海棠

Begonia 'Carousel'

特征概述：

    1962年由美国洛杉矶的R. 皮斯（Ruth Pease）培育而成。母本为'艾梦斯'秋海棠（B. 'Immense'），父本为玛扎伊秋海棠（*B. mazae f. nigramarga*）。本品种叶片浅裂，翡翠绿色，具有天鹅绒般光泽，叶脉黑色，从中央至叶片中部叶脉呈黄绿色放射状。花粉红色，子房有红点，花序初时为二歧分枝状，随后分枝较多。在昆明栽培的花期为4—6月。

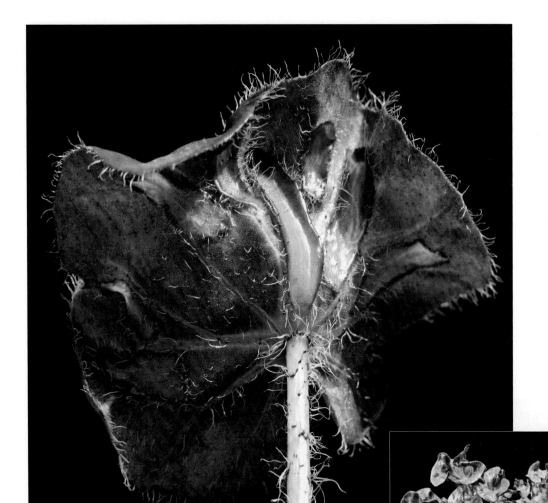

'大教堂'秋海棠

Begonia 'Cathedral'

特征概述：

于1966年培育，母本为'菲斯提'秋海棠（*B.* 'Feastii'），父本可能是耳状秋海棠（*B. auriculata*）系列。本品种继承了耳状秋海棠显著的波折叶缘特征。叶片较小，卷曲和杯状的叶片颜色从深绿色至浅绿色变化，叶片背面呈红色略带绿色。由于类似大教堂窗户（Cathedral Window）的样式，也常被错记为'大教堂窗户'秋海棠（*B.* 'Cathedral Windows'）。

'琦琪'秋海棠

Begonia 'Chichee'

特征概述：

    1973年由R. 蔡森赫纳（Rudolf Ziesenhenne）杂交培育的品种，亲本为波氏秋海棠（*B. bowerae*）和茎姿秋海棠（*B. carrieae*）。'琦琪'秋海棠继承了茎姿秋海棠的基本形态特征，仅叶片稍小。其叶片绿色不裂，叶柄和根状茎被较长的鳞状毛，花芽白色带绿色，花被片白色。

271

'玫红斑'秋海棠
Begonia 'Cracklin Rosie'

特征概述：

　　1990年由德沃金（Dworkin)育成，母本是'希尔迷斯特'秋海棠（*B.* 'Silvermist'），父本是昂克秋海棠（*B. unk*）。该品种属直立茎类型，株高35～45 cm。叶片轮廓长卵形，褐紫色，光滑无毛，叶面具玫红色斑纹，叶缘浅波状。花被片桃红色。花期6—8月。

'布鲁克水晶'秋海棠
Begonia 'Crystal Brook'

特征概述：

  该种由澳大利亚的J. 克莱尔（John Clare）在1992年培育而成。母本为'快乐伍德'秋海棠（*B.* 'Woodgate Delight'），父本为'快乐贝德福德'（*B.* 'Bedford Delight'）。

  本品种叶片浅裂，叶基内卷，主脉浅绿色，沿二级脉布有紫黑色斑纹，叶缘斑纹更明显。叶缘和叶柄被有白色长毛，叶柄有红斑装饰。

273

'苏氏漩涡'秋海棠

Begonia 'Curly Sue'

特征概述：

　　1980年由B. 约克（Bernard Yorke）培育的品种。本品种的母本为'伯科特'秋海棠（*B.* 'Bokit'），父本不详。其叶基具有明显的卷耳状结构，叶脉浅绿色，叶片绿色带有显著的黑色装饰斑纹。

'黛西' 秋海棠

Begonia 'Daisy'

特征概述：

　　'黛西'秋海棠是1972年美国人P. 罗伊（Paul P. Lowe）以'库马士'秋海棠（*B*.'Chumash'）为母本、波氏褐斑秋海棠（*B. bowerae* var. *nigramarga*）为父本杂交选育的品种。

　　该品种叶片古铜色、星形，边缘有睫毛，具有天鹅绒质地，叶脉绿色，以截短的方式从中央向外辐射。除花部外整体被长毛，花粉红色，花序高出植株，雌、雄花均具有2花被片，子房绿色。花期3—5月。"黛西"（Daisy）是为了纪念美国秋海棠协会1963—1966年的秘书D. 奥斯汀（Daisy Austin）而命名。

'恩师达'秋海棠

Begonia 'Encinitas'

特征概述：

　　1954年由D. S. 贝伦茨（D. S. Behrends）育成，母本是天胡荽叶秋海棠（*B. hydrocotylifolia*），父本是'费雷德·布朗'秋海棠（*B.* 'Fred Brown'）。该品种属根状茎类型，叶片轮廓卵形，厚草质，叶面黑绿色具光泽，背面略透紫红色，主脉亮绿色。花被片桃红色，春季开花。

'蜗叶'秋海棠

Begonia 'Erythrophylla Helix'

特征概述：

  从'红叶'秋海棠（*B.* 'Erythrophylla'）栽培繁殖的芽变类型中选择培育而成，属根状茎类型。叶面褐绿色具光泽，叶基螺旋状，叶缘浅波状具白色睫毛，叶背面紫红色。花被片浅粉红色。花期2—4月。

'红脉'秋海棠

Begonia 'Essie Hunt'

特征概述：

　　1974年由布兰顿（Blanton）通过有性杂交培育而成，母本是一点红贝叶秋海棠（*B. conchifolia* Zip），父本是长萼波状秋海棠（*B. manicata a.m. crispa*）。根状茎类型，株高30～40 cm。叶片轮廓卵圆形，亮绿色，叶脉基部紫红色，叶基螺旋状。花被片浅粉红色，花极多。花期3—5月。

'富矿脉' 秋海棠
Begonia 'Eureka Bonanza'

特征概述：

　　由约克（Yoke）通过有性杂交选育而成的品种，母本是'珀西爵士'秋海棠（*B.* 'Sir Percy'），父本是'罗伊'秋海棠（*B.* 'Roi'）。属根状茎类型，叶片轮廓长卵形，浅裂至中裂，暗绿色叶片和整体银灰色斑纹将叶脉衬托得格外清晰。花被片浅粉红色，子房绿色。花期6—8月。

'极品汤姆'秋海棠

Begonia 'Fabulous Tom'

特征概述：

本品种为1984年美国的T.蒙泰罗斯（Tom Mentelos）培育的直立茎类品种，母本为'汤姆蒙特'秋海棠（*B.* 'Tom Ment'），父本不详。本品种叶片深绿色，上面有规则的银白色圆斑点，背面带紫色，叶缘有轻微波折。花被片粉红色至桃红色，多数。花期4—8月。

'红毛'秋海棠

Begonia 'Fireflush'

特征概述：

    关于该品种的培育有两种说法。一种认为是1866年欧洲的法国人鲁格勒（Rougler）用粗糙秋海棠（*B. muricata*）为母本、环状秋海棠（*B. annulata*）为父本杂交选育出的一个早期的杂交品种；还有人认为是用大王秋海棠与具有红毛的粗状秋海棠（*B. robusta*）杂交获得整株具有显著红毛的品种。该品种至今仍是秋海棠园艺品种中最美丽的种类之一，全株被红色刚毛，叶片褐绿色，叶片中央和叶缘暗紫红色。

'弗雷德'秋海棠

Begonia 'Fred Bedson'

特征概述:

1974年由麦克·英泰尔（Mac Intyre）育成，母本是'罗拉'秋海棠（*B.* 'Norah Bedson'），父本是褐毛秋海棠（*B. pustulata*）。该品种属根状茎类型，植株整体被毛。叶片轮廓卵圆形，浅裂，叶面褐绿色至褐紫色，被银白色斑纹，叶脉茶绿色。花被片白色至极浅的粉红色。花期3—6月。

'几何对称'秋海棠

Begonia 'Geometry'

特征概述：

　　1972年由日本人茂见浩（Hiroshi Shigemi）以白芷叶秋海棠（*B. heracleifolia* var. *nigricans*）为母本、'库玛士'秋海棠（*B.* 'Chumash'）为父本杂交选育的品种。该品种由昆明植物研究所引自日本。其叶片浅裂，近黑色，仅脉间呈浅绿色；背面紫红色，脉间为浅绿色。

'姬妮'秋海棠
Begonia 'Ginny'

特征概述：

　　1971年由美国的沃乔恩（Watchorn）培育的亚灌木状品种，母本为长叶刺萼秋海棠（*B. echinosepala* var. *echinosepala*），父本为'玻璃'秋海棠（*B.* 'Margaritae'）。本品种叶片狭窄，叶面墨绿色，有光泽，叶背面紫红色。花被片粉红色，外轮花被片外侧被深红色毛。在美国其花期能从4—9月常年开花，昆明植物研究所秋海棠温室栽培的植株花期6—8月。

'金银花' 秋海棠

Begonia 'Honey Suckle'

特征概述：

    1979年由美国的洛基（Logee）温室培育的直立茎类品种，母本为'迪克洛阿苗'秋海棠（*B.* 'Dichroa seedling'），父本不详。本品种叶片绿色，花序大型，花多数，粉红色，有甜香味。常年开花。

'巨大叶'秋海棠

Begonia 'Immens'

特征概述:

　　1936年从'蓖麻叶'秋海棠（*B.* 'Ricinifolia'）栽培繁殖的偶发实生苗变异类型中选育而成。植株大型，根状茎粗壮。叶片巨大，褐绿色，轮廓卵圆形，掌状7~8中裂，叶柄长50 cm。花被片白色，花梗长。花期2—4月。

'凯瑟琳·梅耶'秋海棠

Begonia 'Kathleen Meyer'

特征概述：

　　1983年由美国的P. 沃利（Patrick J. Worley）培育的直立茎类品种，母本为'文雅'秋海棠（*B.* 'Mandarin'），父本为霍莫尼玛秋海棠（*B. homonyma*）。植株茎较纤细，可以作为垂吊类品种栽培。叶片绿色，花序顶生，花多数，花被片深粉红色，子房浅粉红色。花期3—8月。

'贵妇人'秋海棠

Begonia 'Kifujin'

特征概述：

　　日本学者苇沢笃行（Atsuyuki Ashizawa）于1969年培育的品种，母本为波氏褐斑秋海棠（*B. bowerae* var. *nigramarga*），父本为'维尔德格兰迪'秋海棠（*B.* 'Verde Grande'）。该品种叶片斑纹显著，叶片中心叶脉聚集处呈星状浅绿色，沿主脉叶色较深近黑色，脉间为鲜绿色，色彩对比强烈。

'绢光'秋海棠

Begonia 'Kinunohikari'

特征概述：

本品种以'桥本'秋海棠（*B.* 'Mrs Hashimoto'）作为亲本，在日本育成注册，具有30多年的栽培历史。直立茎类型，叶片长椭圆形，翠绿色，光滑无毛。花被片及子房洁白如绸丝，耐略强光照，栽培适应性较强。花期9—11月。

以'桥本'秋海棠作为亲本育成的品种还有'富士白'秋海棠（*B.* 'Shirofuji'）、'弥生'秋海棠（*B.* 'Yayoi'）等，花被片均白色，开花数多，观赏价值高。

'小金'秋海棠

Begonia 'Kogane'

特征概述：

　　该品种为1971年由日本的茂见浩（Hiroshi Shigemi）培育的品种，母本为'维尔博伯'秋海棠（*B.* 'Virbob'），父本为'库玛士'秋海棠（*B.* 'Chumash'）。本品种叶片浅至中裂，叶片上面和叶缘被稀疏长毛，叶片黄绿色，稍带紫色，叶柄有红斑装饰。花被片浅粉红色，外侧有稀疏红点装饰。

'科斯迈克'秋海棠

Begonia 'Kosmatka'

特征概述：

　　1975年由美国的G. 弗罗斯特（Goldie Frost）以'波斯布洛卡特'秋海棠（*B.* 'Persian Brocade'）为母本、'吉姆博士'秋海棠（*B.* 'Dr. Jim'）为父本杂交选育的品种。该品种叶片星形深切，光滑，7条脉。叶片天鹅绒黑色，中间有一个像眼睛一样的淡绿色中心，背面深红色。花被片浅粉红色。

'黑潮'秋海棠
Begonia 'Kuroshio'

特征概述：

　　1978年由日本学者御园勇（I. Misono）育成，母本是波叶秋海棠（*B. crispa*），父本是'博克特'秋海棠（*B.* 'Bokit'）。本品种属根状茎类型，叶片扇形浅裂，褐绿色至褐紫色，光滑无毛。叶缘波状，被浅紫红色长睫毛，叶脉呈明亮的黄绿色。花被片粉红色。花期2—4月。

'黑鹤'秋海棠

Begonia 'Kurozuru'

特征概述：

　　日本学者岩鹤一良（K. Iwazuru）于1972年育成的品种，是采用波氏褐斑秋海棠（*B. bowerae* var. *nigramarga*）作为母本、褐绿秋海棠（*B. mazae* 'Stitched Leaf'）作为父本进行有性杂交选育而成。本品种与'泰格'秋海棠（*B.* 'Tiger Kitten'）为非常近似的姐妹品种。'黑鹤'秋海棠叶片暗紫褐色，脉间有明亮的绿色斑块，边缘有长睫毛。叶背面紫红色，叶柄有红色斑点。

'埃吉尔'秋海棠
Begonia 'Lady Mc Elderry'

特征概述:

    本品种属直立茎类，2005年由美国的B. 汤姆森（Brad Thompson）培育，母本为'罗米塔夫人'秋海棠（*B*. 'Lomita Lady'），父本为'索菲塞西尔'秋海棠（*B*. 'Sophie Cecile'）。本品种叶片较大，浅裂，叶缘波折，脉间有明显的银白色斑纹，叶片背面紫红色。花序顶生，花多数，深粉红色。

'拉娜'秋海棠

Begonia 'Lana'

特征概述：

　　本品种是1974年在美国发表的直立茎类品种，培育者是 P. 李（Peter P. Lee），母本为'伊丽莎白洛克哈特'秋海棠（*B.* 'Elizabeth Lockhart'），父本不详。叶片较厚，深绿色，脉间银白色，掌状浅裂，叶脉明显。花序顶生，花多数，低垂。

'柠檬绿' 秋海棠

Begonia 'Lime Swirl'

特征概述：

　　1980年由L. 伍德里夫（L. Woodriff）选育而成，培育方法和途径不详。本品种属根状茎类型，叶片轮廓卵圆形，浅绿色略透柠檬黄，掌状中裂，叶缘锯齿状，叶基螺旋状。花被片浅桃红色。花期4—6月。

'小兄弟'秋海棠

Begonia 'Little Brother Montcomery'

特征概述：

　　本品种是美国的M. 约翰逊（Martin Johnson）培育的品种，母本为裂叶秋海棠（*B. palmata* var. *palmata*），父本为迪阿德马秋海棠（*B. diadema*）。本品种主要继承了母本的株型和叶片形态特征。裂叶秋海棠是一个分布广泛的种类，叶片形态的变异十分丰富。昆明植物研究所秋海棠温室搜集保藏了来自中国不同产地的形态各异的裂叶秋海棠，其中就有与该品种十分相似的野生类型。

　　该品种具有地上直立茎，株高50～80 cm。叶片浅裂，叶缘和中心紫褐色，二者中间为银白色，背面紫红色。花被片桃红色，有香味，雄花被片4，雌花被片5。花期8—11月。

'洛伊斯'秋海棠
Begonia 'Lois Burks'

特征概述：

1982年由美国加州的P. 沃利（P. Worley)育成，母本是'橘色'秋海棠（*B.* 'Mandarin'），父本是蓼叶秋海棠（*B. partita*）。本品种属直立茎类型，株高35~45 cm。叶片轮廓长三角形，浅裂，褐绿色具银白色斑点。花被片、子房均橘红色。花期9—10月。本品种植株适应性较强，弱光照至较强光照条件均可栽培并健壮生长。

'洛斯佩图'秋海棠

Begonia 'Lospe~tu'

特征概述：

　　1975年美国的R. 蔡森赫纳（Rudolf Ziesenhenne）用'伯提克'秋海棠（*B*. 'Bowtique'）为母本、茎姿秋海棠（*B. carrieae*）为父本杂交选育的品种。该品种叶片有2片内卷的叶耳，叶缘波状、有锯齿和小裂片、被毛、有黑色斑纹。花被片白色，花序高于植株。花期4—6月。

'粉皇后'秋海棠

Begonia 'Madame Queen'

特征概述：

以竹节秋海棠（*B. maculata* Raddi）作为亲本育成的园艺品种。直立茎类型，叶片长椭圆形，褐绿色密布白色斑点，花被片和子房呈华丽的粉红色，花极多，花序梗下垂。花期7—9月。本品种观赏价值高，栽培适应性较强。基本形态与以竹节秋海棠作为亲本育成的'流星'秋海棠（*B.* 'Nagreboshi'）极为相近，但'流星'秋海棠植株较'粉皇后'大型。

'吗啡' 秋海棠

Begonia 'Maphil'

特征概述：

    1951年由M. 沃克（M. Walker）从波氏秋海棠（*B. bowerae*）栽培繁殖的偶发实生苗变异类型中选择培育而成。属根状茎类型，植株整体被白色柔毛，株型紧凑。叶片密集，轮廓卵圆形，5～6中裂呈星状，黄绿色，叶缘镶嵌茶褐色斑纹。花被片粉红色。冬春季开花。

'新斯基扎尔'秋海棠

Begonia 'New Skeezar'

特征概述：

　　该品种引自日本，为日本育成注册品种。根据日本秋海棠协会提供的照片鉴定，亲本为鲁迪克拉秋海棠（*B. ludicra*）和'戴伊'秋海棠（*B. 'Dayi'*）。植株叶片不裂或极浅裂，除叶缘和主脉为绿色外，其他全为银白色。

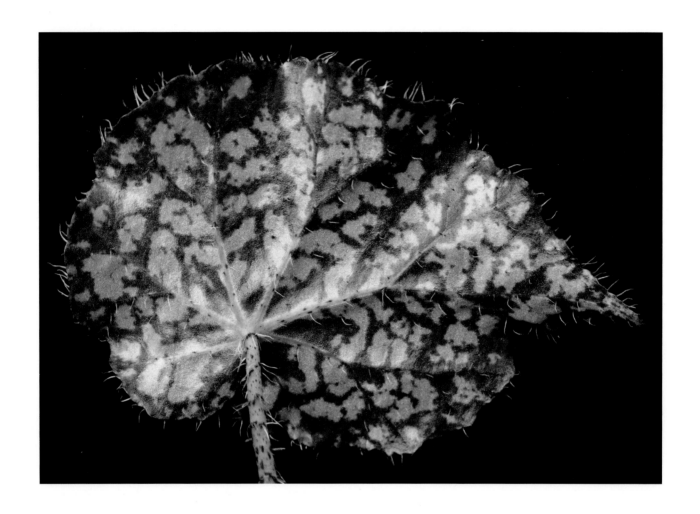

'罗拉'秋海棠

Begonia 'Norah Bedson'

特征概述:

1962年由英国人贝德森(Bedson)培育的品种,母本为波氏秋海棠(*B. bowerae*),父本为糙毛秋海棠(*B. strigillosa*)。该品种叶片斑纹较为特殊,叶缘和中心部为暗紫褐色,两者中间为两种颜色的斑驳分布,而叶片中心叶脉聚集处又为星芒状浅绿色。叶缘和叶柄被长硬毛,叶柄浅绿色,有均匀的红斑点装饰。

'晚秋霜'秋海棠

Begonia 'November Frost'

特征概述：

    1982年由L. 伍德里夫（L. Woodriff）育成，母本是帝王秋海棠（*B. imperialis*），父本是'博克特'秋海棠（*B.* 'Bokit'）。属根状茎类型，株型紧凑。叶片茂密，阔卵形，褐紫色整体被银白色斑纹。花被片白色。夏秋季开花。

'御袋'秋海棠

Begonia 'Ofukuro'

特征概述：

　　1980年由日本学者御园勇培育而成，母本是'柔绿'秋海棠（*B.* 'Soft Green'），父本是'米泰尔'秋海棠（*B.* 'Mityl'）。本品种属根状茎类型，叶片阔卵形，波状浅裂，叶基螺旋状，叶片黄绿色，沿脉整体茶褐色。随栽培环境光照逐渐增强，叶片色彩由绿、黄至茶褐色渐变。

'橄榄绿'秋海棠
Begonia 'Olei Silver Spot'

特征概述：

　　1979年由日本学者中村政二 (M. Nakamura)育成，是'橙红'秋海棠（*B*. 'Orange Rubra'）的偶发实生苗变异选择品种。属直立茎类型，株高30～45 cm。叶片长卵形，呈橄榄绿色，光滑无毛，具银白色斑点。花被片和子房橙红色。花期6—9月。

'赤橙'秋海棠

Begonia 'Orange Parade'

特征概述:

　　1948年由W. D. 尼斯比特（W. D. Nisbet）杂交培育而成，母本是双色秋海棠（*B. dichroa*），父本是红色秋海棠（*B. rubra*）。属直立茎类型，株高30～50 cm。叶片长卵形，绿色、光滑无毛，有时具银白色斑点。花被片和子房橙红色。花期6—9月。

'第十三页'秋海棠

Begonia 'Page 13'

特征概述：

　　该品种是1939年在墨西哥培育的品种，由T. 迈克道格尔（Thomas MacDougall）搜集栽培，于1940年2月以一个未鉴定的品种被刊登在《纽约植物园期刊》的第13页，后来该品种就被大家记为'第十三页'秋海棠。植株叶片绿色，在某些光照下呈银色，因此很吸引人。花序梗较长，花被片粉红色。该品种可能是一个杂交种，有人将其自交，得到了叶片较大的植株，但形态与其相似。

'帕兰戈'秋海棠

Begonia 'Paringa'

特征概述：

  1994年由澳大利亚的J. 克莱尔（John Clare）培育的品种，母本为腺毛秋海棠（*B. glandulosa*），父本为'快乐贝德福德'秋海棠（*B.* 'Bedford Delight'）。植株叶基具有明显的卷耳，沿叶脉为暗紫褐色，脉间浅绿色。叶片幼时整个带紫红色，成年叶片脉间紫红色消失。

'潘妮·兰'秋海棠

Begonia 'Penny Lahn'

特征概述：

　　2001年由美国的P. 沃利（Patrick J. Worley）培育的亚灌木状秋海棠。母本为刺萼秋海棠（*B. echinosepala* var. *echinosepala*），父本为'姬妮'秋海棠（*B.* 'Ginny'）。育成品种继承了'姬妮'秋海棠的叶色，叶面墨绿色，背面紫红色，叶形与刺萼秋海棠相似，狭窄而长。花被片粉红色，外轮花被外侧被红色长毛。花期6—8月。

'诗歌'秋海棠

Begonia 'Poem'

特征概述：

　　1976年由日本学者茂见浩（Hiroshi Shigemi）培育而成，母本是'罗拉'秋海棠（B.'Norah Bedson'），父本是平茎秋海棠（*B. aridicaulis*）。属根状茎类型，叶片卵状披针形，全缘，叶面褐绿色被茶褐色斑纹。花被片白色至极浅的粉红色。花期4—6月。栽培适应性较强。

‘绫枫’秋海棠

Begonia rex 'Ayakaede'

特征概述：

　　该品种引自日本，叶片通体带紫红色，环状斑纹部分紫红色较浅。叶缘不平整，呈浅波状。叶脉呈暗褐色，与叶片颜色差异较大。

'芙蓉雪'秋海棠

Begonia rex cv. 'Blush'

特征概述:

    本品种引自日本,叶片的环状银白色斑纹较宽,几乎占据整个叶片,中心和叶缘的带紫色较淡,但是能从背面看到明显的紫色边缘和中心。经栽培发现,该品种适应性较强,易于栽培管理。

'祥云'秋海棠

Begonia rex 'Escargot'

特征概述：

　　'祥云'秋海棠叶基螺旋状卷曲，形似2008年北京奥运会"祥云"火炬，由中科院昆明植物研究所从俄罗斯引种栽培后赋予其'祥云'秋海棠的中文名。该品种叶形奇特，并且继承了大王秋海棠的银白色环状斑纹，叶缘和中心深绿色带紫红色，叶柄红色密被红柔毛，一年四季均可观赏。但该品种的抗病能力较差，秋冬季节易感白粉病，栽培时应注意预防。

'海伦'秋海棠

Begonia rex 'Helen Lewis'

特征概述：

　　1940年由美国人H. 刘易斯（Helen Lewis）培育的品种。该品种具有深紫红色的叶片和银白色的环状斑纹，色彩醒目，叶片大型，是客厅、礼堂等盆花佳选。

‘紫王’秋海棠

Begonia rex ‘King Edward’

特征概述：

植株叶色暗紫红色，环状斑纹不连续，由带紫红色、银白色斑点组成。

'圣诞'秋海棠

Begonia rex 'Merry Christmas'

特征概述：

    该品种叶片色彩较为丰富，叶缘和中心暗绿色，环状斑纹呈银白色略带紫红色，并且有时叶缘伴有少量银白色或带紫色斑点。

'银紫蟆叶'秋海棠

Begonia rex 'Millie Thompson'

特征概述：

　　植株叶片色彩丰富且鲜艳明亮，具有多种叶斑类型。银白色斑纹为脉间斑块类型，此外叶片中心和叶缘为紫红色，中间为绿色环状斑纹。

'光灿' 秋海棠

Begonia rex 'Sunburst'

特征概述：

植株具有短的地上茎，株高可达50 cm。叶片叶缘和中心带紫红色，环状斑纹银白色至浅绿色，叶基卷曲。本品种对白粉病的抗性较好。

'蓖麻叶'秋海棠

Begonia 'Ricinifolia'

特征概述：

　　1847年由迪特里希（Dietrich）育成，母本是白芷叶秋海棠（*B. heracleifolia*），父本是瓟果叶秋海棠（*B. peponifolia*）。本品种根状茎粗壮，株型紧凑。叶片轮廓斜卵形，7～8浅裂，叶缘被白色柔毛，叶片浓绿色，近边缘镶嵌紫褐色斑纹。花被片粉红色。花期2—5月。栽培适应性较强。

'罗伯特'秋海棠

Begonia 'Robert Shatzer'

特征概述：

　　1968年由斯图尔特（Stewart）育成，母本是'尼格拉'秋海棠（*B.* 'Bow. Nigra'），父本是波氏褐斑秋海棠（*B. bowerae* var. *nigramarga*）。属根状茎类型，根状茎常延伸生长。叶片卵形，全缘，褐绿色，沿脉具黑褐色斑纹。花被片白色至极浅的粉红色。花期3—6月。栽培适应性较强。

'细波'秋海棠

Begonia 'Sazanami'

特征概述：

　　1966年由日本学者苇沢笃行育成，母本是天胡荽叶秋海棠（*B. hydrocotylifolia*），父本是'罗拉'秋海棠（*B.* 'Norah Bedson'）。属根状茎类型，叶片厚草质，卵状心形，全缘，浓绿色被黑褐色斑纹。花被片浅粉红色。花期2—4月。

'斑竹节'秋海棠

Begonia 'Sierra Mountain King'

特征概述:

  2001年由美国的C. 毕晓普（Cynthia Bishop）培育的直立茎类秋海棠品种，母本为斑叶竹节秋海棠（*B. maculata* var. *maculata*），父本为柳伯斯秋海棠（*B. lubbersii*）。该品种叶片盾状着生，两端具明显的尖角，叶片窄，正面暗绿色带紫色，脉间有显著白色斑点装饰，背面深紫红色。花序近顶生，花被片粉红色，花多数。

'银宝石'秋海棠
Begonia 'Silver Jewell'

特征概述：

    1955年由美国的S. 楚格（Susie Zug）培育的品种，母本为褐毛秋海棠（*B. pustulata*），父本为帝王秋海棠（*B. imperialis* var. *imperialis*）。品种特征在于叶片上面沿主脉及附近为明亮的银白色，脉间有绿色或深绿色斑块。此外，该品种叶片小而不裂，叶柄较短，株型紧凑，很适宜作袖珍盆花。

'苏尔库'秋海棠

Begonia 'Sulcu'

特征概述:

1975年R. 蔡森赫纳（Rudolf Ziesenhenne）利用波氏褐斑秋海棠（*B. bowerae* var. *nigramarga*）作为母本与玫瑰苞片秋海棠（*B. roseibractea*）杂交培育而成。该品种叶片浅裂，叶片斑纹整体较暗，具有典型的浅绿色星芒状中心，沿叶脉为紫褐色，脉间为绿色。叶片和叶柄被毛不显著，叶柄具有均匀红色斑点装饰。花被片浅粉红色近白色，子房绿色。

'丹吉尔'秋海棠
Begonia 'Tangier'

特征概述：

　　1999年发表的新品种，由美国的M. 卡祖茨（Michael J. Kartuz）培育，母本是'小盖姆'秋海棠（B. 'Tiny Gem'），父本是'编钟珊瑚'秋海棠（B. 'Coral Chimes'）。植株整株光滑无毛，叶片绿色无斑纹。花被片粉红色或红色，花多数，顶生。直立茎纤细柔软，具有明显的竹状节，可作为垂吊栽培的良好材料。

'玻璃'秋海棠

Begonia 'Thurstonii'

特征概述:

　　1887年由瑟斯顿（Thurston）通过杂交培育而成，母本是金属色秋海棠（*B. metallica*），父本是牛耳秋海棠（*B. sanguinea*）。属直立茎类型，株高50～70 cm。叶片卵状椭圆形，褐绿色略带紫红色，光滑无毛，具金属光泽。花被片浅粉红色，外侧被细毛。花期6—9月。

'二颜' 秋海棠

Begonia 'Two Face'

特征概述：

　　1978年由L. 伍德里夫（L. Woodriff）育成，母本是洒金秋海棠（*B. incarnata*），父本是昂克秋海棠（*B. unk*）。直立茎类型，株高30～45 cm。叶片卵形，叶缘锯齿状，叶面银白色略透紫红色，背面紫红色。直立茎较纤细，必要时立支柱，以免倒伏，拟在略强光照条件下栽培。

'红毛柄'秋海棠

Begonia 'Verschaffeltii'

特征概述：

    1855年由雷格（Regel）育成，母本是长萼秋海棠（*B. manicata*），父本是卡洛里叶秋海棠（*B. carolinaefolia*）。根状茎粗壮，略斜升。叶片轮廓阔卵形，4~6中裂，叶面绿色无毛，叶片背面主脉及叶柄被锈红色倒伏毛。花梗高60 cm，花被片浅桃红色，花多。花期2—4月。

'维尔博伯'秋海棠

Begonia 'Virbob'

特征概述：

　　1952年由美国的M. 沃克（M. Walker）培育的品种，其母本是波氏秋海棠（*B. bowerae* var. *bowerae*），父本不详，推测为苁生叶秋海棠（*B. heracreifolia*）系列。植株叶片浅裂，浅紫褐色，沿主脉具有明显的黄绿色斑纹，十分醒目。

第六章
秋海棠的栽培与繁殖

第一节 秋海棠的栽培管理

1. 秋海棠的原生地及适宜的栽培环境

从全球的地理分布来看，秋海棠属植物主要分布在南半球，除中国的部分地区、尼泊尔、不丹、锡金、墨西哥以外，其余秋海棠的自然分布国家几乎都位于北回归线以南，集中分布在赤道附近，其中以南美洲的巴西、哥伦比亚和亚洲的印度、菲律宾最为丰富。仅巴西一个国家的自然分布种类就达332种，哥伦比亚、印度和菲律宾的自然分布种类均分别在120种左右，其余原产国的分布种类十几种至几十种不等。从我国秋海棠属植物的地理分布来看，除少数球状茎种类分布于华中和中南地区外，绝大多数种类均分布于我国的西南部地区，即云南、广西、贵州、四川等，并以云南的东南部为自然分布集中区。

由于秋海棠属植物大多分布在热带、亚热带地区，生长在温暖、湿润的常绿阔叶林下，有机质丰富、土壤肥沃、阴湿的环境中，因此在秋海棠的引种栽培过程中，应人为地创造条件，尽可能使栽培环境接近原生地的环境。为此，在引种栽培时有必要了解秋海棠属植物及其被栽培种的原产地环境和生长习性，对生长在不同小环境的种类都能够力求做到适地栽培的原则。秋海棠属是一个具有1800余种的大群体，属内植物生长环境差异的变化幅度相当大，如变色秋海棠、彩纹秋海棠等多数种类适宜温室栽培，绯红秋海棠、竹节秋海棠等部分种类在略有遮阴、避寒的条件下可半露天或花坛栽培，秋海棠及其变种、四季海棠及其诸多品系可在露天栽培。

无论室内栽培还是室外种植，尽管种间或品种间存在生态环境和生长习性的差异，但对秋海棠属植物整体所要求的栽培环境而言有其共同点：焦点集中在温度、光照、水分和土壤，而且要求生长环境各因素变化幅度较小的栽培环境条件。因为在原产地，生长在北坡的种类比南坡的多，而北坡环境条件变化较小。热带雨林中森林郁闭度较大，直射光照射量少、热量高、温差小、雨量充沛、空气湿度大、土壤水分充足，并且大多数植株都生长在沟谷、斜坡或岩石上，极有利于过多水分的排除。显然，在栽培条件下需要适当遮光、温室等保温设施、喷雾等加湿设备，采用富含有机质、排水良好的腐殖质土栽培。

对于秋海棠栽培的爱好者来说，少量、小范围内的栽培环境控制相对容易；对于植物园、公园、商业生产者而言，大规模、大范围的环境条件控制难度较大，颇具挑战性，常常需要在环境条件有差距的情况下，通过其他各种栽培管理手段达到理想的栽培效果。这无疑也是园艺工作者的工作乐趣所在。

2. 栽培环境的光照要求及措施

秋海棠属植物多生长在郁闭的常绿阔叶林下，人工栽培需要适当遮光。光照不足时，植株难以开花、茎叶徒长而不能正常生长发育，光照过强则易产生叶片灼伤、生长停止。

植物能够利用光能、空气中的水和二氧化碳进行光合作用合成碳水化合物供自身生长利用。光合作用是植物体维持各种生理活动的有机物和能量的来源。光合速率在一定范围内随光照度的增加而升高。当光照度增加到一定程度时，光合速率不再继续升高，此时的光照度就叫光饱和度。光饱和度受多种因素的影响制约。光照度的单位用lx表示，盛夏的直射光照度在10万lx以上，即便是冬季的光照度也能达到2万~4万lx。

近年来育成的四季海棠新品种虽然能够忍耐盛夏的强光照而可在露天花坛里栽培，但其光饱和度也不过7万lx。在秋海棠属植物的栽培品种中，能在7万~10万lx的光照条件下栽培的也只不过是四季海棠品系中的少数品种。一般来说，秋海棠栽培品种适宜的光照度是：球茎类4万~5万lx、直立茎类3万~5万lx、根状茎类1万~3万lx。对野生种而言，尤其是我国西南部自然分布的野生种类，对光照条件的要求差异较大，而且比栽培适应性较强的园艺品种所能忍受的光照度要小

昆明植物园秋海棠温室收集的'光灿'秋海棠

得多。在昆明地区引种栽培的条件下，球茎类较适宜的光照度是3万～4万lx、直立茎类1万～2万lx、根状茎类5000～1万lx。有的根状茎种类在野外常生长在岩石缝、石洞或比较阴暗的环境，如变色秋海棠、匍地秋海棠、古林箐秋海棠等，由于特定的生态环境和生物学特性，这些种类的栽培需要比其他根状茎种类较弱的光照条件才能正常生长发育。尤其是变色秋海棠，在1000～2000 lx的光照条件下栽培1～2年，其植株仍然能够维持正常生长发育。

综上所述，在秋海棠属植物的引种栽培过程中，在充分了解所栽培种类生态学特性和生物学特性的基础上，根据引种栽培地的纬度、气候条件等和栽培环境以及光照度的季节性变化，可采用遮光率50%～60%的寒冷纱等进行遮蔽。雨季一般阴雨天多而整体受光量不足、光合效率低，导致植株生长细弱，可视情况不遮光或少遮光；盛夏烈日曝晒、光照时间长、气温高，很容易灼伤叶片、植株萎蔫、停止生长，因此遮光程度或遮光量要大；冬季尤其是高纬度地带昼短夜长、日照时间短，遮光量要小，应适当遮光维持植株正常生理活动所需的光照量和光照度。

遮光的材料和方法多种多样，可根据栽培条件、经济实力采用经济实惠的材料，选择适宜的方法达到遮光的目的。大规模的展览展示或商业生产，在建温室时选用茶色、灰色、绿色的阳光板做屋顶和侧面覆盖材料。在欧美经常使用一种涂白剂(White wash)加色调制到生产者需要的深浅，涂在玻璃上遮光。最简便的方法是选购30%～80%遮光率的寒冷纱（遮光网）或有色塑料薄膜灵活使用遮光。可用定滑轮和动滑轮牵绳控制室内遮光的范围和部位，有条件时采用全自动机械，在光敏电池和计时器的控制下定时开闭，还可根据不同生长期的需要延长或缩短遮光时间；小范围、家庭或庭园栽培时可采取植物荫蔽法，即在秋海棠植株周围栽植高大的常绿植物，或在建筑物、棚架周围种植常绿藤本植物攀缘覆盖，既可遮阴又能绿化美化庭园。

3. 栽培环境的温度要求及设施条件

温度是植物体维持生命活动的基本条件之一，植物只能在一定的温度范围内保持生命，而植物能进行生长的温度只是这个范围的一小部分。一般情况下，温度低于0℃时，高等植物不能生长；高于0℃时，生长开始缓慢地进行，并随着温度的升高，生长逐渐加快，20～30℃之间，生长最快，再高的温度生长反而缓慢下来甚至停止。而高等植物生态类型多种多样、种类繁多，维持生命和生长的温度有所差别，植物生长的三基点温度，即植物生长的最适温度（生长健壮、生长最快的温度）、最低温度和最高温度也各有差异。

秋海棠属植物的原生地在北回归线以下，集中在赤道附近，要求冬暖夏凉，生长温度和维持生命活动的基础温度较高，且变化范围狭窄。南美洲的巴西位于亚马孙河流域，年平均气温25～26℃，全年最冷月和最热月的温差仅2～6℃。从云南的昆明地区引种栽培情况来看，秋海棠属植物生长适宜的温度是15～25℃，栽培温度低于10℃或高于30℃时不能生长发育。在昆明的气候条件下，1月份平均气温最低，凌晨的温度常常降到－1℃，目前引种栽培的170余种我国野生种和300余种国外园艺品种或原种均能维持生命活动。2000年初昆明经历了历史极端最低温（－7.8℃），栽培的秋海棠植株几乎受冻，严重者地上部分的茎叶组织水渍状坏死、枯萎，轻微者茎梢的幼嫩部分受冻、组织坏死。经过及时修剪处理，除原产哥伦比亚的大花秋海棠(*B. foliosa* var. *amplifolia*)连同地下部分的根系一起受冻死亡，不能继续萌发生长外，其他种类均在当年的春夏季逐渐萌发，恢复生长。球茎类型的种类到秋末地上部分的茎、叶枯黄，停止生长，冬季进入休眠期，其抗寒性较强，直立茎类次之，根状茎类抗寒能力最弱。

室内栽培的场所应在建温室选点时就要充分考虑阳光照射，最大限度地利用太阳辐射来增加室内温度，以降低使用过程中的加温成本。传统的钢结构玻璃温室和铝合金玻璃温室，由于玻璃具备的保温性能和温室效应，在花卉、蔬菜等设施栽培领域曾发挥了巨大的作用。随着科学技术和轻工业突飞猛进的发展，新型材料阳光板由于其结构中空而保温性能好，具有轻便、使用和维修方便等特点，目前在设施栽培领域已被广泛利用。玻璃和阳光板温室的保温性能好，秋冬季栽培或商业生产往往能够如愿以偿。但夏季气温高时，由于玻璃和阳光板两者散热性能均较差，栽培室内的温度可远远超过室外气温。若室外气温30℃时，阳光板温室2 m高度的室内温度可达40℃左右，屋顶附近则更高，造成秋海棠植株萎蔫、根系不能吸水致死。因此，建温室时必须考虑屋顶和侧面多留窗户，配装换气扇，以便空气交换对流、热空气扩散；也可在屋顶排布水平面喷管，温度过高时，开启喷水龙头，让屋面流水带走热量达到降温目的。日本的关西地区夏季酷热，在大阪，为了让游客和市民能够欣赏到姹紫嫣红、花朵盛开的球茎类秋海棠，参观展览的温室内不得不安装空调制冷降温。简易的纤维瓦棚室内栽培，冬天的保温效果稍差一些，夏天的降温也比较容易。

露天栽培时，四季海棠品系的花坛栽培宜冬春季在室内育苗，夏秋季脱盆种植在花坛内观赏。在热带、亚热带地区和海洋性气候地区，夏季温度高、湿度大，直立茎类和根状茎类秋海棠也可盆栽置于庭园观赏，秋冬季节移入暖房即可。

4. 栽培环境的湿度和通风换气调控

秋海棠属植物的自然分布地气温高，雨量充沛，环境温暖、湿润，如在巴西的亚马孙河流域，云南南部、东南部和西南部秋海棠属植物集中分布的地区，年平均降水量可达1000～1500 mm，空气湿润，相对空气湿度75%～85%。显然，秋海棠喜温暖湿润的生长环境，而大多数引种秋海棠的地区，自然条件下许多时候空气相对湿度很难达到栽培要求。昆明地区的年平均湿度约70%，冬春季雨量少、干燥，空气湿度仅40%左右。秋海棠栽培植株往往蒸腾量大而造成植物体内缺水，使叶片（尤其是叶尖和叶缘）干燥、枯萎，严重阻碍植株的正常生长发育，并失去观叶植物原有的观赏价值。

在秋海棠栽培过程中可因地制宜地创造各种条件增加栽培环境的空气湿度。首先，可在栽培室内的盆架下部或地面栽培环境建造蓄水池常年蓄水，随着栽培室内温度的提高，水面自然蒸发水蒸气，增加空气湿度，当然也有冬暖夏凉的温度调节作用。其次，可在栽培室内空中排布喷嘴细腻、均匀的喷雾管，人工控制水龙头开关或采用湿度感应器自动控制电源开关，室内空气湿度低于设定湿度时接通电源开关喷雾；小范围栽培或受条件限制时可采用离心加湿器增加室内空气湿度。露天栽培时，可在植株和叶片表面定时瞬间喷水以缓解栽培环境空气干燥。秋海棠属植物中不同种类对栽培湿度的要求略有差异，大多数根状茎种类对栽培环境的湿度要求较高而严格，保持75%～80%的空气湿度才能很好地生长，绝大多数直立茎种类和球茎类在湿度65%～75%的栽培环境下也能良好地生长发育。球茎类对环境湿度范围的要求略微广一些。无论是根状茎类还是球茎类，当栽培湿度低于50%时则需要采取措施增加湿度，才能进行正常的营养生长和生殖生长。

如前所述，秋海棠属植物需要在高温、高湿的环境条件下栽培，若没有良好的通风条件，真菌、细菌、微生物等病原体繁殖速度快，极易入侵，造成病害蔓延。保持湿度和通风是一个既对立又统一的矛盾，没有通风环境可造成病虫害猖獗，过度通风则不利于栽培湿度的保持。栽培环境的通风程度很难以每秒几米的风速来定论，总之，能够流入带有适当湿气的微风最为理想。温室管理过程中，在室温高、大面积浇水或喷水之后适当开窗，或开换气扇，使栽培室内空气和室外空气进行交换、对流。春夏季室内温度高、浇水次数多、量大，宜增加通风换气次数，秋冬季植株生长缓慢，进入休眠期，浇水量小，少开窗有利于栽培室内温湿度的保持。

5. 栽培土壤及配合营养基质

秋海棠属植物生长在热带常绿阔叶林下，阔叶树叶片的含氮量很高，年复一年的枯枝落叶在林下堆积成厚厚的覆盖层，靠近土壤剖面淋溶层的枯枝落叶已充分腐烂、分解失去原有的状态，淋溶层则为颜色较深的腐殖质层。秋海棠属于浅根性草本植物，根系就分布在土壤剖面的覆盖层和淋溶层，即枯枝落叶层和腐殖质层，而且多生长在斜坡、峭壁和岩石间，因此，根际土壤团粒结构好、富含有机质、疏松肥沃，排水、透气性极强。云南秋海棠属植物分布地根际土壤酸碱度测试结果因具体地点略有差异，pH值为4.5～6.0，总体显微酸性，人工栽培时土壤酸碱度调控在pH值为6.0左右即可。

容器栽培最好能够采用纯腐殖质土混合其1/10的珍珠岩或山砂。少量的珍珠岩或山砂能够起到良好的排水、透气作用，过量则不利于水分的保持，尤其是珍珠岩，质轻、比重小，浇水时很容易使栽培土壤漂浮，溢出盆外。容器栽培也可直接购买市场上出售的适合秋海棠栽培的配合营养土，或自行配制营养土。近年来，园林园艺基础水平较高的日本、荷兰、丹麦等许多国家都研制生产出很多品种的栽培营养土，其中无土栽培基质（Loamless growning media）、鹿沼土等都适合栽培秋海棠。由于腐殖质土的自然资源量有限，因此购买难度越来越大，单价也在逐年上涨。大规模的商业生产或大量使用可采取其他途径配制营养土，基本方法是将有机质粉碎、充分发酵、腐熟后按适当比例混合无机质即可。有机质包括泥炭藓，农作物的秸秆，各种皮、壳、绿肥、树枝、树皮、树叶等生物性材料，无机物包括珍珠岩、砂、砾石、蛭石等非生物性材料。

露天栽培和花坛栽培需要在原土壤多次整地、曝晒的基础上，加入足量的腐殖质土、猪粪、堆肥或其他腐熟的有机质充分混合，调整土壤酸碱度后才能移苗定植。当用土带菌或混有杂草种子时，应采用五氯硝基苯等化学药剂处理或高温消毒后再使用。化学药剂消毒应提前1～2个月进行，消毒后有足够的时间让消毒药剂散发，以免损伤栽培植株。

无论容器栽培还是露地、花坛栽培，栽培一年后的土壤有机质和营养已耗尽，土壤肥力低下，团粒结构差，透气排水不良，宜在冬末初春植株休眠季节，更换有机质丰富、疏松、肥沃的全腐殖质土或配合营养土栽培。

6. 盆栽容器及其选择

盆栽是秋海棠容器栽培中最常用、最普遍的方式。对于一种室内观叶植物来说，栽培容器不仅要有利于秋海棠植株的良好生长，而且也要与植株颜色、室内环境协调搭配，使其具有共同观赏、整合室内园艺的作用，因此盆栽容器的选择尤其重要。

目前市场上出售的花盆种类繁多，从材料性质来看，有素烧盆、朱砂盆、陶瓷盆、镀釉盆、硬质和软质塑料盆、木制盆，竹、藤等植物性材料编制盆等；形状多为圆形、正方形、长方形、椭圆形、多边形，以及花篮状、动物形状等一些自由造型的不规则形状；常见的颜色有砖红色、朱砂红、白色、墨绿色、茶色、绿色、黑色、蓝色等。朱砂盆、陶瓷盆和镀釉盆的边缘及外表面大多勾画着不同颜色的花纹、图案和艺术字。

素烧盆的透气、排水性最好；陶瓷盆、镀釉盆色彩鲜艳、美观大方；朱砂盆既透气又美观；塑料盆轻便、占地小、易于操作使用，但透气性较差；植物性材料盆朴实、自然。对于植物园、研究所等科研机构进行引种驯化和种质资源保存性质的栽培，宜使用圆形的素烧盆和朱砂盆，不仅透气排水性好，而且投入低、规整，有利于秋海棠植株较长时间的栽培保存。商业性生产基地的集约化栽培，应根据产品出售的具体用途和规格标准等，可分别选用朱砂盆、陶瓷盆、镀釉盆、硬质塑料盆，并将使用花盆的材料种类、形状和颜色，在各品种、类型间保持相对一致，使栽培基地显得更加规范、严谨。规模化种苗生产基地则选用各种口径的软质塑料盆为宜，在整个育苗过程中移植、搬运极为便利。

秋海棠室内园艺也和其他室内装饰一样，是一门微妙的艺术，根据空间的大小、用途、使用者的喜好等有着不同的风格和表现方式，盆栽容器的选择也有其灵活多样性。从观赏的角度出发，一般都优先选用陶瓷盆、镀釉盆和朱砂盆，也可采取素烧盆栽培，外套植物性材料盆摆设装饰，既美观又有利于秋海棠植株生长。会议厅、餐厅、酒店大堂、会客厅、走廊等由于空间大、宽敞，宜选用较大规格长方形、圆形等规则形状的花盆，显得气派、大方，严谨、自然。家居环境因为空间相对较小，应选用规格较小、圆形、椭圆形、不规则形状的花盆及丰富的颜色，体现轻松、活泼，温馨、自由，丰富多彩的居室氛围。

总体而言，从秋海棠属植物的生物学特性和茎的形态类型来看，直立茎类秋海棠的植株高大，应选用较大规格的花盆栽培，才能使植株旺盛生长、放置平稳；根状茎类秋海棠的茎极短或匍匐，观赏部分几乎就是叶和花的集合，宜选择略小规格的花盆栽培，使盆花整体丰满、紧凑；球状茎类秋海棠中，除了观花为主的球茎秋海棠品种和垂吊型品种需要较大规格的花盆栽培外，其余观叶、观花结合的野生种类植株较矮小，宜选用口径较小、袖珍的花盆栽培，尤显玲珑可爱。

7. 秋海棠栽培生长的营养元素需求及施肥管理

秋海棠属植物无论是地栽还是容器栽培，由于栽培土壤的量均不同程度受到限制，栽培土壤的肥力水平也相应受限。为了达到集中观赏花和叶以及其他各种栽培目的，栽培过程中应及时补充、施用植株生长所需的营养元素和肥料，才能获得理想的栽培和观赏效果。

就植物生长对营养元素的需要量而言，有大量元素和微量元素的区分。大量元素在植物生长过程中必须供给相当多的分量，植物才能进行正常生命活动。这些元素包括N、P、K、Ca、Mg、S等，其中N、P、K被称为矿质营养的三要素，是施用肥料的核心，必须大量施肥、补给才能满足要求。微量元素在植物生长过程中是不能缺少的，但需要量很微少，缺乏时，植物不能正常生长，若稍有逾量，反而对植物生长有害，甚至导致死亡，包括Fe、Cu、B、Zn、Mn、Mo、Cl等。在秋海棠的栽培过程中最常用、施用量最大的尿素、复合肥（N：P：K = 15：15：15）、油枯仍然是N、P、K三种大量元素肥料，硼酸（H_3BO_3）等微量元素肥料仅在栽培土壤中缺乏时少量补充。

根据肥料的成分和性质可分为有机肥料、无机肥料和细菌性肥料。细菌性肥料是一些对植株生长有益的微生物合成的肥料。根据肥效的快慢又可分为速效性肥料和迟效性肥料，猪粪、绿肥、堆肥等属于迟效性有机肥料，尿素、磷酸二氢钾、硝酸铵等属于速效性无机肥料。迟效性肥料作为基肥施入，地面栽培时结合整地施入土壤，容器栽培时与栽培土壤均匀混合即可。速效性肥料作为追肥施用，主要是针对不同生长发育阶段对养分的要求，调整栽培土壤对植株养料供应的不足，施肥的种类和施用量根据秋海棠植株生长发育阶段的需要而定。

秋海棠植株在营养生长期间需要不断供给氮素营养，应适时追施氮素肥料，掌握薄肥勤施、有机肥料和无机肥料相互配合的原则，以根内施肥（土壤施肥）和根外施肥（叶面施肥）相结合，达到植株对供给肥料的合理利用。土壤施肥以每两周各施一次10%~15%的腐熟油枯水和固态尿素，固态尿素的施用量为每株成苗一次2g左右，幼苗酌减，腐熟油枯水和固态尿素的施用交替进行。叶面施肥则将尿素溶解于水配制成5%的水溶液喷洒叶面，与土壤施肥错开，每两周喷洒一次，使观叶植株的叶片保持翠绿、鲜艳。

在生殖生长期（开花结实期）应适当增施磷、钾肥，以促进开花结实。一般在现蕾初期，在花序和叶面部位喷施0.5%磷酸二氢钾水溶液，每周一次为宜，可使开花数量增多、花朵艳丽，结实良好；入秋后植株生长减弱、冬季进入休眠期时，应适当减少水肥的供给，并施用1~2次磷、钾肥，以磷、钾含量高的复合肥为宜，如N：P：K = 15：25：25的复合肥料等，提高植株组织的木质化程度，增强抗寒能力。

8. 秋海棠栽培的水分管理

（1）露地栽培的水分管理

植物的正常生长和各种生理代谢活动必须在水分供应充足的条件下才能进行。植物组织的水分饱和度取决于根系吸水与枝叶失水之间的平衡。植物体内的水分通过根系从栽培土壤中吸收，所以土壤水分的供应情况对植物生长有很大的影响，不断地给栽培植株和土壤浇水能补充土壤水分的不足，供给植物生长。

露地栽培秋海棠的人工浇水量因栽培地的气候条件、栽培用土的排水性、季节、植株生长发育的时期而异。温暖、湿润的地区由于栽培环境湿度大，植物体本身的蒸腾失水量小，被动吸水也相应较小，栽培植株的浇水量比空气干燥的地区要小一些。栽培用土的排水能力强，相应的浇水量比排水较弱的土壤多。阴雨天浇水次数少，而晴朗、干旱的季节浇水次数较多。植株生长发育旺盛期的浇水量远远超过生长缓慢季节或休眠期。因为影响植物体内水分蒸腾和栽培土壤水分蒸发的因素较多，秋海棠栽培管理中浇水的次数也很难以几天一次或一天几次来确定，浇灌与否应综合植株的状态和土壤持水量决定，可以说栽培作业中浇水是一项看起来好像很简单而做好了却很难的基础工作。

大面积的露地栽培可以在地下排布灌溉系统进行微管滴灌，栽培土壤干燥时开启控制阀门整体浇灌，既美观、整洁，又可节省劳动力。出于观赏的目的和要求，往往露地栽培秋海棠的密度较大，植株生长成形后裸露土壤少、植株间空隙小，手工浇灌应尽量寻找间隙，从植株基部将浇灌水灌注到根际土壤中。避免直接从植株顶部浇灌，以防损伤花朵和叶片而失去原有的观赏价值；因为有密集的叶片阻挡，因此这样也很难浇透栽培土壤。无论自动灌溉还是手工作业浇水，栽培土壤浇水都应该以"见干见湿"为标准，力求土壤干燥时再充分透彻浇灌，避免淋漓浇水造成土壤排水透气性不良。

栽培土壤的透浇水宜在上午或傍晚进行，尤其在傍晚浇水可适当调节夜间栽培环境和土壤的温度，夏季不宜在高温、日晒、炎热的中午浇水，以免导致植株萎蔫。除了给栽培土壤和植株灌水之外，在气温过高或栽培环境空气干燥时可用出水均匀、细腻的喷头在植株和叶片表面进行短时间的喷水，以降低栽培环境的温度、增加空气湿度，从而减少植物体的蒸腾失水。

（2）室内盆栽的水分供给

作为室内园林花卉，观叶、观花结合的秋海棠近年已倍受青睐，在日本更被称为"盆花之王"。酷爱秋海棠栽培园艺的爱好者们用自己亲手栽培的秋海棠盆花将居室、庭院和个人栽培温室点缀得五彩缤纷、生机勃勃。创立50多年历史的日本秋海棠协会，每年都有组织地进行秋海棠栽培的参观展览、学术交流、品种展示等活动，并鼎力合作编写出版了两部秋海棠专著。

在秋海棠属植物中，适合室内盆栽的种类远远超过可露地栽培的种类，盆栽管理作业的概率也随之增加。盆栽秋海棠植株的生理代谢和水分需求与露地栽培的植株没有什么不同之处，只是因为植株栽培的环境条件发生变化，相应的栽培土壤供水方式要求不同而已。浇水的量根据花盆的种类、大小，栽培土壤，盆花放置的环境，气候条件，季节，生育期，以及栽培种类等有所不同。素烧盆和朱砂盆的透气排水性较好，浇水量比陶瓷盆、镀釉盆和塑料盆略大，花盆大的盆苗比小盆的浇水次数要少。栽培土壤排水能力强，气候、季节、放置的环境干燥时浇水量大，反之浇水量较小。在生长发育旺盛期，秋海棠栽培植株对水分的需求量大。在休眠期，植株虽然生长极为缓慢或停止生长，球状茎类的地上部分的茎叶全部干枯，而根状茎类和直立茎类秋海棠的茎叶仍然保持常绿，所以浇水量比球茎类大得多。球茎类在休眠期应适当控制水分，以免造成球茎腐烂。

秋海棠盆栽露地摆设的浇水作业与露地栽培基本一致，只是盆栽时花盆的容量有限，栽培土壤少而浇水的次数较多。室内盆栽时，通常置盆架下部的蓄水池中的蓄水因为室内温度较高而蒸发出水蒸气，以及室内喷雾管的使用都不同程度增加了栽培室内的环境湿度，可适当减少盆土的水分蒸发和植株的蒸腾失水。与此同时，较高的室内温度也使盆土的水分蒸发和植株的蒸腾失水加剧。因此，秋海棠栽培温室的管理应力求温度和水分（空气湿度和土壤水分）协调统一。

栽培盆土的灌水以"见干见湿"为原则，干燥时应透浇，当根系还能在土壤中顺利吸水、保持安全土壤水分时，不宜淋漓浇灌，以免造成盆土表面常常过湿，促使苔藓类植物旺盛生长，而使栽培土壤透气性差、板结、积水等，破坏栽培土壤的水、气、热平衡，不仅阻碍了根系的正常吸水，而且使病原物活动猖獗，导致病理性病害和生理性病害，使植株生长受阻。秋海棠属植物的叶片较大而数量多、密集，栽培盆土浇水应从茎的基部斜下充分灌注，可在塑胶管端口套上出水均匀、量大的喷头喷灌，也可适度控制管内出水量直接流淌浇注盆土。切忌从植株顶部向叶片正面浇灌，这不仅损伤叶片和叶柄，破坏了盆花的株型，还不能够灌透栽培土壤，达不到灌溉的目的。在栽植过程中因垫盆等具体栽培作业的差别会造成排水能力的差异，植株生长的快慢及茂盛程度等个体差异也能导致盆土的供水不同，应在两次整体浇水期间常检查，发现缺水植株及时浇灌。除了盆土浇水之外，栽培室内温度过高或湿度过低时，都应该进行短时间喷雾或在植株和叶片表面瞬间喷水，以便降低室内温度或增加相对湿度，达到减少土壤水分蒸发和植株蒸腾失水的目的。

（3）休眠期的水分管理

在植物体整个生长发育过程中，生长发育暂时停顿的现象称为休眠。由于内部生理抑制引起的休眠称为深沉休眠或生理休眠。由于外界条件不适宜而迫使生长发育暂时处于停顿状态称为强迫休眠或外因性休眠。外因性休眠是植物对不良环境或胁迫条件的生存适应性，有利于植物个体和种群的生存和繁衍。秋海棠属植物在常规的室内栽培条件下，进入秋冬季节或栽培室内温度低、光照不足等都会导致植株生长发育极为缓慢或停止的外因性休眠状态。在此休眠期间，植株各种器官和组织的生理代谢活动减弱，对水分的需求量减少。应根据不同种类，以及植株生长或休眠的具体状态适当减少浇水次数和量，供给维持其生命活动的水分即可。秋海棠休眠期应避免浇水过多造成根茎腐烂，也应注意控制节水过度导

昆明植物园秋海棠温室收集的'红毛'秋海棠

致植株失水死亡。

9. 各类型秋海棠栽培关键技术及管理要点

（1）直立茎类

从茎的形态类型来看，直立茎类秋海棠具直立、挺拔的地上茎，地下部分的茎节周围着生多数纤维状须根，也有的文献资料将这类秋海棠称为须根类。直立茎类秋海棠的地上茎高度大多15~200 cm。在南美洲巴西的热带丛林里，有的大型直立茎种类高达350 cm。分布于云南南部热带雨林的四棱秋海棠、无翅秋海棠的茎高通常150~200 cm，四棱秋海棠中的高大者可达300 cm。

由于直立茎类秋海棠的生物学特性，其地上茎的伸长生长较快，从幼苗开始逐渐长高，若任其自然生长，往往植株细高、侧枝少、冠幅小而不能满足观赏的要求，所以需要在幼苗定植初期进行摘心作业。移植后的幼苗逐渐恢复生长达到4~5片初生叶时，为诱导更多的侧芽发生和生长，应及时控制其顶端生长的优势，适时摘除顶芽，使其形成更多的理想范围内的侧枝生长，为枝叶繁茂、丰满的成苗栽培奠定基础。顶芽摘除后，茎基部的侧芽很快生长形成侧枝。若侧枝发生的数量达不到预期的数量，可对发出的一级侧枝进行二回摘心，使侧枝生长达到理想的数量。在成苗的栽培生长过程中，由于受光照、水分、营养条件等影响，有的侧枝生长细弱，有的徒长，有的机械损伤，对这些生长不规范的侧枝应及时修剪、整形。直立茎类秋海棠虽植株高大、枝叶繁茂，但其毕竟是草本植物，茎叶木质化程度不高，甚至有的种类茎、叶肉质，含水量高，很容易折断而破坏株型，所以应采用硬质塑料支柱支撑，将秋海棠的直立茎固定在支柱上，以免折断、倒伏。塑料支柱和系绳的颜色选用接近植株茎、枝的绿色或褐绿色，使立支柱后的植株仍旧自然、美观。

直立茎类秋海棠需要避免直射光，在斜射光照较好的条件下栽培才能生长健壮不易倒伏。园艺品种适宜的光照度为3万~5万lx，野生种1万~2万lx。在与其他类型秋海棠相同的栽培管理条件下，施肥作业应注意钾肥的施用，提高茎、枝组织的木质化程度，使植株生长健壮、抗倒伏能力强。常用的钾肥有氯化钾、硫酸钾、硝酸钾、氯钾肥、复合肥（N：P：K = 15：15：15）。以土壤施肥为主，肥料的施用量根据植株的大小、生长状况等确定，仍以薄肥勤施为基本原则。

直立茎类秋海棠的很多品种开花数量多，花色鲜艳；花期因种类或品种不同有差异，大多数集中在夏秋季的6—10月份。根据各种（或品种）植株发育的情况，一般在现蕾初期在花序和叶面喷施0.5%磷酸二氢钾或磷酸铵等磷肥水溶液，每周一次为宜，可使开花数量多、花朵艳丽、结实良好。需要注意的是，植株在花期对肥料都非常敏感，施肥一旦过量就会导致灼根死亡，应少量、多次，谨慎施用。

四季海棠属直立茎类型，是秋海棠属植物中栽培适应性最强、目前利用最广泛的一类。由于四季海棠能够在湿度较低、光照较强的条件下栽培，即便在寒温带地区也可室外栽培。四季海棠花色鲜艳、开花数多、花期长，花期通常在5—10月，而且适温下不受日照长短的限制能够持续开花，花色和叶色的有机组合具有丰富的表现力。四季秋海棠的株型很好，对栽培环境的水分多少、光照弱、干燥湿润等条件都有较强的顺应性，并且生长强健，因此无论作为花坛材料还是盆花栽培展示，在园林绿化、美化中都被大量生产利用，成为比较重要的园艺品种。现在被广泛生产利用的主要是通过有性杂交选育的品种，有绿叶和紫红叶、大花和小花、矮生性和中高性等，其中小型、绿叶、花大、矮生的性状组合是近20年来品种培育和生产利用的主流。

1821年，自从巴西带回的植物土壤中被发现四季海棠原种、自栽培以来，四季海棠与其他秋海棠的种间杂交育种逐渐开始展开，培育出的在直射光下、干燥的环境条件下也能保持原有观赏性状的四季海棠杂种F_1代新品种，已成为一类品性优良的园艺植物。1936年，绿叶、桃红色小花的重瓣品种育成。2003年，作为最新品种的无性系绿叶、小花、重瓣、7个花色，株型、花期等性状一致性很高的四季海棠新品种'节日系列'（B. 'Festival Series'）诞生，豪华、重瓣的四季海棠新品种再次丰富了盆花和花坛的栽培材料。

虽然四季海棠能在直射光下生长发育，但幼苗期的栽培应在适当遮光的环境条件下进行，最好能够采用容器育苗，至植株成形或开花前再脱容器定植到花坛或花盆内。育苗容器采用软质塑料盆、硬质塑料盆或塑料杯状方盘等，操作、管理和搬运方便。在容器内定植活后进行一回摘心。四季海棠的侧枝萌发能力较强，枝条紧凑，易于整形。一回摘心萌发的侧枝生长大多能使植株造型良好，个别侧枝数量少的植株可再选侧枝进行二回摘心来调整株型。

四季海棠以观花为主，而且花期很长。在容器育苗阶段或营养生长期应施用足量的氮肥，最大限度促进植株的营养生长，积累次生营养物质，为生殖生长奠定基础。进入花期后停止氮素肥料的施用，追施磷、钾肥料。开花后已进入花坛布置观赏或盆花栽培展览时期，应根据栽培展览情况和观赏规模采取适当的施肥方式补充磷酸二氢钾或磷酸铵等磷、钾肥料。由于四季海棠花期长、施肥次数多，追肥方式和方法应固体肥料和液体肥料、根内施肥和叶面施肥相结合，以保证植株对补给肥料的充分吸收。

（2）根状茎类

根状茎类秋海棠的地上部分茎极短，无明显的直立茎。有的种类具10 cm左右的直立茎，但在整个生长发育过程中不再继续伸长生长。绝大多数种类具匍匐的根状茎，茎节的地上部分着生叶片，地下部分着生纤维状根。根状茎类秋海棠由于地上茎极短或根状匍匐，叶片密集呈丛，对于地栽和花坛种植无疑是好材料；作为室内盆花栽培，不仅易于修剪整形，丰满、株型好，而且五彩缤纷的花朵与绚丽斑斓的叶片组合，可以说恰如其分、再精彩不过了。根状茎类秋海棠无论地栽还是盆栽，对栽培环境条件的基本要求及栽培管理要领与前面的总体概述有共性，下面仅就其个性及特别栽培管理作业简要说明。

在秋海棠属植物中，根状茎类秋海棠属于适应性较弱、要求栽培环境较严格的种类，绝大多数种类需要温度较高、湿度大、光照较弱的环境。一般来说，保持75%～80%的空气湿度、温度20～25℃、园艺品种1万～3万lx、野生种5000～1万lx的光照度，许多根状茎类秋海棠才能很好地生长发育，因此，在引种栽培和盆花生产过程中尽可能与直立茎类和球茎类秋海棠区分放置。

根状茎类秋海棠由于地上茎极短或根状茎匍匐，栽植时宜浅不宜深，具有极短的地上茎种类（或品种）覆土至茎的基部即可；根状茎匍匐种类（或品种）表土刚好盖过匍匐茎，覆盖厚度最好不要超过匍匐茎1 cm。尽量使用比根际栽培土壤略粗糙的腐殖质土，使根状茎周围通风、透气、排水良好，不易产生根茎腐烂。

为了增加匍匐根状茎或直立侧枝的数量，在幼苗定植成活后生长至出现4～5片初生叶时，应控制顶端生长优势，摘除顶芽，促进更多的侧芽发生和生长。茎根状匍匐的种类在地栽的场合可根据地形来摘心控制匍匐茎的发生与生长；盆栽时的摘心整形目标以匍匐茎全方位、均匀地布满花盆为原则。当匍匐茎和侧枝的数量过多、叶片过于密集时应适当进行疏枝、修剪，保持良好的通风和光照，使植株茂盛生长。

对于根状茎类秋海棠而言，虽然花朵、叶片争奇斗艳，既可观花又能观叶，但总的来说叶片观赏的时间长于开花观赏的时间。氮是叶绿素的主要组成元素并与光合作用密切相关，只有氮肥供应充足时，植株才能枝叶繁茂，叶片大、浓绿色，具光泽。因此，在矿质营养三要素中，氮素肥料的施用和补充成为核心环节，常用的无机氮肥有尿素、硝酸铵、硫酸铵、氯化铵等，有机氮肥有油枯等，施肥的原则、方法、用量参照前述。

大王类秋海棠属根状茎类型。通常所说的大王秋海棠是原产云南、贵州、广西，以及印度东北部和喜马拉雅山区的原生种，也称紫叶秋海棠。大王秋海棠及其有性杂交、化学、物理诱变，自然变异等方法育成的园艺品种、品系，很多育成品种具有匍匐的根状茎，在园艺栽培分类中将这类秋海棠与根状茎类区别开来，称为大王类秋海棠。由于大王秋海棠的叶片大型、紫褐色或绿色，叶面上具有银色或银绿色的环状斑纹，以此为基础培育出来的园艺品种，无论是叶形、叶片斑纹的形状和色彩可以说应有尽有、千姿百态、丰富多彩，是观叶秋海棠中色彩最独特、华丽、鲜艳的一类。自1857年大王秋海棠的育种开始以来，欧、美、日等众多地区和国家的育成品种层出不穷。迄今为止，全世界大王类秋海棠的园艺品种达2224个品种。我国的秋海棠育种起步较晚，目前由中科院昆明植物研究所育成并已注册登记的大王类秋海棠新品种有4个。

大王类秋海棠基本的栽培技术和方法与前述根状茎类秋海棠一致，都需要在高温、高湿和较弱的光照条件下才能很好地生长，很少能在强光照下生长良好。一般来说，大王秋海棠的杂种群及采用其他手段育成的园艺品种的栽培适应性比野生种的大王秋海棠略强，也可耐稍微强的斜射光照射。栽培环境保持75%～80%的空气湿度、温度20～25℃、光照度1万～3万lx，采用疏松、肥沃、富含有机质、透气、排水良好的土壤栽培，给以最好的水肥管理，许多大王类秋海棠都能够很好地生长发育。

大王类秋海棠以观赏叶片为主，大多数园艺品种的花朵较大、花多，花色浅粉红至桃红色，也有一定的观赏价值。多数品种的花期集中在夏、秋季，花期应协调、合理地补充N、P、K三要素肥料。现蕾初期，在花序和叶面部位喷施0.5%磷酸二氢钾或磷酸铵水溶液，每周一次为宜，可使开花数量多、花朵艳丽，结实良好。同时也要注意氮素肥料的补给，使花期也能保持叶片的旺盛生长，不至于开花营养消耗过量，叶片缺乏营养而变黄，甚至干枯，降低观赏性。氮素肥料的施用与磷钾肥交错进行，每次施用量为营养生长期施用量的一半即可。每两周各施一次5%～10%的腐熟油枯水和固态尿素，固态尿素的施用量每株成苗一次1g左右，可根据盆和植株的大小、生长状况等酌情调整施肥量。

开花结束后或冬末初春应对植株进行修剪整形。花期营养消耗量较大，开花结束后叶片有些枯黄或叶缘干枯，应和花梗一起修剪摘除。经过冬季的休眠，很多叶片由于受低温影响和自然衰老而枯黄或组织坏死，宜在冬末初春叶芽萌动前修剪切除，匍匐茎或部分直立茎根据其生长情况适当进行整枝修剪，以减少植株的呼吸消耗，保证植株在开花结束后或来年茂盛生长，保持大王类秋海棠叶片华丽鲜艳的色彩，而且株型良好。

（3）球茎类

球状茎类秋海棠即文献资料中常见和人们所说的球根秋海棠。这类秋海棠均有球形或近球形的地下块茎，有的种类地上部分有茎，有的无地上茎，在冬季或寒冷、干燥的环境条件下，地上部分的茎叶干枯。地下球茎进入休眠状态，当温度回升、水分充足时，植株开始恢复生长发育。

在球状茎类秋海棠中，有的野生种叶片形状奇特、镶嵌各种色彩的斑纹，具有一定的可观赏性。以原产南美洲安第斯山区的玻利维亚秋海棠（*B. boliviensis*）、球茎秋海棠(*B. tuberhybrida*)等为基础，杂交改良育成数以千计的球茎海棠园艺品种都以花大、色艳而引人注目；以分布安第斯山的原种索科特拉秋海棠（*B. socotrana*）为基础，与众多球茎海棠园艺品种以及原产南部非洲的纳塔秋海棠（*B. dregei*）通过杂交改良育成的品系，花多、花色鲜艳，很多品种冬季开花也倍受青睐。这类育成品种不一定每个品种都具有地下块状茎，但其亲本属于球状茎类型，所以在园艺分类中也将这些品种归属到球茎类中。

在球茎类秋海棠的栽培过程中，尤其要使用排水、透气性极强的栽培基质和栽培容器，因为球茎秋海棠的地下块茎含水量相当高，通透性差、板结的土壤容易造成块茎腐烂。冬季休眠期地上部分干枯后应控制浇水量，保持栽培基质含水量能够维持根系生命活动的临界含水量即可。商业性生产或规模化栽培时，应将未开花的休眠球茎从栽培基质中取出，集中在0～5℃的低温条件下冷藏，可根据开花观赏期的要求适当调整贮藏温度，延长或缩短休眠期，并适时取出上盆栽培以达到调整花期的效果，也省去了休眠期浇水的劳动力。开过花的休眠球茎经低温贮藏进行复壮栽培后再上盆栽培观赏。

在球茎秋海棠的营养生长期或复壮栽培期间，不仅要注重氮素肥料的施用，也要注意钾肥的施入和补充，促进地下球茎和根系碳水化合物的形成和贮藏，增加块状茎的生长量，为生殖生长（开花）提供足够的营养物质。常用的矿质钾肥有氯化钾、硫酸钾、含钾复合肥、木炭、草木灰等，其中木炭和草木灰宜作为基肥施入，氯化钾、硫酸钾和含钾复合肥作为追肥补充。花期以追施磷钾肥为主，辅助补充氮素肥料。在开花前期，若氮肥施用过量会导致地上部分的茎叶徒长，使植株不能很好地开花。

（4）藤状茎类

在秋海棠属植物中，有的种类的茎呈匍匐、蔓延的藤本状，藤状茎长30～150 cm。例如原产中国西南部的匍地秋海棠、耳托秋海棠，外来品种中由日本的苇沢笃行于1976年通过有性杂交育成的'香美人'秋海棠（*B.*'Fragrant Beaufy'，*B. solananthera* × *B. procumbens*）等都是藤本类型的茎。目前已知或发表的藤本类型秋海棠有182种（或品种）。日本秋海棠协会(JBS)的园艺分类将藤本类作为直立茎类中的一部分，而美国秋海棠协会(ABS)将其作为独立的藤本类型处理。不管其园艺分类的位置如何，藤本类秋海棠由于其特殊的茎的形态类型，在栽培利用过程中也具有一定的特点。

从目前引种栽培的原种和园艺品种来看，虽然藤本类秋海棠的茎能够蔓延伸长几十厘米，甚至几百厘米，但很难从低处向高处攀缘。有的种类（或品种）再生能力比较强，偶尔可见茎节上长出不定根，经过长期的栽培驯化将有可能具备攀缘能力。目前绝大多数还是取其向下蔓延的特性将其作为吊盆栽培或保坎、花坛边缘的下悬垂直绿化。

作为吊盆栽培时，应根据吊盆的形状和大小沿吊盆内缘列植或三角形列植，每盆内种植三至多株幼苗，花坛边缘或保坎绿化可对空栽培2列，诱导藤本类秋海棠的茎沿花坛边缘或保坎向下垂吊生长。不管吊盆栽培还是花坛或保坎绿化，幼苗定植成活后，每个植株都应控制顶端生长优势进行逐渐摘心，至少采取2~3回摘心才能促进更多的侧枝萌发和生长，才能使藤本茎和叶全面覆盖吊盆边缘或花坛保坎。由于藤本类秋海棠的茎藤本状、纤细较长，常因风吹、人为活动、除草、浇水作业等损伤或移动茎的正常生长位置，应结合枯枝落叶的修剪，经常进行有目的、有意识的整理、整形。

与其他直立茎类秋海棠一样，在营养生长期补充足量的氮素肥料，同时也可施用适当的钾肥肥料，能使植株在旺盛的伸长生长和侧枝生长的同时，提高藤本茎、叶组织的木质化程度，保持纤细较长的茎叶健壮、结实。可在二次尿素追肥之间穿插施用一次硝酸钾或氯化钾等，也可尿素与氮钾肥或复合肥（N：P：K = 15：15：15或10：12：24）交替补充施用。很多藤本类秋海棠花朵鲜艳、开花数多，因此，花期仍然需要补充足量的磷钾肥，每周在花序和叶面喷施0.5%磷酸二氢钾或磷酸铵等磷肥水溶液一次。

第二节 秋海棠的繁殖技术和方法

　　秋海棠属于高等被子植物，其繁殖方式为有性生殖和营养繁殖两种。有性生殖就是采用合子或受精卵发育的新个体——种子进行播种繁殖，培育新植株，即实生繁殖；营养繁殖则采用植株营养器官的一部分培育新植株。秋海棠属植物是一类再生能力较强的草本植物，因此其营养繁殖方法比其他种类具有更丰富的多样性。

1. 有性繁殖

　　（1）种子繁殖的技术和方法

　　秋海棠属植物花单性，多数种类雌雄同株，稀雌雄异株。大多数种类的花期集中在春夏季，少数种类秋冬季开花。秋海棠属植物开花传粉，受精坐果后经3个月左右的果实发育期能够达到果实成熟。蒴果有时浆果状，翅常有明显不等，稀近等3翅，少数种类无翅，呈3～4棱或小角状突起。种子极多数，小，长圆形，浅褐色，光滑或有纹理。果实成熟后外形饱满，外果皮的水分逐渐减少、干燥并呈黄褐色。将果实从植株上采下置于室内通风、干燥的场所，让其蒴果自然风干，用手指轻轻碾压果实即可脱离种子，净种后在5℃左右的低温条件下贮藏待播种育苗。

　　秋海棠属植物种子发芽较适宜的温度是19～22℃。种子发芽对光照要求不敏感，黑暗条件或弱光照均可发芽，不需要强光照。经多年的秋海棠属植物实生繁殖试验表明，在昆明的自然条件下，4—8月播种都能使种子很好地发芽，但种子播种宜早不宜迟。在能保持种

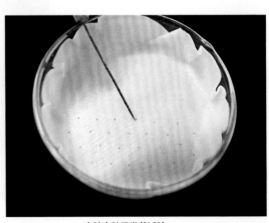

实验室种子发芽试验

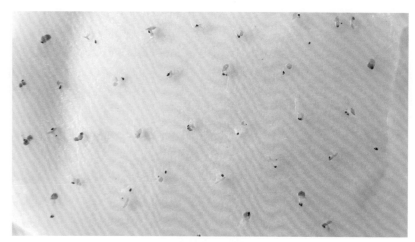

实验室种子发芽试验

子发芽温度的条件下，应选择4—5月播种，种子萌发后幼苗经过一个夏季的营养生长积累了较多的营养物质，能够顺利地抗寒越冬。在栽培设施完善、温控条件好的商业栽培基地可根据秋海棠盆花出售等具体要求确定或调整种子播种时期。

由于秋海棠属植物原产热带、亚热带地区，生长在热带雨林下富含有机质、肥沃疏松的土壤中，因此喜温暖湿润的气候及肥沃疏松、水气热调节良好的基质。播种基质以细筛的腐殖质土或高山黑钙土最佳，采用苗床、容器播种均可。苗床和容器底部先垫瓦砾、碎石或煤炭渣等，其上再铺垫一层枯枝落叶，然后再加一层腐殖质土，厚度至少4~5 cm，最后平铺一层厚约2 cm经过细筛的腐殖质土或高山黑钙土。苗床播种以出水细腻的喷头浇透播种土壤，容器播种时从容器底部向上浸透播种土壤后待撒播种子。

秋海棠属植物种子非常细小，千粒重约0.017 g，用拇指、食指和中指的指尖轻轻搓捻，将种子均匀撒播在基质表面即可，不用覆土，切忌过密。为确保均匀不至于密度过大，可用硫酸纸或光滑的硬质纸盛种子，以手指轻弹撒播种子，也可将种子与少量骨粉或白色细砂均匀混合后撒播于播种基质。由于骨粉的成分以$Ca_3(PO_4)_2$为主，磷元素的施用可促进种子萌发，播种后再次喷湿播种苗床或浸透播种容器的播种土壤即可。

自然营养繁殖——叶基产生不定芽、不定根，形成新植株

（2）播种后的管理要点

种子播种后至出苗前以水分管理为主。通常，苗床播种以塑料薄膜覆盖，少量的容器播种以玻璃覆盖或集中后覆盖塑料薄膜，定时揭开覆盖物交换空气，使播种床或容器的内外空气产生对流，避免种子腐烂。由于塑料薄膜或玻璃的覆盖，播种土壤的水分蒸发较少，不易干燥，一般情况每隔5～6天采用喷雾或容器底部浸水一次，也可根据播种土壤的排水性酌情处理，只需保持播种土壤湿润即可。

在适宜的温度和水分管理条件下，秋海棠属植物种子播种后25～35天种子能够萌发出土。在同等播种管理条件下，国外园艺品种由于多年栽培驯化而表现出较强的栽培性，种子发芽时间短、出苗快，播种到出苗约需12天。四季海棠的栽培适应性最强，播种后一周左右种子即可萌发出土；国产野生种从播种到出苗至少需要25天，杂交F_1代介于两者之间，种子播种后20天能够出苗。

由于秋海棠属植物的幼苗较其他科属植物细小，种子萌发出苗后在真叶出现以前应继续保持播种容器及播种床湿润，适时供给充足的水分。容器播种苗仍然采用底部浸入法，苗床的播种苗可使用喷雾器喷雾，切忌直接浇灌或以普通喷头喷灌，以免冲倒幼苗、折断幼茎造成幼苗大量腐烂。同时，保持幼苗生长环境温暖湿润、通风良好，但又要避免高温过湿，以防幼苗感病，茎腐、猝倒等。

幼苗逐渐生长出现真叶后，播种苗常常拥挤过密，应适当合理间苗，拔除过密幼苗，增加播种苗的光照和通风透气条件，也便于幼苗的水、肥管理。由于播种苗集中，单位面积内生长的植株数量大，仅依靠播种土壤的自然肥力难以达到播种育苗的速度和质量标准，可每周用喷雾器喷施一次少量2%的尿素水溶液，为幼苗生长提供充足的氮素营养。除此之外，应经常揭开玻璃或塑料薄膜等覆盖物，减少覆盖时间，使幼苗经受略强的光照和低湿的生长环境，提高移植成活率。当幼苗出现2～3片真叶时，由播种苗床或播种容器将幼苗移植上盆，1株中心植或3株三角形排列栽植，可根据盆的大小、幼苗的数量以及栽培要求等灵活掌握。

容器播种作业及幼苗水分管理

容器播种作业及幼苗水分管理

2. 人工营养繁殖

（1）扦插繁殖

①叶扦插繁殖的技术和方法

由于秋海棠属植物的再生能力较强，因此秋海棠的扦插方法也具有多样性。叶片也常常是扦插繁殖的材料之一。无论是直立茎类还是根状茎类型的种类，叶片总是最容易获得的扦插繁殖材料，在秋海棠属植物的引种栽培和扩大繁殖中尤其突出。因此，叶片扦插是秋海棠属植物扦插繁殖中最普遍、最常用的方法。

扦插基质以珍珠岩最佳，以扦插床的温度22～28℃、基质温度18～22℃为宜，插床的空气相对湿度宜控制在60％～75％。在上述适宜的扦插和管理条件下，插穗生根需要15～20天，而不定芽的产生需要60～75天，从叶插至产生不定根、不定芽形成新植株约需3个月左右。有条件时可配制100 ppm的6-BA和6-KA等细胞分裂素溶液，将插穗的切口在细胞分裂素溶液中浸数秒后立即扦插，可促进不定芽的分化和形成。

叶扦插又可分为整叶平插、锥形插和楔形插三种。

整叶平插

在秋海棠叶片的叶肉组织中，分布着许多粗细不等、分枝呈网状的维管束，即主脉和各级侧脉。维管束将叶肉组织光合作用合成的光合产物向下输送到根部。在叶脉的交叉处（即分枝处）营养物质和生长调节物质的积累较丰富，此处切开后切口易于再生新植株。而且，一级侧脉分枝处的营养水平高于二级侧脉分枝处，一级侧脉分枝处的植株再生概率大于二级侧脉分枝处的植株再生概率。

带柄叶片扦插

插穗选择平展、生长旺盛、健壮无病虫害的成熟叶片，在叶脉交叉处用刀片轻轻横切一0.5～1 cm长的切口，从一级侧脉交叉至二级侧脉交叉直到可辨多级侧脉交叉处，为提高叶片的成苗率，尽可能将可辨交叉点均横切。调整插穗，从叶基开始保留叶柄长约4～5 cm，将叶柄完全直插入基质使叶片平铺基质表面，在叶片表面适当用小卵石或碎瓦砾压固，使叶片紧贴基质并能够充分吸水。

锥形插

选择平展、生长旺盛、健壮无病虫害的成熟叶片，在叶柄顶端以叶脉汇集处为中心将叶片连同叶柄按一小圆形切掉，周围部分卷成松散的锥形或漏斗状，下部直插入基质约4 cm。将剩余带有少量叶片部分的叶柄从叶基开始切短，留下4～5 cm直插入基质，使叶基部分紧密接触基质而充分吸水。

楔形插

选择平展、生长旺盛、健壮无病虫害的成熟叶片，从叶基部开始，沿叶柄两侧斜上将部分叶片连同叶柄按一楔形切下，剩余大部分叶片至少含一对叶脉分枝，沿两脉外沿切成一楔形（或三角形）插穗，楔基略斜插入基质约4 cm即可。由于楔形插的方法易于掌握、操作简便，插穗调整速度快、效率高而常被采用。

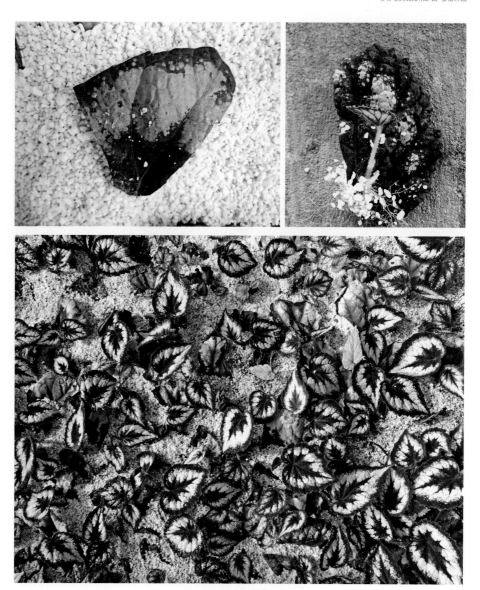

含脉楔形叶片扦插

②茎扦插繁殖的方法和途径

在秋海棠属植物的园艺栽培分类中，以茎的形态特征作为主要依据，根据秋海棠属植物茎的形态特征、生态适应性及栽培特点，将其分为根状茎、直立茎、球状茎三大类型。无论是秋海棠属植物的栽培保存，还是新品种的扩大繁殖，茎插也是简便而且较常用的繁殖手段。而且，茎的插穗本身具有侧芽，插穗的切口生根即形成新植株，扦插具有周期短、速度快、成本低的特点。

秋海棠属植物茎插的基本条件和叶插相同，扦插基质以珍珠岩最佳，以扦插床的温度22~28℃、基质温度18~22℃为宜，插床的空气相对湿度宜控制在60%~75%。扦插床以寒冷纱遮光、塑料薄膜覆盖，光照度控制在5000~6000lx。扦插床采用台床或以厚层碎砖石铺垫的地床为宜，保持排水、透气良好，适时浇水、喷洒，给以最佳的插床管理。茎插穗20~25天能够生根成苗，生根成苗率可达90%~95%。

直立茎种类的地上茎粗壮、分枝多，节间长，可取茎作为扦插繁殖的材料。一般从茎基部开始保留1~2个节，其余部分可切下作为茎插或叶插的材料。茎插的插穗一般带2~3个节为宜，由于茎节处营养物质和生长刺激素的积累较丰富，因此，节处较节间易于生根。插穗的调整以茎的基部一节处切成马蹄形切口，保留1~2个叶片。由于叶片边缘和叶尖的表皮气孔分布较多，极易失水，为保持插穗的水分平衡、减少水分蒸腾，当插穗所带的叶片较大时，应将叶缘和叶尖切除。适当保留叶片数量，既能减少过度的蒸腾失水，又可利用保留叶片进行光合作用制造有机物质，为插穗生根提供有机营养。

茎节扦插

有条件时应配制200 ppm的NAA、2.4-D、IBA等生长刺激素溶液，将插穗的切口在生长刺激素溶液中浸数秒后立即以45°斜插入基质约3~4 cm，对插穗的发根和根系的生长均有促进作用；而受条件限制时可不使用生长刺激素直接扦插。因为，秋海棠属植物再生能力较强、激素处理与不处理的对比试验结果有差异，但差异不显著。

（2）分株繁殖的方法和途径

由植物体的根状茎、根蘖、匍匐茎等生长形成的新植株，人为地加以分割，使其与母体分离，分别移栽在适当场所任其发育生长的方法称为分株繁殖。分株繁殖移栽的新植株，一般是已经成长的小植物体，所以成活率很高。在秋海棠属植物的引种栽培过程中，根状茎、直立茎和球状茎类型的种类，其地下茎都能产生侧分枝，并形成不定根和不定芽成为一个能够独立生长发育的新植株。虽然繁殖系数不高，但由于分株繁殖的成活率很高、保险可靠而常被采用。

直立茎类秋海棠在栽培生长过程中，由于顶端优势的控制或营养物质的积累，在栽培土壤内，根基的茎节上发生侧芽，侧芽继续生长形成地上部分的直立侧枝；有的直立茎种类具地下根状茎，根状茎的节上着生多数须根，节部位发生侧芽生长形成侧枝；从根基或根状茎上将带根系的侧枝切离原植株分别栽培，即形成一个新植株。根状茎类型的种类具有匍匐的地下根状茎，地上直立茎极短或匍匐。根状茎的节处着生纤维状须根、侧芽或侧枝，匍匐的地下根状茎通常分枝较多。将着生须根并带有侧芽或侧枝的根状茎与母体植株分割开来就是一个完整的新植株。球状茎类秋海棠的植株经过栽培、生长，母体球茎上能够发生一至数个小子球茎。每一个子球茎在养分充足的条件下，都能产生不定根和不定芽形成新植株，可脱离母体植株独立生长发育。在球状茎类秋海棠中，有的种类在叶腋内产生珠芽，珠芽本身就是一个未萌动的不定芽，经过一个生长季节的生长后将珠芽脱离母体植株，在适宜的环境条件下栽培，不定芽萌发并产生不定根形成完整的新植株，继续生长发育。

秋海棠属植物的分株繁殖宜在休眠期进行，茎叶的水分散失少，有利于植株根系的恢复和生长，分株繁殖成活率高。栽培一年后的盆土或基质有机质和营养耗尽，土壤肥力低下，团粒结构差、透气排水不良。一般在冬末初春植株休眠季节，采用有机质丰富、疏松、肥沃的全腐殖质土或营养基质换盆栽培。结合栽培基质和花盆的更换，在植株脱盆时用枝剪将能够分离的植株剪切下来，脱离母体植株分别独立栽培，分株繁殖和栽培盆土更换同时进行，既节省了劳动力，也有利于换盆、分株后植株的生长和发育。有珠芽的球状茎种类宜在秋末初冬将珠芽采下，与母体植株分离后的珠芽置通风、干燥的场所，来年初春以富含有机质、疏松、肥沃的全腐殖质土或基质栽培即可成苗。

第三节 秋海棠属植物组织培养与种质资源离体保存技术

1. 秋海棠的组织培养方法和技术

秋海棠属植物的组织培养和种质资源离体保存技术对于其种质资源多样性保护、种苗繁殖、新品种培育均具有十分重要的意义，主要表现在以下方面：有利于种质保存；有利于野生资源的筛选和育种；有利于快速繁殖与工厂化生产；有利于种质交换。秋海棠的组织培养和种质离体保存可选择的外植体包括植物体所具有的组织和器官，如根、茎尖、茎段、叶片、叶柄、叶芽、花芽、花被片、花药、花粉、未授粉子房或胚珠、授粉子房或体胚、种子等外植体的培养。目前一些种类已能从某些组织和器官形成愈伤组织、丛芽、芽条和完整植株。这些成果的进一步完善和利用，将会产生极大的经济效益。但目前还有许多问题需要解决，如外植体的遗传差异和生理差异使培养的可重复性降低；初代培养中的污染及酚类物质的氧化产生褐变往往使培养难以进行；不同种类在培养的不同步骤要求的最佳条件有待建立和完善；大部分种类的离体保存的存活率和遗传稳定性还未能很好解决。

（1）国内外秋海棠组织培养研究历史与进展

自1968年海德（Heide）和林格（Ringe）首次报道了秋海棠组织培养之后，国内外已有30多个种通过组织培养成功实现了植株再生，主要种类有：以观叶为主的大王秋海棠（Cassells AC. et al., 1985；孔祥生等，1999；何勇等，2009；李建革等，2006；徐菲等，2011），以观花为主的球茎秋海棠（宗士传等，2003；渠立明，2005；邢桂梅等，2013）、帝王秋海棠（司马琳莉等，2007）、冬花杂种群丽格海棠（Simmends J. et al., 1984；王进茂，2000；郑晓峰等，2003；陈超等，2004）、银星秋海棠（庄承纪，1985；李任珠等，1997；纪春艳等，2007），以及观叶为主的长翅秋海棠（李景秀等，2000；神户敏成等，2008）、花叶秋海棠（神户敏成等，2008）、裂叶秋海棠（唐荣华等，2004；陈刚等，2009）、莲叶秋海棠（陈贤等，2008）、竹节秋海棠（戴策刚，1987；何俊彦等，1989）、四季秋海棠（梁红艳，2013）、铁甲秋海棠（侯占铭等，2001）、突脉秋海棠（唐凤鸾等，2013）、枫叶秋海棠（宗宪春等，2010）、掌叶秋海棠（神户敏成等，2008；王辉，2014）、假厚叶秋海棠（神户敏成等，2008）、红斑秋海棠（鲁元学等，2007）等，国产该属植物中其他种或杂种的组织培养研究此前未见报道。

（2）秋海棠的组织培养

① 秋海棠组织培养的基本方法

组织培养的理论基础是植物细胞具有全能性学说。理论上，该项技术适合于秋海棠属植物，特别是繁殖材料较少或难于获得种子的物种，在短期内想达到大量增殖目的时更为实用。许多试验研究表明：不同物种的植物体再生途径不尽相同，即使是同一个物种也往往存在因选用的组织器官的不同以及培养条件的变化而产生很大的差异，这乃是组织培养技术与方法研究的必要性所在。秋海棠组织培养实验的过程就是寻找植物体再生途径和方法的过程。实现再生植株的关键在于能否成功地诱导愈伤组织、不定芽或丛芽等的形成，而影响愈伤组织形成、不定芽分化或丛芽产生直至植物体再生的因素有若干，归纳如下：

外植体的选择

外植体来源是实现组织培养扩繁的物质基础，选择适合培养的外植体对于秋海棠提高增殖率、缩短增殖周期等有直接的关系。

秋海棠的组织培养可选择的外植体包括植物体所具有的组织和器官，如根、茎尖、茎段、叶片、叶柄、叶芽、花芽、花被片、花药、花粉、未授粉子房或胚珠、授粉子房或体胚、种子等。通常叶片切成1 cm²大小，叶柄、茎段、茎尖切成0.5~1 cm长后接种于培养基上即可。我们的研究表明，用叶片或叶柄作为外植体相对容易实现植株再生。因此，目前所研究种类以叶片作为外植体者较多，其次是叶柄。所采用的其他外植体还有花被片、花梗、花粉和茎段。我们以叶片和叶柄作为外植体，对掌叶秋海棠、独牛秋海棠、四季秋海棠、裂叶秋海棠、管氏秋海棠、花叶秋海棠、灯果秋海棠、撕裂秋海棠、假厚叶秋海棠、长翅秋海棠、红斑秋海棠、麻栗坡秋海棠、厚叶秋海棠等20多种进行了研究，这些种类均实现了植株再生。

材料消毒和接种

在秋海棠培养中污染是经常发生的。造成污染的原因很多，外植体带菌、培养基及器皿灭菌不彻底、操作人员失误等，均会造成污染。污染的病原分为细菌和真菌两大类。细菌污染的特点是菌斑呈黏液状物，通常有不同颜色（如白色、乳黄色、红色等）的菌斑，而且在接种后1~2天即可发生。尤其是以叶片（特别是叶片被毛的种类）为接种材料时，由于叶片长期暴露在空气中，菌类滋生，有的菌类甚至长入组织内部，使外植体发生污染。我们在假厚叶秋海棠的培养中发现在叶片分化出愈伤组织、诱导形成幼苗后甚至到了生根过程中都会不断产生内生菌，往往中途使培养失败。真菌污染的特点是污染部分往往发生在外植体表面，也有不同颜色霉菌，在接种10~30天后才可发现。

造成细菌和真菌污染的原因多种多样，需要根据不同种类采取防止污染的处理方法。

防止材料带菌污染的措施：在采集外植体之前，可将温室栽培或露地栽培的秋海棠植株在培养室内或无菌条件下先进行预备培养。由于秋海棠在温室栽培时湿度较大或温度较高，植株往往带菌较多，因此当以叶片作为外植体时，在移入室内前用洁净水将叶片上泥土或灰尘冲洗干净之后再放入室内。在室内预备培养2~3周，植株水分保持可采用盆底以托盘给水方式，不要浇水在叶片上面，便可大大减少材料污染。需要以茎段或茎尖培养时，可先将叶片去除，进行暗培养，待抽出徒长的黄化茎尖时取材，经灭菌后接种也可明显减少污染。其次，尽量避免阴天采集外植体；在晴天采集外植体时，下午采集的外植体要比上午采集的污染少。因为材料经过日晒后可杀死部分细菌或真菌。有条件时，可将外植体在臭氧发生器或紫外灯下放置数小时后再经药剂灭菌消毒后接种，也可收到一定的效果。

用于材料灭菌的药剂：使用的药剂应能杀死材料上可能附着的细菌或真菌，但要不损伤外植体。通常使用的灭菌剂如下：

Ⅰ. 70%~75%的酒精，可作为材料表面消毒的第一步。外植体一般消毒30秒钟不至于损伤材料，但不能达到彻底灭菌，需再用其他药剂灭菌。

Ⅱ. 升汞（$HgCl_2$），使用浓度0.1%~0.5%，时间8~15分钟。材料要经过反复多次冲洗才能将残留药剂除净，一般无菌水冲洗不少于5次。

Ⅲ. 次氯酸钠（NaClO），使用浓度1%~2%，浸泡15~30分钟，再用无菌水冲洗3~5次即可。

Ⅳ. 过氧化氢（H_2O_2），使用浓度1%~5%，浸泡15~30分钟，再用无菌水冲洗3~5次即可。

Ⅴ. 为了使杀菌剂湿润整个外植体，可在药剂消毒时加入界面活性剂，如土温（Tueen）80或土温20，使用浓度0.05%~0.1%，或在灭菌时加入数滴，对外植体的消毒均有较好的效果。

以上药剂在进行接种材料处理时可采取多种药剂交替浸泡法，在消毒灭菌过程中还可以用磁力搅拌、超声波振动等方法以达到接种材料的彻底灭菌。

该属植物的外植体的消毒有一定的难度，特别是叶片有被毛的种类，要么污染率高，要么外植体死亡率高。不同种类的消毒时间、所用药液及浓度等，需根据所选用外植体的状况进行摸索。先以种子作为外植体，在培养基上进行萌发，获得无菌苗后，再利用无菌苗的叶片进行扩繁和保存，是最有效的方法。

基本培养基

目前，对于兰花等的培养已开发出专用基本培养基，提高了扩繁成效。但秋海棠属植物的组织培养还没有专用基本培养基，绝大多数选用了广普的MS培养基，少数采用了B5、N6、H等基本培养基。杜启兰（2006）报道了不同培养基对丽佳秋海棠（*Begonia × hiemalis*）组培苗的影响，结果是繁殖系数为MS > B5 > N6 > H。这可能是因为MS培养基中无机盐含量较高，尤其是氮和钾的含量高，营养丰富，比较适合秋海棠的生长。秋海棠属植物容易生根，生根培养

基多采用1/2 MS + NAA 0.1 ~ 0.5 mg/L的培养基。适合于秋海棠组织培养的MS
基本培养基成分（见表1）。

表1　秋海棠常用MS培养基的基本成分(引自Murashige，1974)

无机盐	含量(mg/L)	有机物	含量(mg/L)	pH
NH_4NO_4	1650	肌醇	100	5.8 ~ 6.2
KNO_3	1900	烟酸	0.5	
$CaCl_2 \cdot 2H_2O$	440	盐酸吡哆醇	0.5	
$MgSO_4 \cdot 7H_2O$	370	甘氨酸	2	
KH_2PO_4	170	盐酸硫胺素	0.1	
KI	0.83	蔗糖	30	
H_3BO_3	6.2	琼脂	6 ~ 8	
$MnSO_4 \cdot 4H_2O$	22.3			
$ZnSO_4 \cdot 7H_2O$	8.6			

激素（外源激素）

　　激素的选择搭配是秋海棠诱导愈伤组织、不定芽或丛芽等形成最为关键的因素之一。通常，生长素与细胞分裂素的不同搭配（如浓度和比例）必然产生不同的培养效果，即便是相同的外植体、相同的基本培养基和光温条件，也因它们之间的比例变化而产生不同的反应。生长素和细胞分裂素的种类很多，而选择哪一种生长素和细胞分裂素对培养对象有利则需要大量的对比试验。有些物种可完全依靠内源激素的作用不需要外源激素的参与而完成植物体再生。

　　生长素能够调节植物生长，尤其能刺激茎内细胞纵向生长并抑制根内细胞横向生长的一类激素。细胞分裂素的生理作用主要是引起细胞分裂，诱导芽的形成和促进芽的生长。生长素与细胞分裂素配合能引起细胞分裂，而且生长素也能单独引起细胞分裂。研究表明，外源激素对诱导秋海棠叶片等外植体器官发生的影响十分显著。细胞分裂素绝大多数选用浓度0.5 ~ 2.0 mg/L 6 - BA（6 - 苄氨基嘌呤）、0.1 ~ 3.0 mg/L KT（激动素）和浓度0.1 ~ 1.0 mg/L IAA（吲哚 - 3 - 乙酸）；生长素多用浓度0.01 ~ 4.0 mg/L NAA（a - 萘乙酸）和浓度0.1 ~ 2.0 mg/L 2，4 - D（2，4 - 二氯苯氧乙酸）等。我们还选用了Tidiazuron (TDZ) 0.1 ~ 0.2 mg/L和 picrolam (pic) 1.0 ~

2.0 mg/L，或与其他激素组合使用，在对掌叶秋海棠、花叶秋海棠、假厚叶秋海棠、长翅秋海棠等的研究中获得了较好的结果（见表2）。

表2　植物生长调节剂对4种秋海棠的愈伤组织形成及植株再生的影响

植物生长调节剂 (mg/L)	外植体	花叶秋海棠 B. cathayana		掌叶秋海棠 B. hemsleyana		长翅秋海棠 B. longialata		假厚叶秋海棠 B. pseudodryadis	
		丛芽产生率(%)	愈伤组织产生率(%)	丛芽产生率(%)	愈伤组织产生率(%)	丛芽产生率(%)	愈伤组织产生率(%)	丛芽产生率(%)	愈伤组织产生率(%)
0	叶	0	0	100	0	40	0	0	0
	叶柄	70	0	100	0	100	0	0	0
BA 2 + NAA 0.5	叶	100	0	100	0	100	0	20	30
	叶柄	100	0	90	0	100	0	10	90
BA 2 + NAA 2	叶	90	0	100	0	83.3	0	30	35
TDZ 0.1+ pic 1	叶柄	100	0	76.7	6.7	95	0	10	90
	叶	0	100	0	100	0	100	0	66.7
TDZ 0.2 + pic 2	叶	0	90	0	100	0	100	0	45
	叶柄	0	100	0	100	65.7	34.7	0	66.7

注：在MS培养基上培养60天后的统计结果（神户敏成，鲁元学等，2008）。

光照和温度条件

光照与温度是影响植物愈伤组织、不定芽或丛芽等诱导的重要环境外因之一。适宜的光照与温度条件对提高秋海棠培养成功率很重要。有研究指出：在培养初期，黑暗对秋海棠的培养更为有利。通常，培养室的光照度在1200～2000lx，每天光照8～12小时。任何物种的培养温度条件是不可缺少的，而培养不同物种所需的温度范围会有差别。一般秋海棠的培养温度范围在20～28℃之间，创造适宜的光照和温度条件能提高培养成功的百分率。

碳源和水质条件

碳源和水质对秋海棠生长、分化及幼苗形成有一定的影响。何俊彦等（1989）对斑叶竹节秋海棠进行了对比试验，试验结果表明：在芽的诱导过程中，不同碳源和水质差异特别明显，而在诱导生根中却不像芽的诱导中那样显著。碳源以蔗糖为好，白糖次之；水质以蒸馏水最好，去离子水和普通自来水培养效果明显下降。

再生途径

秋海棠属植物绝大多数是以器官发生途径实现植株再生的，其中大部分种类是以叶片或叶柄直接产生不定芽的方式增殖的。这与该属植物叶片或叶柄扦插繁殖时容易产生不定芽和不定根有一定的相似性。因此，也可以先诱导叶片或叶柄等产生愈伤组织后，再进一步诱导不定芽和不定根的发生，从而得到再生植株。

随着组织培养技术的不断提高和理论研究的深入，胚状体发生途径的研究也越来越受到人们的重视，目前已有花叶秋海棠和丽格秋海棠等通过胚状体发生途径实现了植株再生。

② 秋海棠组织培养程序。

秋海棠属植物的组织培养快速繁殖的过程大体可分为3个阶段，即初代培养、芽的增殖和生根培养（见表3）。

表3　秋海棠组织培养愈伤组织形成、芽分化、植株再生的培养程序

种名	外植体	培养程序与培养基（mg/L）	文献
大王秋海棠（B. rex）	幼嫩叶片	*MS，BA 0.5~2.5，NAA 0.1 **MS，BA 0.5，NAA 0.1 **1/2 MS，KT 0.5~1.5，6~BA 0.5，NAA 0.5~2.0 ***MS ***1/2 MS，NAA 0.2 蔗糖3%，琼脂0.6%~0.8%，pH为5.8 培养温度(25±2)℃ 光照时间12时/天；光照度1500~2000 lx	孔祥生等，1999；何勇等，2009；李建革等，2006；徐菲等，2011
突脉秋海棠（B. retinervia）	叶片、叶柄、花梗	*MS，6-BA 2.0，NAA 0.2 **MS，6-BA 1.0，NAA 0.2 ***1/2 MS，NAA 0.8，AC0.1% 蔗糖3%，琼脂0.6%，pH为5.8~6.0 培养温度、光照时间、光照度无记录	唐凤鸾等，2013
莲叶秋海棠（B. nympaefloia）	幼叶	*MS，6-BA 2.0，NAA 0.2 **MS，6-BA 0.5，NAA 0.1 ***MS，无激素 蔗糖3%，琼脂0.6%，pH为5.8 培养温度20~26℃ 光照时间10~12时/天；光照度1500~2000 lx	陈贤等，2008
四季秋海棠（B. cucullata）	叶片	*MS，6-BA 3.0，NAA 0.1 ** MS，6-BA 3.0，NAA 0.1 蔗糖3%，琼脂0.65%，pH为5.8 培养温度(25±2)℃ 光照时间 8时/天；光照度2000 lx	梁红艳，2013

种名	外植体	培养程序与培养基（mg/L）	文献
长翅秋海棠 （*B. longialata*）	初展幼叶	*MS，NAA 0.5，6–BA 1.0 *MS，IAA 0.5，6–BA 1.0 **MS，NAA 1.0，6–BA 0.5 **MS，NAA 1.0，6–BA 1.5 ***1/2 MS，IBA 1.0 ***1/2 MS，NAA 1.0 *蔗糖3%，***蔗糖1.5% 琼脂0.6%；pH为5.8；培养温度（25±3）℃； 光照时间12时/天；光照度2000 lx	李景秀等，2000； 神户敏成等，2008
斑叶竹节秋海棠 （*B. maculata*）	叶片、 叶柄	*MS，BA 3.0~5.0，NAA 0.1~0.5 **MS，BA 1.0，NAA 0.1 **MS，BA 0.5，NAA 0.1 1/2 MS，NAA 0.2 蔗糖3%，琼脂0.8%；pH为5.8； 培养温度（24±2）℃，光照时间10时/天； 光照度800 lx	戴策刚，1987
银星秋海棠 （*B. argenteo–guttata*）	幼嫩枝条	*MS，BA 0.5，NAA 0.2 **MS，BA 1.0，NAA 0.1 ***1/2 MS，NAA 0.2 蔗糖2%，琼脂0.6%，pH为5.8；培养温度（25±2）℃， 光照时间10~12时/天；光照度1500~2000 lx	庄承纪等，1985； 李任珠等，1997； 纪春艳等，2007
丽格秋海棠 （*B. × Elatior*）	叶片、 叶柄、茎段、 茎尖	*MS，6–BA 1.0，2,4–D 0.2， **MS，6–BA 1.0，NAA 0.02 ***1/2 MS，NAA 1.0 蔗糖3%，琼脂0.4%，pH为5.8，培养温度 20~22℃，光照时间10时/天；光照度1000 lx	郑晓峰等，2003； 陈超等，2004； 孙莉莉等，2010
白芷叶秋海棠 （*B. heracleifolia*）	叶片、 叶柄	*MS，ZT 2.0，NAA 0.2 ** MS，ZT 2.0，NAA 0.2 ***1/2 MS，IBA 0.2 蔗糖3%，琼脂0.6%，pH为5.8，培养温度（25±1）℃， 光照时间16时/天；光照度1600~1800 lx	宗宪春等，2010
掌叶秋海棠 （*B. hemsleyana*）	芽、叶片	*MS，6–BA 1.0，NAA 0.1 **MS，6–BA 1.0，NAA 0.1 ***1/2 MS，NAA 0.1 蔗糖3%，卡拉胶6.0g/L；pH为5.8；培养温度（25±2）℃， 光照时间12~14时/天；光照度1800~2500 lx	王辉，2014
红斑秋海棠 （*B. rubropunctata*）	幼叶、 叶柄	*MS，6–BA 2.0，NAA 2.0 **1/2 MS，NAA 0.5 蔗糖3%，琼脂0.75%；pH为5.8；培养温度（22±3）℃， 光照时间12时/天；光照度40 kmol/m²·s	鲁元学等，2007

续表

种名	外植体	培养程序与培养基（mg/L）	文献
球茎秋海棠 （*B.* × *tuberhybrida*）	幼叶、叶柄	*MS，6-BA 0.8，NAA 0.1 **MS，BA2.0，2,4-D 1.0，NAA 0.5 ***1/2 MS，IBA 0.5 蔗糖3%，琼脂0.7%，pH为5.8，培养温度(20±2)℃，光照时间10~12 时/天；光照度1600 lx	宗士传等，2003； 渠立明，2005； 邢桂梅等，2013
裂叶秋海棠 （*B. palmata*）	叶片	*MS，TDZ 0.5 ***1/3 MS，IBA 0.2 蔗糖3%，琼脂0.7%，pH5.8~6.2，培养温度(25±2)℃，光照时间16时/天；光照度1600 lx	陈刚等，2009
花叶秋海棠 （*B. cathayana*）	叶片、叶柄	*MS，6-BA 2.0，NAA 0.5 *MS，TDZ 0.2，pic 2.0 *MS，TDZ 0.1，pic 1.0 ** MS，6-BA 2.0，NAA 2.0 ***1/2 MS． 蔗糖3%，Gellan gum2 g/L，pH5.8，培养温度(25±2)℃，光照时间16 时/天；光照度40 kmol/m²·s	神户敏成等，2008
帝王秋海棠 （*B. imperialis*）	幼嫩叶片、茎段	*MS，6-BA 1.0，NAA 0.1 **MS，6-BA 2.0，NAA 0.1 ***1/2 MS，6-BA 1.0，NAA 0.1 ***1/2 MS，6-BA 0.05，NAA 0.1 蔗糖3%，琼脂0.6%，pH为5.4~5.8，培养温度(25±2)℃，光照时间12 时/天；光照度30~40 kmol/m²·s	司马琳莉等，2007
假厚叶秋海棠 （*B. pseudodryadis*）	叶片、叶柄	*MS，6-BA 2.0，NAA 0.5 *MS，TDZ 0.2，pic 2.0 *MS，TDZ 0.1，pic 1.0 ** MS，6-BA 2.0，NAA 2.0 ***1/2 MS． 蔗糖3%，Gellan gum2 g/L，pH为5.8，培养温度(25±2)℃，光照时间16 时/天；光照度40 kmol/m²·s	神户敏成等，2008
铁甲秋海棠 （*B. masoniana*）	叶片	*MS，6-BA 1.0，2,4-D 0.1 **MS，6-BA 1.0，BA 1.0，NAA 0.2 ***1/2 MS， ***MS， 蔗糖3%，琼脂0.8%，pH为5.8，培养温度(25±2)℃，光照时间12时/天；光照度1500~2000 lx	侯占铭等，2001

注：*初代培养；**芽的增殖培养；***生根培养。单位为mg/L。

初代培养 这是秋海棠整个培养过程的基础，其目的是使外植体发育起来。这一阶段培养的效果因种类、组织和器官类型及培养基成分而异，消毒彻底的外植体在培养2~5周后可在表面形成多个芽或形成愈伤组织再分化芽。这一阶段必须注意防止外植体褐变。在培养条件的诸多因子中，较为重要的是适宜的无机盐成分、适宜的蔗糖浓度和激素水平。适宜的温度及在黑暗条件下进行培养可降低材料褐变的概率。孙莉莉等（2010）对丽格秋海棠的研究表明，采用4℃的材料低温预处理有利于其初代培养，预处理后的叶片、叶柄、茎段外植体其褐变死亡率有所降低，分化率有所提高。同时，对于易褐变的材料进行3~5天一次连续转接可以减轻褐变。激素水平过高也会造成严重的褐变现象，降低培养基中的激素水平对抑制褐变是有利的。此外，我们在对一些秋海棠的外植体灭菌接种时使用了100 mg/L抗坏血酸+150 mg/L柠檬酸混合菌灭水浸泡1~2分钟后接种，可减少褐变。

芽的增殖培养 这一阶段的培养目的是繁殖大量有效的芽和苗。用芽增殖的方法而不通过愈伤组织再分化的途径有利于保持遗传的稳定性。在芽的增殖过程中为了获得大量的丛芽，适当添加细胞分裂素有利于丛芽的产生，而且以BA、KT、TDZ对大量增殖最为有效。生长素在多数情况下用NAA或IAA，但浓度不可过高，否则对芽的增殖反而有抑制作用，并容易形成大量的根或愈伤组织。芽的增长速度可以用温度进行控制，20~28℃时芽的增殖速度较快，在生产实践中具有价值；而在离体保存过程中为了避免芽的增殖，应尽量降低温度（5~10℃）使其增殖速度减缓或停止。

生根培养 这一阶段的目的是使增殖形成的芽发出根系，并使苗继续生长。一般带有1~2片叶的芽苗即可转入生根培养基。生根培养采用1/2 MS培养基，不加激素或加少量的NAA 0.2~2.0 mg/L，IAA或IBA 0.5~1.0 mg/L，10~15天即可生根。

③组培苗的炼苗和移栽。

无根苗培养生根后，将广口瓶打开，在培养室进行炼苗3~5天后取出，洗净附着的培养基，移植至苔藓、珍珠岩、椰糠等混合的基质容器中，要求栽培基质疏松、滤水。移栽后用薄膜覆盖，并要求遮阴。绝大多数秋海棠喜湿润的生态环境，需要充足的水分和较高的空气湿度，移栽后只要精细管理，成活率便可保证。

2. 种质资源离体保存技术

植物种质资源保存已成为全球性关注的热点课题。种质资源的保存方式从大的方面分为两大类：原地保存（in situ conservation or on-site maintenance）和异地保存（ex situ conservation or off-site maintenance）。这两种方法保存植物种质资源均需要大量的土地和人力资源，成本高且容易遭受各种自然灾害的侵袭。自1975年亨肖（Henshaw）和莫雷尔（Morel）首次提出离体保存（conservation in vitro）植物种质资源策略以来，该项技术受到植物界的高度重视。因此，基于原地保存和异地保存的诸多缺陷，对于秋海棠属植物种质资源保存和其他植物种质资源保存一样，离体保存是一种更好的策略。常用的秋海棠离体保存方法有组织培养保存法（tissue culture conservation）和超低温保存法（cryopreservation）。前者适合于秋海棠的短、中期保存，后者用于长期保存。

（1）组织培养保存法

一般保存 应用试管苗进行保存，先建立外植体的原培养，一般采用正常的生长途径，常规组织培养条件下通过适时进行继代。秋海棠属植物一般在60～90天需要继代一次，叶片组织产生的不定芽或愈伤组织产生的试管苗在常温下保存可达10年之久。但过程比较繁杂，需要不断继代培养，如果继代次数多，也会出现遗传变异现象。

缓慢生长保存 缓慢生长保存是指恶化培养环境使培养物保持在最低生长而达到保存的目的。减缓生长的方法有：①降低培养基营养成分，如碳水化合物含量；②加入甘露醇或山梨糖醇改变培养基渗透压；③改变气体环境；④加入生长抑制剂，如矮壮素（CCC）浓度5～100 mg/L、脱落酸（ABA）浓度1～10 mg/L、赤霉酸（GA）1～10 mg/L、甘露醇10～50 mg/L和多效唑（PP333）1～5 mg/L等；⑤降低温度和光强度；⑥覆盖干燥剂改变水分状况等，一般都是结合几个方面使用。在秋海棠属植物离体保存中研究不多，未见相关报道。

（2）超低温保存法

在-80℃（干冰温度）到-196℃（液氮温度）甚至更低的温度下保存生物材料是目前植物种质资源长期稳定保存的最好方法，是低温生物学和微繁殖相结合的一种新型的离体保存技术（或称细胞工程技术）。利用超低温保存的植物材料涉及细胞（悬浮细胞）、原生质体、愈伤组织、分生组织（茎尖）、芽、花粉、胚或体胚、种子等。目前，中国西南种质库正在对秋海棠属植物进行超低温保存工作。种质离体保存存活率和遗传稳定性的监测有待进一步研究。

3. 秋海棠组织培养快速繁殖实例

球茎秋海棠（*B. tuberhybrida*），又名茶花海棠，为秋海棠科秋海棠属多年生草本植物，花大色艳，兼具茶花、牡丹、月季、香石竹等名花异卉的姿、色、香，是秋海棠之冠，也是世界重要盆栽花卉之一。

球茎秋海棠通常用种子繁殖，但性状易变异；分株繁殖系数低，而且扦插成活率低，难于满足实际生产需要。通过组织培养和快速繁殖技术，直接培育再生植株，操作不受季节限制，繁殖速度快，繁殖系数高，遗传性状稳定，是理想的工厂化生产新途径。

日本富士花鸟园工厂化生产的球茎秋海棠品种苗和盆花

秋海棠组织培养种子消毒灭菌的方法

（1）将三角瓶（其他容器亦可）、漏斗、滤纸等用锡箔纸包好常规灭菌备用。

（2）在超净工作条件下，将种子放入消毒瓶中，用70%酒精消毒30秒，将种子倒入漏斗滤纸中，无菌水从上冲洗3～5次，再将种子放回消毒瓶中，用消毒剂（如浓度1%次氯酸钠或0.1%升汞）对种子进行消毒处理8～10分钟，用手摇动消毒瓶使种子充分吸水消毒。再将种子倒入漏斗滤纸中，无菌水从上冲洗3～5次，消毒液从滤纸中流下，种子留在滤纸上。

（3）将消毒好的种子播种到经灭菌后的1/2 MS培养基上，在20～25 ℃下进行光照培养或暗培养，一般种子10～30天开始发芽。发芽时间因种类而异，示图为四季秋海棠种子无菌萌发过程。

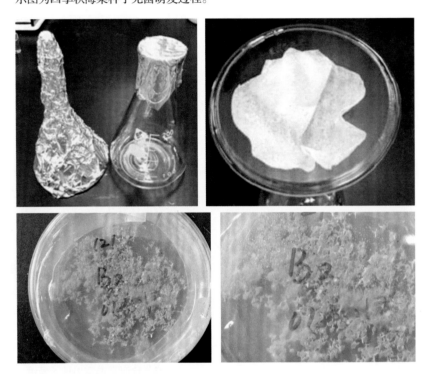

秋海棠组织培养再生途径

秋海棠属植物绝大多数能以器官发生途径实现植株再生，其中大部分种类是以叶片或叶柄直接产生不定芽的方式增殖的。这与该属植物叶片或叶柄扦插繁殖时容易产生不定芽和不定根有一定的相似性。

利用秋海棠的叶片或叶柄等诱导产生愈伤组织后，再进一步诱导不定芽和不定根的发生，从而得到再生植株。

秋海棠的愈伤组织诱导与分化

愈伤组织诱导的细胞分裂素绝大多数选用浓度为0.5～2 mg/L BA、0.1～3 mg/L KT和浓度为0.1～1mg/L IAA等；生长素多用浓度为0.01～4 mg/L NAA和浓度为0.1～2 mg/L 2，4–D等 。适当浓度的细胞分裂素和生长素组合可使培养基中产生大量的愈伤组织。

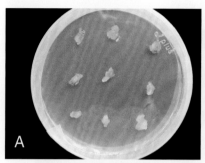

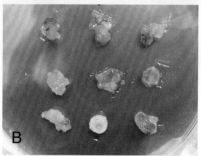

注：A、B、C分别为长翅秋海棠叶柄培养经20天、30天、70天时的愈伤组织形成与分化状态。

秋海棠组织培养再生植株

注：图中从左至右依次为花叶秋海棠、'热带女'秋海棠、裂叶秋海棠、管氏秋海棠的瓶苗。

花叶秋海棠叶片丛芽诱导和植株再生过程

A. 叶片接种培养基：1/2 MS + 6–BA 0.5 + 2，4–D 0.5 + 蔗糖3% + 琼脂0.7%，pH = 5.8；

B. 丛芽诱导培养基：MS + 6–BA 0.5 + NAA 0.5 + 蔗糖3% + 琼脂0.7%，pH = 5.8；

C. 生根培养基：1/2 MS + 蔗糖3% + 琼脂0.7%，pH = 5.8

培养条件：温度20～26℃，光照时间10～12 h/d，光照度1500～2000 lx。单位为：mg·L–1，下同。

长翅秋海棠组织培养快速繁殖过程

无菌材料的获得：

取生长旺盛的平展幼叶以自来水洗净，用75％的酒精灭菌20秒，再以0.1％的HgCl₂浸5秒后，用无菌水冲洗5次接种。

丛芽的诱导与增殖培养：

将灭菌叶片切成1 cm²的小块接种于MS + NAA 0.5 mg/L + 6 – BA 2 mg/L + 3%蔗糖 + 0.6%琼脂、pH = 5.8培养基中。培养15天后，叶片变厚，叶色由浓绿色变为淡绿色。培养30天时，可观察到叶片表面有很多淡红色或淡绿色的小突起，有的肉眼可辨小叶片。培养50天左右时，芽原基已分化出许多大小不一、密集成丛的芽。外植体成活率高达95％，而且芽的分化率也非常高，达100％，1 cm²的叶片培养60天左右即能分化出15～20个健壮芽。

生根培养：

1/2 MS + NAA 1 mg/L，生根率达100％。

红斑秋海棠组织培养快速繁殖过程

无菌材料的获得：

取生长旺盛的平展幼叶及叶柄以自来水洗净，用75%的酒精灭菌30秒，再以0.1%的HgCl$_2$浸5秒后，用无菌水冲洗5次接种。

芽的诱导与增殖培养：

将灭菌叶片切成1 cm^{2}的小块接种于MS＋6－BA 2.0 mg/L＋NAA 2.0 mg/L＋3%蔗糖＋0.6%琼脂、pH＝5.8培养基中。培养10天后，叶片变厚，叶色由浓绿色变为淡绿色。培养30天时，可观察到叶片表面有很多淡绿色的小突起，有的肉眼可看到愈伤组织。培养40天左右时，芽原基已分化出许多大小不一、密集成丛的不定芽，1 cm^{2}的叶片培养60天左右即能分化出6～8个健壮芽。

生根培养：

将愈伤组织分化的健壮芽接种在1/2 MS＋NAA 1 mg/L-1培养基上，生根率达100%。

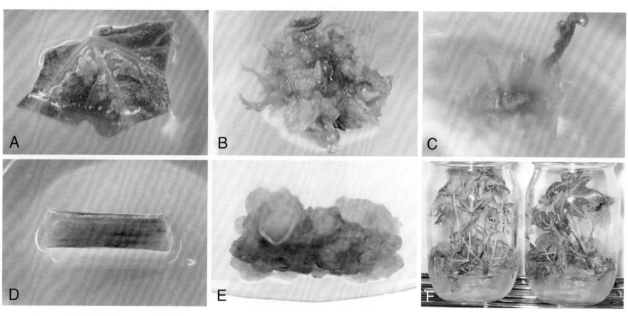

注：A. 叶片外植体；B. 叶片愈伤组织的分化；C. 愈伤组织分化出芽；D. 叶柄外植体；E. 叶柄愈伤组织的分化；F. 叶片和叶柄培养再生植株

厚叶秋海棠组织培养快速繁殖过程

叶片接种培养基：MS＋6－BA 2.0 mg/L＋NAA 0.5＋蔗糖3%＋琼脂0.6%；pH＝5.8。

丛芽分化培养基：MS＋6－BA 0.5 mg/L＋蔗糖3%＋琼脂0.6%；pH＝5.8。

生根培养基：1/2 MS＋NAA 0.5 mg/L＋蔗糖3%＋琼脂0.6%；pH＝5.8。

培养条件：培养温度(25±3)℃，光照时间12时/天；光照度1500～2000 lx。

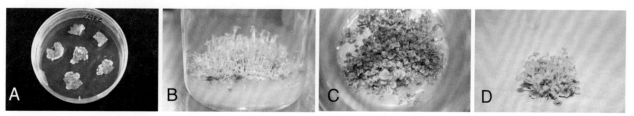

注：A. 叶片外植体接种15天后边缘产生的愈伤组织；B. 愈伤组织分化出大量的丛芽；C. 丛芽增殖培养；D. 丛芽继代生根的幼苗

心叶秋海棠组织培养快速繁殖过程

叶片接种培养基：MS + 6 – BA 0.5 mg/L + NAA 0.5 mg/L + 蔗糖3% + 琼脂0.6%；pH = 5.8。

丛芽分化培养基：MS + 6 – BA 0.5 mg/L + 蔗糖3% + 琼脂0.6%；pH = 5.8。

生根培养基：1/2 MS + NAA 0.5 mg/L + 蔗糖3% + 琼脂0.6%；pH = 5.8。

培养条件：培养温度(25 ± 3)℃；光照时间12时／天；光照度1500～2000 lx。

注：A. 叶片外植体接种60天后产生的幼苗；B. 生根的再生植株；C. 丛芽继代生根的幼苗

管氏秋海棠组织培养快速繁殖过程

叶片接种培养：MS + 6 – BA 1.0 mg/L + NAA 0.5 mg/L + 蔗糖3% + 琼脂0.6%；pH = 5.8。

丛芽增殖培养基：MS + 6 – BA 0.5 mg/L + 蔗糖3% + 琼脂0.6%；pH = 5.8。

生根培养基：1/2 MS + NAA 1.0 mg/L + 蔗糖3% + 琼脂0.6%；pH = 5.8。

培养条件：培养温度(25 ± 3)℃；光照时间12时／天；光照度1500～2000 lx。

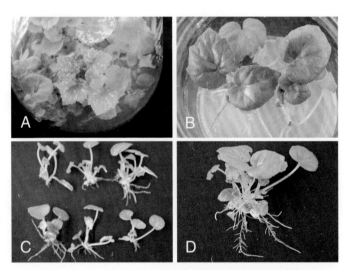

注：A. 叶片分化出幼苗；B. 丛芽长大成再生植株；C，D. 生根的再生植株

木里秋海棠组织培养快速繁殖过程

叶片接种培养基：MS + 6 – BA 1.0 mg/L + NAA 0.5 mg/L + 蔗糖3% + 琼脂0.7%，pH = 5.8。

丛芽分化培养基：MS + 6 – BA 0.5 mg/L + NAA 0.1 mg/L + 蔗糖3% + 琼脂0.7%；pH = 5.8。

生根培养基：1/2 MS + 蔗糖3% + 琼脂0.7%；pH = 5.8。

培养条件：温度20～26℃，光照时间10～12小时／天；光照度1500～2000 lx。

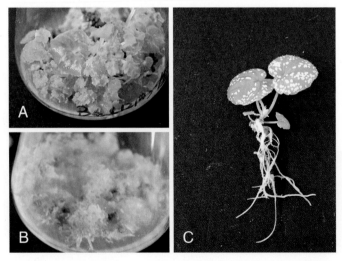

注：A. 叶片外植体15天左右开始分化出丛芽；B. 丛芽长大成再生植株；C. 生根的幼苗

四季秋海棠组织培养快速繁殖过程

叶片接种培养基：MS + 6 – BA 2.0 mg/ L + NAA 0.5 mg/L + 蔗糖3% + 琼脂0.7%；pH = 5.8。

丛芽分化培养基：MS + 6 – BA 0.5 mg/L + NAA 0.5 mg/L + 蔗糖3% + 琼脂0.7%；pH = 5.8。

生根培养基：1/2 MS + 蔗糖3% + 琼脂 0.7%；pH = 5.8。

培养条件：温度20～26℃，光照时间 10～12 小时/天；光照度1500～2000 lx。

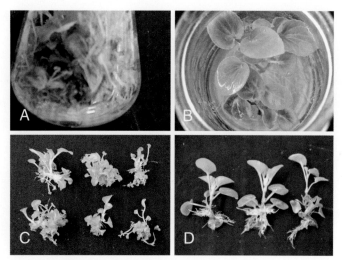

注：A，B.叶片接种60天后分化出大量的幼苗；C，D.生根的再生植株

裂叶秋海棠组织培养快速繁殖过程

叶片接种培养基：MS + 6 – BA 2.0 mg/ L + NAA 0.5 mg/L + 蔗糖3% + 琼脂7.0 g/L；pH = 5.8。

丛芽增殖培养基：MS + 6 – BA 0.5 mg/ L + NAA 0.5 mg/L + 蔗糖3% + 琼脂7.0 g/L；pH = 5.8。

生根培养基：1/2 MS + NAA 0.5 mg/L + 蔗糖3% + 琼脂7.0 g/L；pH = 5.8。

培养条件：温度(25±2)℃，光照时间 10～12 时/天；光照度1800～2000 lx。

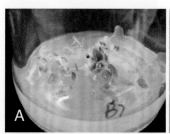

注：A.叶片接种60天 后产生的幼苗；B，C.生 根的再生植株

灯果秋海棠组织培养快速繁殖过程

叶片接种培养基：MS + 6 – BA 2.0 mg/L + NAA 0.5 mg/L + 蔗糖3% + 琼脂0.7%；pH = 5.8。

丛芽分化培养基：MS + 6 – BA 0.5 mg/ L + NAA 0.2 mg/L + 蔗糖3% + 琼脂0.7%；pH = 5.8。

生根培养基：1/2 MS + 蔗糖3% + 琼脂 0.7%；pH = 5.8。

培养条件：温度20～26℃，光照时间 10～12 时/天；光照度1500～2000 lx。

注：A.生根培养的瓶苗；B，C.移栽前的幼苗

撕裂秋海棠组织培养快速繁殖过程

叶片接种培养基：MS + 6 – BA 0.5 mg/L + NAA 0.5 mg/L + 蔗糖3% + 琼脂 0.7%；pH = 5.8。

丛芽分化培养基：MS + 6 – BA 0.5 mg/L + NAA 0.1 mg/L + 蔗糖3% + 琼脂 0.7%；pH = 5.8。

生根培养基：1/2 MS + 蔗糖3% + 琼脂0.7%；pH = 5.8。

培养条件：温度20～26℃，光照时间10～12时／天；光照度1500～2000 lx。

注：A. 叶片培养60天后分化长出的小苗；B. 生根的再生植株；C. 放大的可移栽幼苗

独牛秋海棠组织培养快速繁殖过程

A. 叶片接种培养基：1/2 MS + 6 – BA 0.5 mg/L + NAA 0.5mg/L + 蔗糖3% + 琼脂 0.7%；pH = 5.8。

B. 丛芽分化培养基：1/2 MS + 6 – BA 0.5 mg/L + NAA 0.1 + 蔗糖3% + 琼脂 0.7%；pH = 5.8。

C. 生根培养基：1/2 MS + 蔗糖3% + 琼脂0.7%；pH = 5.8。

培养条件：温度20～26℃，光照时间10～12时／天；光照度1500～2000 lx。

秋海棠组培苗移栽过程

将生根的瓶苗（A）用镊子小心地从培养容器中取出，用水洗净根部附着的培养基，移植至盛有苔藓或珍珠岩、椰糠等基质的容器中，如图（B）深度试管内，用薄膜覆盖保持湿度，避免高温、放置在荫蔽环境下30～60天后有新根和新叶长出（C），此时单株（D）移栽入盆，成活率可达100%。

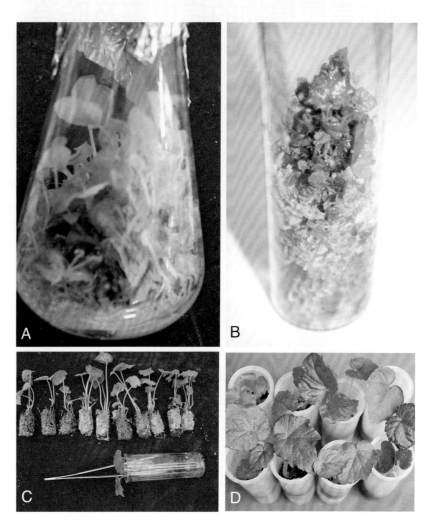

第七章
秋海棠属植物的病虫害及防治

第一节 秋海棠常见病害及其有效防治

秋海棠属植物适生环境的温度高、湿度大。在室内栽培的条件下，当栽培室内高温、高湿、通风条件差时，植株很容易发生浸染性病害，而且病害蔓延较快、难以控制。秋海棠属植物的病害会因为栽培环境、栽培用土、作业管理方法的不同而有所差别。从昆明地区20多年的栽培情况来看，白粉病、叶斑病、锈病、茎腐病和猝倒病是秋海棠属植物栽培过程中比较普遍而且常见的病害。

秋海棠属植物的病害防治遵循"预防为主、综合防治"的基本原则。在种类收集和引种时按要求严格检疫，以防危险性病害一起传入。新品种培育以观赏为主要目标，同时兼顾抗性育种，尽可能选择抗病能力强的品种。加强栽培管理及栽培技术措施，使植株生长健壮，增强抵抗病害的能力。在秋海棠植株容易感病的季节，应提前加强预防措施。植株感病时，首先清除感病的茎叶并进行焚烧处理，再分别视病害种类和病害情况对症下药，及时采取化学药物防治。

1. 白粉病

病原物及感病症状 秋海棠属植物的茎、叶片、幼芽、叶柄都很容易受白粉病菌浸染感病，一般初浸染始于叶片。初发病叶片表面呈块状褐绿，以后在叶片背面出现灰白色菌丝层及粉状分生孢子层，均呈白粉状，至秋季在菌丝层上生有黄白渐变黄褐最后呈黑褐色的小点（闭囊壳）。病叶可早落，通常叶背面白粉状物明显，严重时正面也产生白粉。主要病原物属于子囊菌纲白粉菌目白粉菌科的球针壳属(*Phyllactinia*)、丝壳白粉菌属(*Sphaerotheca*)、粉孢属(*Oidium*)等。

防治 分别采用：① 50%退菌特1000倍液；② 2%抗霉菌素120水剂100～200倍液；③ 40%多硫胶悬剂（灭病威）800倍液；④ 50%苯菌灵可湿性粉剂1000倍液，70%甲基托布津可湿性粉剂700～800倍液；⑤ 50%多菌灵可湿性粉剂500～800倍液。10天左右喷洒一次，连续3～4次可见效。

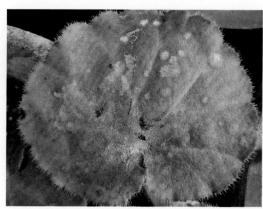

白粉病症状

2. 锈病

病原物及感病症状 锈病常侵害秋海棠的叶片、叶柄和茎，主要发生在叶片上。春季病菌在嫩茎及叶基反面的叶脉上产生担孢子，侵入植株而产生性孢子器和锈孢子器。夏季叶面上可见到橙黄色的夏孢子堆，以后产生棕褐色的冬孢子堆，严重时黄粉布满叶片，全部叶片受害。主要病原物属于担子菌纲锈菌目栅锈菌科的多孢锈菌属（*Phragmidium*）、柄锈菌属（*Pucciria*）、栅锈菌属（*Melampsora*）等。

防治 分别采用：① 25%粉锈宁可湿性粉剂1000倍液；② 敌锈钠250～300倍液；③ 1：1：125～170（硫酸铜：生石灰：水）波尔多液；④ 80%代森锌可湿性粉剂500～700倍液。每隔15天喷洒一次，连续2～3次能够见效。

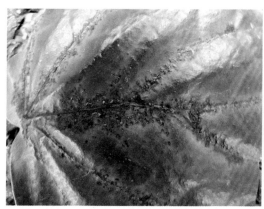

锈病症状

3. 叶斑病

病原物及感病症状 叶斑病主要浸染叶片。感病叶片在初期，叶面出现淡绿色水渍状小点，后扩大成圆形或近圆形的泡状斑，略隆起，呈褐色至黑褐色，病部周围组织呈淡黄色或红褐色，并有明显的晕圈。病斑可相互连接成大斑，最终病组织变为褐色、干枯。病原物为细菌门的单孢杆菌，高温多湿、连续阴雨时极易发病。

防治 分别采用：① 75%百菌清可湿性粉剂800～1000倍液；② 30%琥胶肥酸铜胶悬剂500～600倍液；③ 农用链霉素200 ppm；④ 1：1：160（硫酸铜：生石灰：水）波尔多液。每隔10天左右喷洒一次，喷洒次数视病情而定。

叶斑病症状

4. 茎腐病

病原物及感病症状 主要危害茎部，也可浸染叶片、叶柄。病株在近地面或地面的基部，最初出现水渍状暗色小斑，并逐渐扩大成不规则形大斑，棕褐色软腐，病组织收缩下陷，感病的茎倒伏死亡。叶片受浸染后引起暗绿色水渍状圆斑，叶柄受浸染后则变褐色、腐烂。病原物是真菌中的立枯丝核菌，阴雨天易感病。

防治 首先，栽培用土以五氯硝基苯或多菌灵充分消毒后使用。栽培过程中感病时，分别采用：① 65%敌克松600～800倍液；② 高锰酸钾1200～1500倍液；③ 1：1：100（硫酸铜：生石灰：水）波尔多液。每隔一周左右喷洒一次，喷洒次数视病情而定。

5. 猝倒病

病原物及感病症状 猝倒病在幼苗出土后茎部未木质化以前，幼苗出土后两周左右子叶平展、真叶出现，幼苗非常密集，为发病高峰期。幼苗茎部近地面处变色，水渍状腐烂缢缩，萎蔫倒伏而猝死。严重时整块、成片死亡。病原物主要是真菌中半知菌类的丝核菌(Rhizoctonia)、镰刀菌(Fusarium)，以及藻菌纲霜霉目腐霉科的腐霉菌(Pythium)。

防治 选用无菌的自然土壤或播种基质。重复使用的播种土壤或基质应以五氯硝基苯、代森锌（1：1）、福尔马林、硫酸亚铁、敌克松、苏农等土壤消毒剂进行彻底消毒，清除残留消毒农药后再播种。幼苗出土后感病初期分别采用：① 克菌丹、代森锌、福美双400～500倍液；② 50%代森铵300～500倍液；③ 70%甲基托布津可湿性粉剂700～800倍液；④ 50%退菌特1000倍液；⑤ 65%敌克松600～800倍液；⑥ 苏农可湿性粉剂800～1000倍液；⑦ 硫酸亚铁1%～3%。每隔4～5天喷洒一次，连续2～3次可抑制病害蔓延。

6. 生理性病害及栽培管理措施改善

植物的生长发育要求一定的环境条件，当这些环境条件不能满足而且超出植物的适应范围时，植物生理活动就产生失调，表现失绿、矮化，甚至死亡。因为这是由非生物环境因素引起的生理病态，不能互相传染，所以叫作非浸染性病害或生理性病害。在秋海棠属植物的栽培过程中，若栽培土壤或基质的水分不足会引起叶尖、叶缘发黄枯死，水分过多常使根部窒息，造成根茎腐烂；温度过高、日照过强等常引起日灼，导致叶片组织枯黄、萎缩坏死；温度过低引起植物组织细胞液结冰、冻害、细胞组织坏死。栽培土壤或基质中缺乏某些营养物质，可引起缺乏营养元素的生理性病症，如：缺氮主要表现为植株矮化失绿、变色和组织坏死；缺磷表现出叶尖变红，缺钾引起叶缘变淡黄色等。这样的生理性病害，应根据植株所表现出的生理症状，因地制宜，改善栽培环境及设施条件，加强水分和营养元素肥料的供给和补充，使植株旺盛生长，增强植株抵抗不良环境和病害的能力。

生理性干旱失水

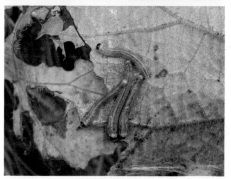

昆虫幼虫危害

吹绵蚧危害

第二节 秋海棠常见虫害及其防治

秋海棠属植物栽培中，虫害猖獗的概率相对小于病害蔓延，虫害的控制也相对要容易一些。秋海棠虫害的防治以综合防治为基本原则，力求安全、经济、有效。在整个栽培过程中提倡以虫治虫、以菌治虫、以病毒治虫、以鸟治虫等生物防治。虫害发生初期应积极进行人工捕杀、灯光诱杀、阻隔处理等物理机械防治，视虫害猖獗情况适时采用化学药剂进行化学防治。

秋海棠属植物的害虫分为食叶害虫和地下害虫（土壤害虫）。地下害虫生活于栽培土壤中，危害植株的根和茎，常见种类为鳞翅目夜蛾科的地老虎。食叶害虫主要危害叶片，常见种类是鳞翅目的尺蛾、夜蛾和黄刺蛾，膜翅目的叶蜂，同翅目的蚜虫和吹绵蚧，蜘蛛纲蜱螨目的红蜘蛛。其中，尺蛾、夜蛾、黄刺蛾和叶蜂属于咀嚼式口器昆虫，拟采用胃毒剂散布于植株和叶片表面，使其和叶片一起被啃啮入消化道，引起中毒死亡；蚜虫、吹绵蚧和红蜘蛛属于刺吸式口器昆虫，口针刺入寄主组织内吸取植物体营养汁液，若用胃毒剂喷洒在植物表面是不会经害虫口器进入体内引起消化道中毒的，必须使用内吸剂、触杀剂或熏蒸剂才有防治效果。

地老虎 可用40%甲基异柳磷或呋喃丹粒剂混施或穴施在植株根际土壤中触杀幼虫，有较好的防治效果。

叶蜂、夜蛾、尺蛾和黄刺蛾 分别采用：① 40%氧化乐果乳油或80%敌敌畏乳油或者杀螟松1000～1500倍液；② 2.5%溴氰菊酯3000倍液；③ 50%辛硫磷或20%菊马合剂1500～2000倍液；④ 20%菊杀乳油2000倍液；⑤ 35%伏杀磷乳剂2000倍液；⑥ 90%敌百虫乳剂1000倍液。

吹绵蚧、蚜虫 分别采用：① 40%氧化乐果乳油800～1000倍液；② 50%马拉硫磷乳油500～700倍液；③ 2.5%溴氰菊酯或20%菊杀乳油2500倍液；④ 20%速扑杀乳油1500倍液；⑤ 25%亚胺硫磷乳油1000倍液；⑥ 50%灭蚜松乳油1000倍液；⑦ 50%辟蚜雾乳油2000倍液。

红蜘蛛 分别采用：① 40%氧化乐果乳油2000倍液；② 40%三氯杀螨醇1000～1500倍液；③ 15%氯螨净2000倍液；④ 20%三氯杀螨砜可湿性粉剂800～1000倍液。

第八章
秋海棠种质创新及新品种培育

第一节 秋海棠种质创新

1. 新品种培育技术途径

（1）秋海棠属植物国内外育种现状

国际上秋海棠属植物的育种历史悠久，早在1847年，德国柏林植物园的J.瓦尔斯维可斯（Josep von Warscewics）培育出的杂交种'红爵士'秋海棠（*B.* 'Erythrophylla'）就已问世。20世纪70年代是秋海棠属植物育种史上的一个高峰期。国外学者以原产南美洲安第斯山的皮尔斯秋海棠（*B. pearcei*）与玻利维亚秋海棠（*B. boliviensis*）等野生种杂交培育而成的世界名花——球茎秋海棠（*B. tuberhybrida* cv.），以及原产喜马拉雅山的大王秋海棠（*B. rex*）与巴西的红筋秋海棠（*B. scharffi*）等杂交选育出的上千个品种已风靡全球。据统计，全世界至今已培育出17000多个秋海棠新品种，许多品种已商业化生产，并获得了很高的经济效益。

中科院昆明植物研究所在20世纪70年代初也曾引种过秋海棠，但引种和保存的数量很少。直至20世纪90年代初昆明植物园成立秋海棠研究课题组，在广泛引种栽培国外园艺品种和国产野生种基础上，展开了以有性杂交为主的秋海棠属植物新品种培育，迄今已鉴定注册新品种31个。

昆明植物园秋海棠品种资源保育温室

昆明植物园秋海棠新品种培育温室

（2）秋海棠属植物新品种培育的方法和途径

秋海棠属植物为多年生肉质草本，具有匍匐的根状茎、直立的地上茎、球状的地下茎等，开花结实率高，果实内种子数量极多，属再生能力较强的类群。从秋海棠属植物的生物学特性和生态适应特性来看，实生繁殖与分株、扦插、组织培养等营养繁殖的可能性为新品种的选择和培育拓宽了途径。

秋海棠属植物的新品种培育可采用选择育种、有性杂交育种、诱变和多倍体育种的手段。选择育种可分为种子繁殖花卉的选择和无性繁殖花卉的选择，二者均适用于秋海棠属植物。花卉中绝大多数都有美丽、芳香或带蜜腺的花器，因而几乎都为异花传粉植物，秋海棠属植物也不例外。在自然条件下靠不同植株或不同种类相互传粉而结实的，各个繁殖世代中都会产生形形色色的不同植株，通过多次单株选择或连续混合选择的方法将符合育种者需要和要求的类型或群体保留下来。同时，许多符合育种期望的自然变异类型，如观赏价值高的芽变、枝变等，可用扦插、组织培养等无性繁殖的方式固定下来。有性杂交育种则是人为选定不同品种、种、属的亲本相互传粉结实产生子代，从子代中选择符合培育目的新品种。诱变育种是利用物理或化学因素来处理植物，使之发生突变，然后在变异个体中选择符合人们要求的新类型。根据诱变因素可分为物理诱变和化学诱变两种方式。用化学药剂处理植物，使植物体细胞的染色体倍性增加来诱导多倍体植株，从中选择大花等优良性状类型或植株，则为多倍体育种。

2. 有性杂交育种

（1）人工授粉杂交技术和方法

育种原始材料的收集是育种工作的第一步，是育种工作的物质基础，应尽可能收集生物学特性和生态学特性差异大、各个性状变化幅度大、气候条件及地理分布范围广、种类丰富而且数量多的育种原始材料，人工杂交和一系列的育种工作才有可能顺利进行。育种原始材料包括野生种、园艺品种和杂交子代或诱变后代，引种到的育种原始材料应进行驯化栽培和保存。同时，系统地做分类学、生态学、物候和抗性（即各种原始材料对病虫害、不良气候和土壤条件的抵抗能力）等观察研究，详细记录株高、株型、叶形、叶色、斑纹、花色、大小、香味、花期以及生长发育的物候等资料，为人工杂交育种的亲本选配提供依据。

进行杂交育种工作之前，育种工作者的头脑中必须有一个清晰的构思，希望获得具备哪些性状的新品种，再根据确定的育种目标和方向选配亲本。一般而言，叶片的斑纹、花色、花型、香味等观赏性状很容易引起育种者的重视，而另一些对病虫害和不良气候及土壤条件的抵抗能力，对低温、低湿度的忍耐性以及栽培适应性等生理或生态学方面的性状却容易被人们所忽视。秋海棠属植物原产热带、亚热带，其栽培适应范围相对狭窄，为使新品种栽培适应性强、利用范围广，在兼顾观赏性状的同时，各种抗性性状的培育尤其重要。因此，亲本选配以提高观赏价值、增强品种适应各种不良条件和对病虫害的抵抗能力，以及亲本性状互补为基本原则。

选定亲本后，根据所选种类的具体情况，查证栽培驯化的物候资料和记载。如果父母本的花期不相遇，拟采用调整花期或花粉贮藏来克服。在允许范围内分批、错开播种时间，调节花期，对日照敏感的种类可缩短或延长日照时间，对温度敏感的种类可用低温春化处理和加温促成栽培等方法来调节控制花期；也可在0~5℃的条件下贮藏花

昆明植物园秋海棠育种原始材料保育温室

粉，延长父本的花粉寿命。贮藏温度和维持花粉寿命的时间应通过贮藏后花粉活力测定的结果来确定。花粉活力测定可用悬滴法和琼脂法培养花粉，使其萌发直接测定萌发率，也可用染色法判断贮藏花粉的生活力。

具体杂交时，需要准备裁纸刀或剪刀、硫酸纸、订书针和订书机、悬挂标签、记录铅笔等用具。杂交操作分去雄隔离和授粉两个步骤。秋海棠属植物为单性花、子房下位；雌花和雄花早在现蕾期就能够区别辨认。雌花在花冠下明显可见膨大的子房，而雄花在细花梗上直接着生花冠。去雄隔离简单，易于操作：雌雄同株的种类在花蕾绽放前将母本植株花序上的雄花摘除，雌雄异株者只需将雌株和雄株隔离放置待授粉杂交。当母本植株花朵绽放、雌蕊成熟、柱头产生分泌物时可授粉，采摘父本植株花粉成熟、花粉囊破裂的雄花，将花药轻轻点蘸在柱头上，柱头由于粘着了花粉粒，从授粉前的浅绿色变成淡淡的黄绿色，至此母本植株已人工授粉（或传粉）。用铅笔在悬挂标签上记录父母本种名、主要性状、授粉日期等系于授粉雌花的花梗上，裁剪适当大小的硫酸纸折叠后套在授粉花序上，取适当位置以订书针装订固定硫酸纸袋，使授粉花序在纸袋内能够自然伸展而纸袋也不易飞落。授粉拟在上午9—10点进行，每天1次，每一朵雌花最好连续重复授粉2～3次，一般授粉后一周左右拆除硫酸纸袋。从去雄到拆除硫酸纸袋，整个操作过程应轻盈、敏捷，以免折断花梗，使杂交工作前功尽弃。

授粉后雌花花被片凋谢、子房膨大者已受精坐果，杂交受精后一般3个月左右果实发育成熟。果实成熟后外形饱满，外果皮的水分逐渐减少、干燥并呈黄褐色。将果实从植株上采下置于室内通风、干燥的场所，让其蒴果自然风干、用手指轻轻碾压果实即可脱离种子，所得种子即为杂交F_1代，F_1代植株上获取的种子则为F_2代，依次类推为F_3代、F_4代……，经过大量的栽培选择，从杂种子代群体中选育出符合育种目标和方向的植株和类型，经鉴定注册即为新品种。

（2）连续回交的遗传效应及抗病性改良

真核生物的卵细胞核外还有大量的细胞质，精细胞内除细胞核外没有或很少有细胞质。雄配子受精时不带或很少带有细胞质，因而当用非轮回亲本与轮回亲本杂交并连续回交后，回交后代中核内非轮回亲本的遗传成分将为轮回亲本逐渐取代，而细胞质还是原来的非轮回亲本的。以此为理论依据，选择具有银绿色环状斑纹、观赏价值高易感病的'白王'秋海棠和抗病能力极强的长翅秋海棠进行有性杂交。在'白王'与长翅秋海棠的杂交过程中，我们以'白王'秋海棠作为轮回亲本与杂种F_1代的抗病植株进行三次连续回交后，回交后代既融合了'白王'秋海棠的银绿色环状斑纹，又有极强的抗病性。而且，将获得的回交三代（BC_3）抗病植株连续自交两代后可以选育出抗病性稳定而不分离的纯合基因型植株。利用连续回交的遗传效应，获得了观赏价值高且抗病性强的品种，摸索了一套切实可行的抗病性改良方法。

P	银绿斑感病（♀）	×		无斑抗病（♂）	
	rr			RR	

↓

F₁		Rr	×	rr
		抗病株		银绿斑感病

$$F_1 \qquad Rr \times rr$$
$$\text{抗病株} \qquad \text{银绿斑感病}$$

↓

$$BC_1 \qquad rr \qquad\qquad Rr \times rr$$
$$\text{感病株淘汰} \qquad \text{抗病株} \quad \text{银绿斑感病}$$

↓

$$BC_2 \qquad rr \qquad\qquad Rr \times rr$$
$$\text{感病株淘汰} \qquad \text{抗病株} \quad \text{银绿斑感病}$$

↓

$$BC_3 \qquad\qquad Rr \qquad rr$$
$$\text{抗病株} \quad \text{感病株淘汰}$$

↓⊗

$$1\,RR \qquad\qquad 2\,Rr \qquad 1\,rr$$
$$\text{抗病株} \qquad \text{抗病株} \quad \text{感病株淘汰}$$

↓⊗ ↓⊗

抗病性不分离　　　　　抗病性分离淘汰

抗病性回交改良步骤

3. 自然变异选择

　　植物在自然界也会发生营养器官在遗传性状方面的变异，导致器官的形态特征发生变异。将有利的符合需求的形态变异用无性繁殖的手段保留、固定下来就获得一个自然变异新品种。发生在一个芽上的基因突变即称为芽变，由这个芽形成的枝条也可能有形态特征的变异也可称为枝变。总的来说，自然变异是在自然情况下产生的遗传基因突变，突变发生的概率很低。芽变或枝变在观赏花卉中发生的概率相对较高。由于某个花芽的遗传基因发生突变，单瓣花的植株上会出现花瓣数多、重瓣的花朵；也因为叶芽遗传物质的自然突变，叶片和枝条在形状和色彩等方面都会出现与其他枝叶不同的变异，这些器官的形态变异是新品种培育的途径之一，也是自然变异新品种选育的基础。

　　在秋海棠属植物中也有芽变选择保留下来的新品种，如'彭琪'秋海棠（B. 'Bunchii'）、'螺旋'秋海棠（B. 'Helix'），前者的叶形由母体的盾圆形突变成肉冠状叶缘，后一个品种的叶片基部由母体植株的心形或耳形突变为卷曲的螺旋状，这些以无性繁殖方式固定下来的无性系自然变异品种成为有趣的观叶秋海棠。在野外生长环境中，由于对野外特定生态环境的长期适应或受光照等自然条件的影响，有的个体发生形态特征的变异，如叶片的形状、色彩、斑纹等。这种变异能够在野外的自然条件下繁衍、固定保留下来，而且具有一定的植株种群数量，但是又达不到亚种、变种或变型等级的划分标准，可作为自然变异的品种来鉴定发表。中国科学院昆明植物研究所昆明植物园育成的新品种中，'白雪'秋海棠、'白王'秋海棠和'热带女'秋海棠就是从云南的秋海棠野外分布地选择培育出来的自然变异新品种，由于植株的叶片具有不同形状的银白色斑点及银绿色环形斑纹，观赏价值高，深受人们的喜爱。

自然变异品种的选育建立在广泛的野外调查研究和形态特征观测、观察的基础上，在秋海棠属植物的原产地或自然分布地进行深入细致的调查，尽可能寻找、发现与目前记载和发表种类不同的形态变异或类型。对观赏价值高、有开发利用潜力的形态变异植株或类型，在对野外分布地的温度、湿度、光照、土壤因素等生境条件综合研究的基础上，采取种子和茎段、叶片等进行人工繁殖栽培，对照观察研究获得的后代与野外变异植株的性状差异，性状稳定的形态变异植株或类型可作为自然变异新品种鉴定发表。秋海棠属植物的原种和园艺品种在人工栽培条件下也有可能发生花芽和叶芽的自然变异，将有利的突变体通过无性繁殖进行栽培和观察研究，能够用无性繁殖方式固定保留下来的突变类型和植株作为自然变异新品种鉴定注册。

4. 诱变育种

自然变异的概率相当低，大致在10万至1亿个配子中才有一个基因发生突变，远远不能满足育种的需要。可以人为地采用各种物理、化学因素来促进突变，提高育种的工作效能。通过人工诱变，可使基因突变频率提高100~1000倍，而且诱发变异范围较广，对于花卉来说更易于发生杂色等变异性状。所谓诱变育种就是利用物理或化学因素来处理植物，使之发生突变，然后在变异个体中选择符合人们要求的新类型。诱变育种分物理诱变和化学诱变两类。

（1）物理诱变及航天育种

物理诱变是通过物理因素处理植物使其发生形态变异。辐射诱变是常用的物理诱变方式，即利用电离射线对育种材料进行诱变处理。电离射线具有很高的能量，通过电离作用能使基因发生突变或使细胞核内的染色体断裂，从而引起基因重新排列组合而发生变异。花卉育种时所用的射线主要有X射线和γ射线，剂量单位是库［仑］每千克（C/kg）和戈［瑞］（Gy），使用剂量因种类、处理部位、处理时间而异。我国秋海棠属植物的物理诱变育种，基于我国"神舟六号"载人飞船的发射登空，有幸获得返回式科学与技术试验卫星搭载机会而得以尝试。中国科学院昆明植物研究所秋海棠研究组，筛选了以云南野生种为主的10种秋海棠原种进行签约搭载，期望在与地面自然条件不同的超真空、超洁净、超变电、强辐射、强磁场、微重力等太空物理条件下能够促使秋海棠属植物染色体结构和数目变异或基因突变，导致奇特表现型的出现，以选育有利突变体。从返回舱中取出的种子部分已于2005年播种育苗，经过多年的育苗栽培及生物学、生态学特性观察，从航天育种诱变M_1代中选择培育出性状稳定的目标新品种'黎红毛'秋海棠（B. 'Lihongmao'），并于2011年10月31

日通过云南省园艺植物新品种注册登记。

（2）化学诱变及多倍体育种

化学诱变是利用化学药剂处理育种材料使之发生遗传物质的改变，导致育种材料的形态变异。化学诱变剂的种类多，诱变性质各异，能与遗传物质DNA或RNA起作用，导致遗传密码改变。常用的有乙烯亚胺（EI）、甲基磺酸乙酯（EMS）、硫酸二乙酯（DES）、亚硝基甲基脲（NMU）、亚硝基乙基脲（NEH）等，拟采用浸渍种子、球茎、插条，涂抹枝条、芽眼或液滴、注射等方法处理植物材料。中国科学院昆明植物研究所秋海棠研究组采用硫酸二乙酯、甲基磺酸乙酯、甲醛、5-氟尿嘧啶和2-氨基嘌呤，以0.25%、0.5%的浓度分别浸种1小时、1.5小时、4小时、12小时、24小时，对厚叶秋海棠、大王秋海棠、掌叶秋海棠和昌感秋海棠4个云南野生种进行化学诱变育种研究试验。获得的诱变M_1代个体表现出与亲代不同的形态特征，但无作为新品种条件的新颖、奇特类型出现，有待进一步探讨和研究。

多倍体育种的方法很多，比较有把握的方法还是用秋水仙素溶液诱导处理。由于秋水仙素能在细胞分裂中期破坏纺锤丝的形成，使已经一分为二的染色体停留在赤道板上不向细胞两极移动，细胞中间也不形成核膜，使原来应为两个细胞的染色体停留在一个细胞核中，最后就形成了染色体加倍的细胞，并由这些细胞产生了多倍体植株。中国科学院昆明植物研究所秋海棠研究组以大香秋海棠为试验材料，取带2~3个节的茎梢作为插穗，分别浸入0.5%、0.1%、0.01%的秋水仙素溶液，各浸泡24小时、48小时后取出扦插、栽培管理，生根植株待观察器官的形态变化及染色体的倍性变化，期望能从中选育目的新品种。

第二节 遗传育种的细胞学基础

1. 秋海棠属植物细胞学研究概况

秋海棠属植物的细胞学研究始于20世纪60年代，这一时期的报道往往仅限于数目而缺乏直观的图版。近代学者中田政司、古训铭、马宏、彭镜毅、李宏哲、田代科等研究表明，秋海棠属植物染色体的倍性存在明显的多倍现象和非整倍现象，染色体数目从$2n=14$，16，18，20，22，……104，变化幅度较大。秋海棠属植物孢子体染色体的形态和数目差异反映出秋海棠属植物在细胞学方面也具有丰富的多样性。秋海棠属内染色体数目的差异和多样性，不仅为种的遗传隔离和划分提供一定的细胞分类学（Cytotaxonomy）依据，从细胞学方面也能够探讨中国秋海棠属植物属下系统分类组（Section）等级的系统学问题及各组间的演化关系。

侧膜组（Sect. *Coelocentrum*）是中国秋海棠属下最原始的系统分类组，$2n=30$为中国秋海棠属植物原始的染色体数目，通过非整倍性变异和多倍性变异而衍生出其他类型的体细胞染色体数目。东亚秋海棠组（Sect. *Diploclinium*）和单座组（Sect. *Reichenheimia*）可能首先从侧膜组分化出$2n=30$的种类出现在此两组中。东亚秋海棠组是一个分化极其多样的类群，其组内各类群朝着不同的方向分化，也可能是由于其中包括了其他组的种类（体细胞染色体数目与其他组一致的种类）所致。扁果组（Sect. *Platycentrum*）种类由东亚秋海棠组种类在次生基数背景上通过上行或下行的非整倍性变异演化而来，东亚秋海棠组中$2n=22$的种类可能正是其中的过渡类群。无翅组（Sect. *Sphenanthera*）种类由秋海棠组或扁果组的种类演化而来，还需要结合更多的核型分析等证据加以确认。

就孢子体细胞染色体的数目和形态而言，中国大陆自然分布的秋海棠属植物种类与台湾产种类相比有显著的差异，推测台湾产秋海棠属植物是从大陆分布种类演化而成。随着台湾海峡的形成，为适应岛屿的特殊生境和地理隔离的作用，其体细胞染色体在数目、形态等方面与大陆种类有明显差别，并处于强烈分化过程中。

在遗传育种研究领域，秋海棠属植物雌、雄配子染色体组，以及其倍数性变异为自然界多倍体园艺品种的倍性选育创造条件，染色体的重组和数目的变异为丰富多样的表型形态变化奠定基础。染色体倒位、易位、重复、缺失等结构变异为抵抗不良环境和病虫害等抗逆性育种拓宽方法措施和技术路线。秋海棠属植物的染色体及其细胞学多样性为种质创新提供了无限的可能和基础应用空间。

2. 秋海棠属植物染色体观察实验方法

秋海棠属植物的染色体极为细小，长度大多0.5~5 μm，很少种类能够超过10 μm。对于染色体形态和数目的观察比其他类群植物难度大，染色体观察实验方法和技术也颇具独特性。

取材处理：

选择茂盛生长植株，切取长约5 mm、白色透明、粗壮的根尖浸入0.002 mol/L的8－羟基喹啉（8–hydroxyquinoline）溶液中，置12~15℃环境条件处理8~9小时。

固定：

将处理后的根尖材料转入固定液（无水乙醇：冰醋酸＝3：1），置4℃的低温条件固定10~15小时。

解离：

取出固定材料置入1mol/L盐酸溶液（HCl）中，在60℃水浴锅中解离5~7分钟。

染色：

解离材料以蒸馏水洗净后放入1%的醋酸地衣红溶液染色20~24小时。

压片观察：

充分着色根尖材料后，切取约1 mm长根冠部分置载玻片中央位置，加盖玻片用力均匀压实置显微镜下观察。

3. 中国秋海棠属植物种类染色体数目

表1　中国秋海棠属植物孢子体细胞染色体数目（105种）

系统分类组 Section	种类 Species	染色体数目 Chromosome number
侧膜组 *Coelocentrum*	耳托秋海棠（*B. auritistipula*）	2n=30（Ku，2006）
	桂南秋海棠（*B. austroguangxiensis*）	2n=30（Ku，2006）
	巴马秋海棠（*B. bamaensis*）	2n=30（Ku，2006）
	双花秋海棠（*B. biflora*）	2n=30（Ku，2006）
	卷毛秋海棠（*B. cirrosa*）	2n=30（Ma et al.，2006）
	弯果秋海棠（*B. curvicarpa*）	2n=30（Ku et al.，2004）
	大新秋海棠（*B. daxinensis*）	2n=30（Ku，2006）
	德保秋海棠（*B. debaoensis*）	2n=30（Ku et al.，2006）
	方氏秋海棠（*B. fangii*）	2n=30（Peng et al.，2005）
	丝形秋海棠（*B. filiformis*）	2n=30（Ma et al.，2006）

秋海棠属植物纵览

续表

系统分类组 Section	种类 Species	染色体数目 Chromosome number
侧膜组 *Coelocentrum*	广西秋海棠（*B. guangxiensis*）	2*n*=30（Ku，2006）
	湖润秋海棠（*B. hurunensis*）	2*n*=30（Ku，2006）
	靖西秋海棠（*B. jingxiensis*）	2*n*=30（Ku，2006）
	马山秋海棠（*B. jingxiensis* var. *mashanica*）	2*n*=30（Ku，2006）
	灯果秋海棠（*B. lanternaria*）	2*n*=30（Ku，2006）
	刘演秋海棠（*B. liuyanii*）	2*n*=30（Peng et al.，2005）
	长柱秋海棠（*B. longistyla*）	2*n*=30（Ku，2006）
	罗城秋海棠（*B. luochengensis*）	2*n*=30（Ku et al.，2004）
	鹿寨秋海棠（*B. luzhaiensis*）	2*n*=30（Ku，2006）
	铁甲秋海棠（*B. masoniana*）	2*n*=30（Legro et al.，1969）
	龙州秋海棠（*B. morsei*）	2*n*=30（Ma et al.，2006）
	宁明秋海棠（*B. ningmingensis*）	2*n*=30（Fang et al.，2006）
	丽叶秋海棠（*B. ningmingensis* var. *bella*）	2*n*=30（Fang et al.，2006）
	斜叶秋海棠（*B. obliquefolia*）	2*n*=30（Ma et al.，2006）
	鸟叶秋海棠（*B. ornithophylla*）	2*n*=30（Ku，2006）
	一口血秋海棠（*B. picturata*）	2*n*=30（Liu et al.，2005）
	假大新秋海棠（*B. pseudodaxinensis*）	2*n*=30（Ku et al.，2006）
	假厚叶秋海棠（*B. pseudodryadis*）	2*n*=30（Ku，2006）
	突脉秋海棠（*B. retinervia*）	2*n*=30（Ku，2006）
	半侧膜秋海棠（*B. semiparietalis*）	2*n*=30（Ku et al.，2006）
	刺盾叶秋海棠（*B. setulosopeltata*）	2*n*=30（Ku，2006）
	伞叶秋海棠（*B. umbraculifolia*）	2*n*=30（Ku，2006）
	蛛网脉秋海棠（*B. umbraculifolia* var. *flocculosa*）	2*n*=30（Ku，2006）
单座组 *Reichenheimia*	凤山秋海棠（*B. chingii*）	2*n*=24（Ma et al.，2006）
	独牛秋海棠（*B. henryi*）	2*n*=30（Nakata et al.，2003）
	石生秋海棠（*B. lithophila*）	2*n*=24（Li et al.，2005）
	小叶秋海棠（*B. parvula*）	2*n*=28（Li et al.，2005）
	一点血秋海棠（*B. wilsonii*）	2*n*=24（Ma et al.，2006）
东亚秋海棠组 *Diploclinium*	昌感秋海棠（*B. cavaleriei*）	2*n*=30（Tian et al.，2002）
	角果秋海棠（*B. ceratocarpa*）	2*n*=20（Tian et al.，2002）
	溪头秋海棠（*B. chitoensis*）	2*n*=38（Oginuma et al.，2002）
	出云山秋海棠（*B. chuyunshanensis*）	2*n*=52（Oginuma et al.，2002）
	黄连山秋海棠（*B. coptidi–montana*）	2*n*=22（Ma et al.，2006）
	兰屿秋海棠（*B. fenicis*）	2*n*=26（Oginuma et al.，2002）

386

续表

系统分类组 Section	种类 Species	染色体数目 Chromosome number
东亚秋海棠组 *Diploclinium*	紫背天葵（*B. fimbristipula*）	2n=22（Doorenbos et al., 1998）
	硕苞秋海棠（*B. gigabracteata*）	2n=30（Ma et al., 2006）
	秋海棠（*B. grandis*）	2n=28（Legro et al., 1969）
	圭山秋海棠（*B. guishanensis*）	2n=24（Ma et al., 2006）
	管氏秋海棠（*B. guaniana*）	2n=24（Ma et al., 2006）
	古林箐秋海棠（*B. gulinqingensis*）	2n=19（Ma et al., 2006）
	心叶秋海棠（*B. labordei*）	2n=24（Nakata et al., 2003）
	鹿谷秋海棠（*B. lukuana*）	2n=52（Oginuma et al., 2002）
	大理秋海棠（*B. taliensis*）	2n=24（Li et al., 2005）
	樟木秋海棠（*B. picta*）	2n=22（Legro et al., 1969）
	岩生秋海棠（*B. ravenii*）	2n=36（Peng et al., 1988；Oginuma et al., 2002）
	台湾秋海棠（*B. taiwaniana*）	2n=38（Peng et al., 1991；Oginuma et al., 2002）
	藤枝秋海棠（*B. tengchiana*）	2n=82（Oginuma et al., 2002）
	少瓣秋海棠（*B. wangii*）	2n=30（Ma et al., 2006）
	文山秋海棠（*B. wenshanensis*）	2n=22（Ma et al., 2006）
扁果组 *Platycentrum*	美丽秋海棠（*B. algaia*）	2n=22（Nakata, 2002）
	南台湾秋海棠（*B. austrotaiwanensis*）	2n=36（Peng et al., 1990）
		2n=38（Peng et al., 1990；Oginuma et al., 2002）
	金平秋海棠（*B. baviensis*）	2n=22（Nakata, 2002）
	九九峰秋海棠（*B. bouffordii*）	2n=38（Oginuma et al., 2002）
	花叶秋海棠（*B. cathayana*）	2n=20（Legro et al., 1969；Nakata et al., 2003）
		2n=22（Legro et al., 1969）
	阳春秋海棠（*B. coptidifolia*）	2n=22（Ye et al., 2004）
	瓜叶秋海棠（*B. cucurbitifolia*）	2n=44（Nakata et al., 2003）
	大围山秋海棠（*B. daweishanensis*）	2n=22（Nakata, 2002）
	厚叶秋海棠（*B. dryadis*）	2n=22（Nakata et al., 2003）
	川边秋海棠（*B. duclouxii*）	2n=22（Nakata, 2002）
	食用秋海棠（*B. edulis*）	2n=22（Nakata, 2002）
	水鸭脚秋海棠（*B. formosana*）	2n=60（Oginuma et al., 2002）
	陇川秋海棠（*B. forrestii*）	2n=18（Nakata, 2002）
	掌叶秋海棠（*B. hemsleyana*）	2n=20, 34（Heitz, 1927）
		2n=22（Tian et al., 2002；Nakata et al., 2003）
	撕裂秋海棠（*B. lacerata*）	2n=22（Nakata, 2002）
	圆翅秋海棠（*B. laminariae*）	2n=22（Nakata et al., 2003）
	截叶秋海棠（*B. limprichtii*）	2n=22（Li et al., 2005）

系统分类组 Section	种类 Species	染色体数目 Chromosome number
扁果组 *Platycentrum*	黎平秋海棠（*B. lipingensis*）	$2n=22$（Nakata，2002）
	长翅秋海棠（*B. longialata*）	$2n=22$（Nakata，2002）
	大裂秋海棠（*B. macrotoma*）	$2n=22$（Nakata，2002）
	马关秋海棠（*B. maguanensis*）	$2n=22$（Nakata，2002）
	蔓耗秋海棠（*B. manhaoensis*）	$2n=22$（Ma et al.，2006）
	大叶秋海棠（*B. megalophyllaria*）	$2n=22$（Nakata，2002）
	肾托秋海棠（*B. mengtzeana*）	$2n=14$（Nakata，2002）
	裂叶秋海棠（*B. palmata*）	$2n=22$（Peng et al.，1991；Oginuma et al.，2002）
	裂叶秋海棠（*B. palmata*）	$2n=24$（Nakata et al.，2003）
	掌裂叶秋海棠（*B. pedatifida*）	$2n=22$（Nakata，2002）
	红孩儿秋海棠（*B. palmata* var. *bowringiana*）	$2n=22$（Tian et al.，2002）
	坪林秋海棠（*B. pinglinensis*）	$2n=38$（Oginuma et al.，2002）
	多毛秋海棠（*B. polytricha*）	$2n=20$（Nakata，2002）
	光滑秋海棠（*B. psilophylla*）	$2n=23$（Nakata et al.，2003）
	紫叶秋海棠（*B. purpureofolia*）	$2n=14$（Nakata et al.，2003）
	大王秋海棠（*B. rex*）	$2n=22$（Sharma et al.，1960；Tian et al.，2002）
		$2n=44$（Sharma et al.，1960）
	玉柄秋海棠（*B. rubinea*）	$2n=22$（Li et al.，2005）
	粉叶秋海棠（*B. subhowii*）	$2n=22$（Nakata，2002）
	截叶秋海棠（*B. truncatiloba*）	$2n=22$（Nakata et al.，2003）
	变色秋海棠（*B. versicolor*）	$2n=22$（Legro et al.，1971；Tian et al.，2002）
	雾台秋海棠（*B. wutaiana*）	$2n=52$（Oginuma et al.，2002）
无翅组 *Sphenanthera*	圆果秋海棠（*B. aptera*）	$2n=22$（Oginuma et al.，2002）
	香花秋海棠（*B. handelii*）	$2n=66$（Nakata et al.，2003）
	长叶秋海棠（*B. longifolia*）	$2n=22$（Nakata et al.，2003）
	厚壁秋海棠（*B. silletensis* subsp. *mengyangensis*）	$2n=22$（Nakata et al.，2003）
	四棱秋海棠（*B. tetragona*）	$2n=22$（Nakata et al.，2003）
棒果组 *Leprosae*	癞叶秋海棠（*B. leprosa*）	$2n=30$（Ma et al.，2006）
	柱果秋海棠（*B. cylindrica*）	$2n=30$（Ma et al.，2006）

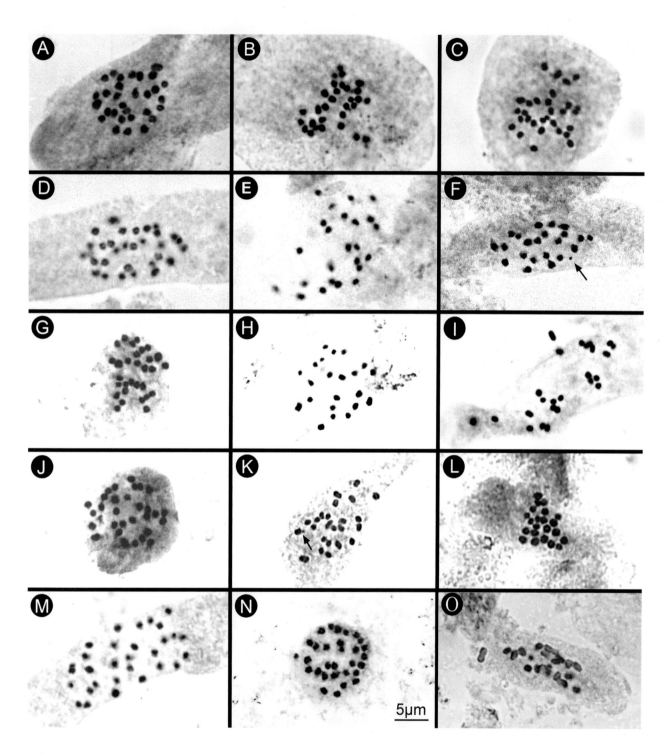

注释：

A：*B. cirrosa*，2n=30；B：*B. filiformis*，2n=30；C：*B. morsei*，2n=30；D：*B. obliquefolia*，2n=30；
E：*B. guishanensis*，2n=24；F：*B. coptidimontana*，2n=22；G：*B. wangii*，2n=30；H：*B. wenshanensis*，
2n=22；I：*B. chingii*，2n=24；J：*B. gigabracteata*，2n=30；K：*B. wilsonii*，2n=24；L：*B. manhaoensis*，
2n=22；M：*B. cylindrica*，2n=30；N：*B. leprosa*，2n=30；O：*B. gulinqingensis*，2n=19。

15种秋海棠属植物孢子体细胞染色体数目和形态

第三节 自主知识产权新品种

　　中国科学院昆明植物研究所于20世纪90年代初成立秋海棠研究课题组，广泛引种栽培秋海棠属植物。自1996年始，秋海棠研究课题组开展了以有性杂交为主导，自然变异选择、物理诱变（航天育种）和化学诱变育种相结合的秋海棠属植物新品种培育。以自然变异选择和有性杂交相结合、侧重于观赏叶片的第一阶段育成品种于2001年通过云南省园艺植物新品种注册。第二阶段有性杂交育成品种，于2003年通过注册。第三阶段以观叶、观花相结合的香花品种于2005年通过鉴定注册。第四阶段的新品种以叶片的形态、斑纹、色彩、刚毛等观赏性，对低温、低湿、略强光照的适应性作为育种目标，从有性杂交F_2和F_1代群体、航天育种M_1代群体中选育出来的新品种于2011年10月31日通过注册登记。第五阶段的新品种培育以叶片的形态、斑纹色彩等观赏性，观叶观花相结合，冬春季开花、注重略低温湿度、略强光照的栽培适应性，以及白粉病的抵抗能力作为选育目标，育成品种于2017年4月26日通过注册登记。迄今已注册登记秋海棠属植物自主知识产权新品种31个，概述如下：

'白云秀'秋海棠
Begonia 'Baiyunxiu'

育成方法及系谱：

　　'白云秀'秋海棠是以掌叶秋海棠作为母本、大王秋海棠作为父本进行人工授粉杂交后，从F_1代群体中选择培育出来的。该品种掌状复叶错落有致、小叶片呈亮丽的银白色，犹如一片片秀丽的白云，因此赋予其'白云秀'秋海棠的品种名。

品种特征：

　　株高25～35 cm，直立茎粗壮，紫褐色密被白色短柔毛；叶片轮廓椭圆形、无毛，长18～20 cm，宽15～18 cm，掌状深裂至掌状复叶；掌状小叶5～6片、小叶片长圆状披针形或宽卵状披针形，叶片背面深紫红色，正面幼时紫红色，逐渐生长后呈鲜艳的银白色；花被片深桃红色，花朵直径5～5.2 cm；花期9—10月，果期11—12月。

繁殖方式：茎、叶均可扦插，以叶片扦插为主。

培育者：管开云、李景秀、李爱荣

注册登记时间：2011年10月31日

注册登记号：20110031

'苁茎'秋海棠
Begonia 'Bushy'

育成方法及系谱:

'苁茎'秋海棠是以角果秋海棠作为母本、红毛香花秋海棠作为父本进行人工授粉杂交，从 F_1 代群体中选育出来的。由于此品种茎叶茂盛、茎的分枝数特别多，因此取'苁茎'为其品种名。

品种特征:

株高30～45 cm，雌雄异株，直立茎分枝极多；叶片轮廓长圆状披针形至卵状披针形，长15～20 cm，宽5～9 cm，先端渐尖或尾尖，上面深绿色，散生短硬毛，下面浅绿色，无毛；花被片桃红色、具香味，花朵直径3.2～4.5 cm；花期4—5月，果期7—8月。

繁殖方式: 茎、叶均可扦插，以叶片扦插为主。

培育者: 管开云、李景秀、李宏哲、鲁元学

注册登记时间: 2005年5月24日

注册登记号: 20050001

'灿绿' 秋海棠
Begonia 'Canlü'

育成方法及系谱:

　　'灿绿' 秋海棠是以 '白王' 秋海棠作为母本、'光灿' 秋海棠作为父本进行人工授粉杂交后，从 F_1 代群体中选择培育出来的。由于叶片中心沿掌状脉呈褐绿色，形状酷似掌状深裂小叶片，叶片边缘1~2 cm呈翠绿色，叶片中央镶嵌鲜艳的银绿色环形斑纹，同一个叶片内三种不同的绿色交相辉映尤为灿烂，故名 '灿绿' 秋海棠。

品种特征:

　　株高25~30 cm，根状茎匍匐、粗壮，无直立地上茎；叶片轮廓长卵形，长18~21 cm，宽10~13 cm，先端尾尖，叶片正面中心沿掌状脉呈褐绿色，形状酷似掌状深裂小叶片，叶片边缘1~2 cm呈翠绿色，中央镶嵌鲜艳的银绿色环形斑纹，背面鲜紫红色、淡绿色相间；花被片浅粉红色，花朵直径4.3~5 cm；花期7—8月，果期10—11月。

繁殖方式: 叶片扦插繁殖。

培育者: 管开云、李景秀、李爱荣

注册登记时间: 2011年10月31日

注册登记号: 20110028

'大白'秋海棠

Begonia 'Dabai'

育成方法及系谱:

　　'大白'秋海棠是以大围山秋海棠作为母本、'白王'秋海棠作为父本进行人工授粉杂交后，从F_1代群体中选择培育出来的。该品种叶面被一圈银白色或略带紫红色斑纹，花被片桃红色，既可观花又可观叶。为反映其来源系谱，各取其父、母本中文名开头汉字作为品种名。

品种特征:

　　株高25～50 cm，根状茎匍匐、粗壮，无直立地上茎；叶片轮廓偏卵形，长13～33 cm，宽9～21 cm，先端急尖，叶面暗绿色，散生疏硬毛，嵌一圈银白色或略带紫红色斑纹，背面紫红色；花被片桃红色，花朵直径3.5～5.5 cm；花期10—11月，果期翌年1—2月。

繁殖方式： 叶片扦插繁殖。

培育者： 管开云、田代科、李景秀、郭瑞贤、李志坚、向建英

注册登记时间： 2003年1月15日

注册登记号： 20030003

'大裂'秋海棠
Begonia 'Dalie'

育成方法及系谱:

　　'大裂'秋海棠是以刺毛红孩儿秋海棠作为母本、'白王'秋海棠作为父本进行人工授粉杂交，从F₁代群体中选育出来的。由于'白王'秋海棠是大王秋海棠的自然变异类型，刺毛红孩儿秋海棠的原变种中文名叫'裂叶'秋海棠，因此各取其父、母本的原变种和原种中文名的开头汉字组合构成品种名。

品种特征:

　　株高35~45 cm，根状茎匍匐，具直立地上茎；叶片轮廓偏圆形，长15~18 cm，宽12~15 cm，先端渐尖，掌状浅裂，上面褐绿色，被短硬毛，中央嵌一圈银绿色间断环状斑纹，下面紫红色，密被短柔毛；花被片白色，花朵直径2.6~3.5 cm；花期7—8月，果期10—11月。

繁殖方式： 茎、叶均可扦插，以叶片扦插为主。

培育者： 管开云、李景秀、李宏哲、鲁元学

注册登记时间： 2005年5月24日

注册登记号： 20050002

'香皇后'秋海棠
Begonia 'Fragrant Queen'

育成方法及系谱:

'香皇后'秋海棠是以厚壁秋海棠作为母本、大香秋海棠作为父本进行人工授粉杂交,从F_1代群体中选育出来的。由于雌株的花被片粉红色、花朵大,而且具有香味,因此以'香皇后'作为其品种名。

品种特征:

株高40~55 cm,雌雄异株,根状茎粗壮、匍匐,无直立地上茎;叶片轮廓宽卵形,长15~22 cm,宽12~19 cm,先端尾尖,上面深绿色,下面淡绿色,密被褐色柔毛;花被片粉红色,雄花直径4~4.5 cm,雌花直径7~8.5 cm;花期2—4月,果期5—7月。

繁殖方式: 叶片扦插繁殖。

培育者: 管开云、李景秀、李宏哲、鲁元学

注册登记时间: 2005年5月24日

注册登记号: 20050003

'桂云'秋海棠

Begonia 'Guiyun'

育成方法及系谱：

　　'桂云'秋海棠是以卷毛秋海棠作为母本、广西秋海棠作为父本进行人工授粉杂交，从获得的F₁代群体中选择培育而成。母本原产广西和云南，父本原产广西，育成品种既有母本开花数多的特征，又保持父本叶片大型被长柔毛的观赏性状，故取广西的简称"桂"与云南的首字"云"命名'桂云'秋海棠。

品种特征：

　　株高25～30 cm，根状茎匍匐、粗壮；叶片轮廓宽卵形，长25～30 cm，宽18～22 cm，叶片褐绿色，两面均被白色至浅紫色卷曲毛，叶片几近全缘；花被片桃红色，4回二歧聚伞花序，花20～40朵，单株开花数极多，花朵直径3～5 cm；花期12月至翌年3月，果期4—6月。

繁殖方式：叶片扦插繁殖。

培育者：李景秀、李爱荣、管开云、崔卫华、隋晓琳、薛瑞娟

注册登记时间：2017年4月26日

注册登记号：20170009

'厚王叶'秋海棠

Begonia 'Houwangye'

育成方法及系谱：

　　'厚王叶'秋海棠是以厚叶秋海棠作为母本、'白王'秋海棠作为父本进行人工授粉杂交，从F₁代群体中选育出来的。该品种叶片大型、质地较厚，嵌一圈银绿色环状斑纹，表现出父、母本的优良性状，结合父、母本的中文种名，命名'厚王叶'秋海棠。

品种特征：

　　株高25～50 cm，根状茎粗壮、匍匐，无直立地上茎；叶片轮廓偏卵形，长18～38 cm，宽12～27 cm，叶面褐绿色，中央镶嵌一圈银绿色的环状斑纹；花被片粉红色至浅粉红色，花朵直径4～6.7 cm；花期9—10月，果期12月至翌年1月。

繁殖方式： 叶片扦插繁殖。

培育者： 管开云、田代科、李景秀、郭瑞贤、李志坚、向建英

注册登记时间： 2003年1月15日

注册登记号： 20030006

'健翅'秋海棠
Begonia 'Jianchi'

育成方法及系谱：

　　'健翅'秋海棠是以掌叶秋海棠作为母本、长翅秋海棠作为父本进行人工授粉杂交，从获得的F₁代群体中选择培育而成。母本栽培适应性较强，父本不易感染白粉病。育成品种花被片深桃红色，叶片掌状二重深裂，具有较强的栽培适应性，生长健壮，不易感病，故取其父本中文名特征字"翅"命名'健翅'秋海棠。

品种特征：

　　株高25～45 cm，根状茎匍匐，有时略斜升；叶片轮廓扁圆形，长11～14 cm，宽12～19 cm，叶片光滑无毛，有时被银白色点状斑纹，正面绿色，背面紫褐色，叶柄褐绿色具不明显紫红色条纹；花被片深桃红色，花朵直径3.2～5 cm；花期8—10月，果期11月至翌年3月。

繁殖方式：叶片扦插繁殖。

培育者：李景秀、李爱荣、管开云、崔卫华、隋晓琳、薛瑞娟

注册登记时间：2017年4月26日

注册登记号：20170011

'健绿'秋海棠

Begonia 'Jianlü'

育成方法及系谱:

　　'健绿'秋海棠是以厚叶秋海棠作为母本、掌叶秋海棠作为父本进行人工授粉杂交,从F₁代群体中选育出来的。该品种具有粗壮的直立茎,生长健壮,叶片翠绿,故命名'健绿'秋海棠。

品种特征:

　　株高30~70 cm,直立茎粗壮,紫褐色;叶片轮廓卵圆形,长16~32 cm,宽15~30 cm,先端尾尖,掌状浅裂,深绿色;花被片粉红色,花朵直径4~4.8 cm;花期9—10月,果期12月至翌年1月。

繁殖方式: 茎、叶均可扦插,以叶片扦插为主。

培育者: 管开云、田代科、李景秀、郭瑞贤、李志坚、向建英

注册登记时间: 2003年1月15日

注册登记号: 20030005

'开云'秋海棠

Begonia 'Kaiyun'

育成方法及系谱：

　　'开云'秋海棠是以'银珠'秋海棠作为母本、歪叶秋海棠作为父本进行人工授粉杂交后，从F_1代群体中选择培育出来的。由于植株叶片幼时紫红色里透出银白色，随叶片逐渐生长紫红色渐渐减弱，叶片的整体颜色呈银白色略透紫红色，且叶片沿主脉和侧脉呈线条状绿色外，其余均为银白色斑纹，犹如淡淡的霓虹晕开皎洁的白云，故名'开云'秋海棠。

品种特征：

　　株高20～25 cm，植株被柔毛，根状茎匍匐、粗壮，地上茎不明显；叶片轮廓卵圆形至宽卵形、波状浅裂，长12～13 cm，宽10～12 cm，先端尾尖。叶片正面幼时紫红色被银白色斑纹、密被白色长柔毛，随叶片的生长紫红色渐渐减弱、叶面整体呈银白色斑纹略透紫红色、被较疏的短硬毛，沿主脉和各级侧脉呈线条状绿色，叶片背面幼时紫褐色、成熟叶背面呈褐绿色；花被片桃红色，雄花直径2.5～3.5 cm；花期7—8月，果期10—11月。

繁殖方式：叶片扦插繁殖。

培育者：管开云、李景秀、李爱荣

注册登记时间：2011年10月31日

注册登记号：20110027

'康儿' 秋海棠

Begonia 'Kang-er'

育成方法及系谱：

　　'康儿' 秋海棠是以 '白王' 秋海棠作为母本、长翅秋海棠作为父本进行人工授粉杂交后，从 F_1 代群体中选择培育出来的。由于此品种生长十分旺盛，具有较强的抗白粉病能力，故命名 '康儿' 秋海棠。

品种特征：

　　株高30～55 cm，根状茎匍匐、粗壮，无明显直立地上茎；叶片轮廓斜卵形，长25～45 cm，宽23～30 cm，掌状浅裂，叶面深绿色，沿掌状裂片被一圈银绿色环形斑纹；花被片浅粉红色至白色，花朵直径4～6.5 cm；花期8—10月，果期11—12月。

繁殖方式： 叶片扦插繁殖。

培育者： 管开云、田代科、李景秀

注册登记时间： 2001年7月2日

注册登记号： 20010003

'裂异'秋海棠

Begonia 'Lieyi'

育成方法及系谱：

　　'裂异'秋海棠是以大王秋海棠作为母本、长翅秋海棠作为父本进行人工授粉杂交后，从F₁代群体中选择培育出来的。由于该品种叶片掌状浅裂，有的二重裂，裂片深浅不一，故命名'裂异'秋海棠。

品种特征：

　　株高25～50 cm，根状茎匍匐、粗壮，无地上直立茎；叶片轮廓卵圆形，长11～30 cm，宽9～22 cm，掌状浅裂，有的二重裂，叶面褐绿色，有时被极浅的银绿色斑纹，叶背面紫红色；花被片粉红色，花朵直径3.2～4.6 cm；花期8—10月，果期11—12月。

繁殖方式： 叶片扦插繁殖。

培育者： 管开云、田代科、李景秀、郭瑞贤、李志坚、向建英

注册登记时间： 2003年1月15日

注册登记号： 20030001

'黎红毛'秋海棠

Begonia 'Lihongmao'

育成方法及系谱：

　　'黎红毛'秋海棠是以黎平秋海棠的种子作为试验材料，通过"神舟六号"载人飞船搭载登空，进行与地面自然条件不同的超真空、超洁净、超变电、强辐射、强磁场、微重力等太空物理诱变后，从诱变M$_1$代中选育出来的。由于叶面整体被长长的紫红色刚毛，并与紫褐色的叶片色彩协调一致，故取原种中文名开头汉字"黎"加"红毛"构成品种名。

品种特征：

　　株高13~18 cm，被红色长毛，根状茎匍匐；叶片轮廓宽卵形，宽和长几相等，长7~7.5 cm，宽6.5~7 cm，先端渐尖，叶片紫褐色，上面被紫红色刚毛，刚毛长0.5~0.7 cm；花被片玫红色、数多，花朵直径2.8~3.5 cm；花期6月底至7月末，果期8—10月。

繁殖方式： 叶片扦插繁殖。

培育者： 管开云、李景秀、李爱荣

注册登记时间： 2011年10月31日

注册登记号： 20110026

'芳菲'秋海棠

Begonia 'Luxuriant'

育成方法及系谱：

　　'芳菲'秋海棠是以厚壁秋海棠作为母本、厚叶秋海棠作为父本进行人工授粉杂交，从F_1代群体中选育出来的。由于雌、雄花均能散发出浓浓的香味、叶色翠绿、株型紧凑美丽，因此赋予'芳菲'的品种名，意为花草美丽而有香味。

品种特征：

　　株高30～40 cm，雌雄异株，根状茎匍匐、粗壮，无地上茎；叶片轮廓卵形或宽卵形，长12～20 cm，宽11～20 cm，先端渐尖或尾状渐尖，厚革质，浓绿色具光泽，幼时散生短毛，老时变近无毛；花大，花被片粉红色，雌、雄花皆具香味，花朵直径6.7～9.7 cm；花期3—4月，果期4—8月。

繁殖方式：叶片扦插繁殖。

培育者：管开云、李景秀、李宏哲、鲁元学

注册登记时间：2005年5月24日

注册登记号：20050004

'昂'秋海棠

Begonia 'Mao'

育成方法及系谱：

　　'昂'秋海棠是'银珠'秋海棠作为母本、'白王'秋海棠作为父本进行人工授粉杂交后，从F_1代群体中选择培育出来的。由于植株叶片密集，褐绿色，成簇密布银白色的圆形斑点，犹如夜空中的群星荟萃，故名'昂'秋海棠。

品种特征：

　　株高35～40 cm，根状茎匍匐、粗壮，无地上直立茎；叶柄极长，约30～35 cm，紫红色或褐绿色，叶片轮廓卵形或宽卵形，长14～17 cm，宽14～15 cm，掌状7裂，叶片正面幼时紫褐色、成熟叶片为褐绿色，成簇密布白色的圆形斑点，背面紫红色；花被片桃红色，花朵直径2.3～2.8 cm；花期7—8月，果期10—11月。

繁殖方式：叶片扦插繁殖。

培育者：管开云、李景秀、李爱荣

注册登记时间：2011年10月31日

注册登记号：20110030

'美女'秋海棠

Begonia 'Meinü'

育成方法及系谱：

'美女'秋海棠是以掌叶秋海棠作为母本、愉悦秋海棠作为父本进行人工授粉杂交后，从F₁代群体中选择培育出来的。因该品种地上茎修长纤细，叶片浅裂，密被白色斑点，较为美丽，故名'美女'秋海棠。

品种特征：

株高35～60 cm，地上茎纤细、红褐色，呈丛生长；叶片轮廓斜卵形，长12～20 cm、宽8～18 cm，叶面深绿色，密被白色斑点；花被片浅粉红色，花朵直径2.5～3 cm；花期9—10月，果期11—12月。

繁殖方式： 茎、叶均可扦插，以叶片扦插为主。

培育者： 管开云、田代科、李景秀、郭瑞贤、李志坚、向建英

注册登记时间： 2003年1月15日

注册登记号： 20030004

'植物鸟'秋海棠

Begonia 'Plant Bird'

育成方法及系谱:

　　'植物鸟'秋海棠是以'白王'秋海棠作为母本、掌叶秋海棠作为父本进行人工授粉杂交后,从F_1代群体中选择培育出来的。因其叶片掌状浅裂、斜立,形同一只只展翅的飞鸟,故名'植物鸟'秋海棠。

品种特征:

　　株高25~55 cm,无明显的直立地上茎,根状茎较短;叶片轮廓阔卵圆形,长18~25 cm,宽15~22 cm,叶面绿色,掌状浅裂,沿掌状裂片被一圈银绿色环状斑纹;花被片粉红色,花朵直径3.5~4.8 cm;花期7—8月,果期10—11月。

繁殖方式: 叶片扦插繁殖。

培育者: 管开云、田代科、李景秀

注册登记时间: 2001年7月2日

注册登记号: 20010002

'紫叶'秋海棠
Begonia 'Purple Leaf'

育成方法及系谱：

　　'紫叶'秋海棠是以刺毛红孩儿秋海棠作为母本、变色秋海棠作为父本进行人工授粉杂交，从F_1代群体中选育出来的。由于叶片密被紫褐色短柔毛，整体呈紫红色，因此命名'紫叶'秋海棠。

品种特征：

　　株高25～40 cm，具直立地上茎，被褐色交织棉状茸毛，根状茎匍匐、粗壮；叶片轮廓卵圆形，长18～23 cm，宽13～17 cm，先端尾尖，掌状浅裂，上面紫红色透环状间断暗绿色斑纹，密被紫褐色短柔毛，下面呈深紫色，密被紫褐色长柔毛；花被片桃红色，花被片中央颜色较深，花朵直径5.6～6 cm；花期7—8月，果期9—10月。

繁殖方式： 茎、叶均可扦插，以叶片扦插为主。

培育者： 管开云、李景秀、李宏哲、鲁元学

注册登记时间： 2005年5月24日

注册登记号： 20050006

'紫柄'秋海棠

Begonia 'Purple Petiole'

育成方法及系谱：

　　'紫柄'秋海棠是以厚壁秋海棠作为母本、变色秋海棠作为父本进行人工授粉杂交，从F_1代群体中选育出来的。由于叶柄和花梗、幼叶均密被紫红色长柔毛而命名'紫柄'秋海棠。

品种特征：

　　株高35～50 cm，雌雄异株，无直立茎，根状茎粗壮、匍匐；叶均基生，具长柄，密被紫红色长柔毛，叶片轮廓卵圆形，长20～25 cm，宽12～16 cm，先端尾尖，叶片上面深绿色，幼时密被紫红色长柔毛，成叶散生短毛，下面浅绿色，被紫褐色短柔毛；花被片粉红色，花朵直径5～6 cm；花期5—6月，果期9—10月。

繁殖方式：叶片扦插繁殖。

培育者：管开云、李景秀、李宏哲、鲁元学

注册登记时间：2005年5月24日

注册登记号：20050007

'三裂'秋海棠

Begonia 'Sanlie'

育成方法及系谱：

　　'三裂'秋海棠是以卷毛秋海棠作为母本、方氏秋海棠作为父本进行人工授粉杂交，从获得的F₁代群体中选择培育而成。母本叶片轮廓卵圆形，父本掌状复叶，小叶片卵状披针形。育成品种具有父、母本的优良性状，花桃红色、数多，叶片褐绿色，掌状3~4浅裂，独具可观赏性，故名'三裂'秋海棠。

品种特征：

　　株高20~30 cm，根状茎匍匐、粗壮；叶片轮廓扁圆形，掌状3~4浅裂或深裂，长8~12 cm，宽10~16 cm，叶片正面褐绿色，背面紫褐色，疏被粗短毛，叶柄紫褐色，密被长柔毛；花被片桃红色，二歧聚伞花序，花10~20朵，单株开花数极多，花朵直径2~3.5 cm；花期1—4月，果期5—7月。

繁殖方式：叶片扦插繁殖。

培育者：李景秀、李爱荣、管开云、崔卫华、隋晓琳、薛瑞娟

注册登记时间：2017年4月26日

注册登记号：20170010

'厚角'秋海棠

Begonia 'Sillegona'

育成方法及系谱:

'厚角'秋海棠是以角果秋海棠作为母本、厚壁秋海棠作为父本进行人工授粉杂交,从F₁代群体中选育出来的。各取父、母本中文名的开头汉字,以及父、母本拉丁名种加词的部分音节组合构成品种名。

品种特征:

株高35~60 cm,雌雄异株,根状茎不明显,地上茎粗壮、直立,分枝多;叶片轮廓长圆状披针形至卵状披针形,长15~20 cm,宽8~10 cm,先端尾尖,上面绿色、散生短硬毛,下面淡绿色、沿叶脉有疏短柔毛;花被片白色至浅粉红色,多数,具香味,雄花直径3.5~4 cm,雌花直径8~9.2 cm;花期3—5月,果期6—8月。

繁殖方式: 茎、叶均可扦插,以叶片扦插为主。

培育者: 管开云、李景秀、李宏哲、鲁元学

注册登记时间: 2005年5月24日

注册登记号: 20050005

'银珠'秋海棠

Begonia 'Silvery Pearl'

育成方法及系谱：

  '银珠'秋海棠是从原变种掌叶秋海棠中选育出的自然变异类型，野外比较常见，产自云南南部、西南部和东南部。与掌叶秋海棠的主要区别在于新品种的掌状小叶片被珍珠状银白色斑点，故名'银珠'秋海棠。

品种特征：

  株高35～55 cm，根状茎不明显，具直立地上茎，分枝较多；叶片轮廓卵圆形，掌状复叶，小叶片披针形，5～7片，长6～11 cm，宽1.5～2.5 cm，小叶片正面褐绿色被银白色斑点，背面深绿色疏被柔毛；花被片桃红色，花朵直径2.5～3.5 cm；花期8—9月，果期10—12月。

繁殖方式： 茎、叶均可扦插，以叶片扦插为主。

培育者： 管开云、田代科、李景秀

注册登记时间： 2001年7月2日

注册登记号： 20010006

'热带女'秋海棠

Begonia 'Tropical Girl'

育成方法及系谱：

    '热带女'秋海棠是从原种铺地秋海棠中选育出的自然变异类型，野外自然分布数量较少，产自云南南部和西南部。新品种区别于原种的主要特征是叶面被银白色斑纹，因其自然变异类型采自云南南部热带雨林，故名'热带女'秋海棠。

品种特征：

    株高25～40 cm，雌雄异株，直立茎短或不明显，具匍匐的根状茎；叶片轮廓宽卵形，长10～14 cm，宽9～12 cm，先端锐尖，叶片正面暗绿色被银白色斑纹，背面淡绿色；花被片粉红色至浅桃红色，花朵直径2.5～4.5 cm；花期4—5月，果期7—8月。

繁殖方式：叶片扦插繁殖。

培育者：管开云、田代科、李景秀

注册登记时间：2001年7月2日

注册登记号：20010007

'变掌' 秋海棠

Begonia 'Versihems'

育成方法及系谱：

　　'变掌' 秋海棠是以变色秋海棠作为母本、掌叶秋海棠作为父本进行人工授粉杂交，从F₁代群体中选育出来的。各取父、母本中文名的开头汉字，以及父、母本拉丁名种加词的部分音节组合构成品种名。

品种特征：

　　株高25～35 cm，直立茎短或不明显，具匍匐的根状茎；叶片轮廓斜卵形，长10～15 cm，宽7～12 cm，叶片正面绿色疏被短硬毛，具银白色斑纹，背面略带紫红色；花被片白色至浅粉红色；花朵直径2～4.5 cm；花期6—7月，果期9—10月。

繁殖方式：叶片扦插繁殖。

培育者： 管开云、田代科、李景秀、郭瑞贤、李志坚、向建英

注册登记时间： 2003年1月15日

注册登记号： 20030002

'白王'秋海棠
Begonia 'White King'

育成方法及系谱:

　　'白王'秋海棠是从产自云南东南部的原种大王秋海棠中选育出的自然变异类型,大王秋海棠的自然分布较广泛,东南亚、印度、喜马拉雅山区以及中国的广西、贵州和云南的南部、东南部均有分布。新品种区别于原种的主要特征在于叶面褐绿色,花被片白色至浅粉红色。由于新品种叶片大型,叶面嵌一圈银绿色的环状斑纹,具有很高的观赏价值,因此赋予其'白王'秋海棠的品种名。

品种特征:

　　株高25～45 cm,无地上直立茎,根状茎匍匐;叶片大型、轮廓宽卵形,长20～35 cm,宽13～20 cm,叶片正面褐绿色,疏生长硬毛,中央镶嵌一圈银绿色的环状斑纹,背面紫红色,沿脉疏被长柔毛。花被片白色至浅粉红色,花朵直径4.1～5.6 cm;花期7—8月,果期10—11月。

繁殖方式: 叶片扦插繁殖。

培育者: 管开云、田代科、李景秀

注册登记时间: 2001年7月2日

注册登记号: 20010005

'白雪'秋海棠

Begonia 'White Snow'

育成方法及系谱：

　　'白雪'秋海棠是从变色秋海棠和掌叶秋海棠的野外自然杂交后代中选育出来的，亲本及其子代均分布于云南省红河哈尼族彝族自治州屏边苗族自治县大围山自然保护区，亲本自然分布数量较多、常见，子代数量稀少。新品种叶片呈亮丽的银白色，故名'白雪'秋海棠。

品种特征：

　　株高15～25 cm，无直立地上茎或地上茎不明显，根状茎匍匐；叶片轮廓斜卵形至卵圆形，长8～12 cm，宽6～10 cm，掌状浅裂，叶片沿脉深绿色，叶面整体呈鲜艳的银白色，被短糙毛；花被片粉红色至浅桃红色，花朵直径3.5～4 cm；花期6—8月，果期9—10月。

繁殖方式：叶片扦插繁殖。

培育者： 管开云、田代科、李景秀

注册登记时间： 2001年7月2日

注册登记号： 20010004

'星光'秋海棠

Begonia 'Xingguang'

育成方法及系谱：

　　'星光'秋海棠是以'银珠'秋海棠作为母本、光滑秋海棠作为父本进行人工授粉杂交后，从F_1代群体中选择培育出来的。由于新品种叶片翠绿、光滑无毛，掌状脉间镶嵌着银白色的条纹或线条状连续性斑点，并沿掌状脉与叶脉平行呈放射状排列，犹如星光四射，因此命名为'星光'秋海棠。

品种特征：

　　株高25～30 cm，植株光滑无毛，茎紫褐色，直立地上茎较短或不明显，根状茎匍匐、块状；叶片轮廓心形或宽卵状心形，长10～12 cm，宽8～9 cm，先端尾尖，叶片正面翠绿色，掌状脉间具有银白色的斑纹或线条状连续性斑点，背面浅紫红色；花被片深桃红色，花朵直径3.2～4 cm；花期7—8月，果期10—11月。

繁殖方式： 叶片扦插繁殖。

培育者： 管开云、李景秀、李爱荣

注册登记时间： 2011年10月31日

注册登记号： 20110029

'银娇'秋海棠

Begonia 'Yinjiao'

育成方法及系谱：

　　'银娇'秋海棠是以厚叶秋海棠作为母本、'白王'秋海棠作为父本进行人工授粉杂交，获得的F₁代植株自交后从F₂代群体中选育出来的。由于新品种叶片质地较厚、呈鲜艳的银绿色，娇美可爱，故赋予其'银娇'的品种名。

品种特征：

　　株高25～35 cm，根状茎匍匐、粗壮，无明显地上茎；叶片轮廓长卵状椭圆形，长20～22 cm，宽15～18 cm，先端尾尖，叶片整体呈银绿色，沿脉深绿色；花被片桃红色，花朵直径3～4 cm；花期11—12月，果期12月至翌年2月。

繁殖方式： 叶片扦插繁殖。

培育者： 管开云、李景秀、李爱荣

注册登记时间： 2011年10月31日

注册登记号： 20110032

'银靓'秋海棠

Begonia 'Yinliang'

育成方法及系谱:

　　'银靓'秋海棠是以大王秋海棠作为母本、掌叶秋海棠作为父本进行人工授粉杂交,获得的F_1代植株自交后从F_2代群体中选育出来的。植株叶片掌状复叶,小叶片呈亮丽的银白色,故命名'银靓'秋海棠。

品种特征:

　　株高25~35 cm,直立茎粗壮,密被白色长柔毛;叶片轮廓卵圆形,长16~18 cm,宽15~17 cm,掌状深裂或掌状复叶,小叶片5~8片,长卵形、褐绿色,被鲜艳的银白色斑纹,叶片正面近无毛,背面散生疏短毛;花被片桃红色,花朵直径2.5~5 cm;花期9—10月,果期11—12月。

繁殖方式:茎、叶均可扦插,以叶片扦插为主。

培育者:李景秀、李爱荣、管开云、崔卫华、隋晓琳、薛瑞娟

注册登记时间:2017年4月26日

注册登记号:20170012

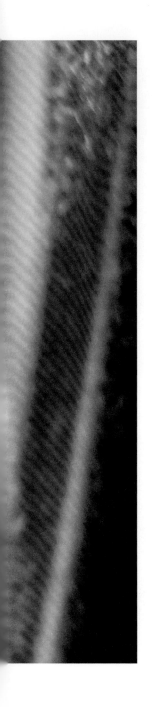

'中大'秋海棠

Begonia 'Zhongda'

育成方法及系谱：

　　'中大'秋海棠是以花叶秋海棠植株作为母本、大王秋海棠作为父本进行人工授粉杂交后从F₁代群体中选育出来的。由于人工杂交育种时期，母本花叶秋海棠曾用名'中华'秋海棠，故取其亲本中文名的开头汉字及汉语拼音构成品种名。

品种特征：

　　株高30～50 cm，根状茎短、匍匐，地上茎直立、较短，密被紫红色长柔毛；叶片轮廓长斜卵形，长15～20 cm，宽8～12 cm，先端长渐尖，叶片被短柔毛，正面褐绿色镶嵌一圈银白色的间断环状斑纹，背面紫红色；花被片浅桃红色，花朵直径2.3～4.8 cm；花期7—8月，果期10—11月。

繁殖方式：茎、叶均可扦插，以叶片扦插为主。

培育者：管开云、田代科、李景秀、郭瑞贤、李志坚、向建英

注册登记时间：2003年1月15日

注册登记号：20030007

主要参考资料

[1] American Begonia Society. The Begonian. 1934—2012.

[2] Bo Ding, Koh Nakamura, Yoshiko Kono et al., 2014. *Begonia jinyunensis* (Begoniaceae , section Platycentrum), a new palmately compound leaved species from Chongqing, China. Botanical Studies, 55： 62.

[3] Cassells AC, Morrish FM. Growth measurements of Begonia rex Putz. Plants egenerated form leaf cuttings and in vitro from leaf petiole axenic leaves, recycledaxenic leaves and calls[J]. Scientia Horticulture,1985,27:113~121.

[4] Ching~I PENG, Wai~Chao LEONG, Shin~Ming KU et al., 2006. *Begonia pulvinifera* (sect. Diplo.clinium, Begoniaceae), a new species from limestone areas in Guangxi, China. Botanical Studies, 47： 319~327.

[5] Eric Catterall, 1991. Begonias: The Complete Guide[M]. Great Britain: The Crowood Press.

[6] Fang D., Ku S.M., Wei Y.G. et al., 2006. Three new taxa of *Begonia* (sect. Coelocentrum, Begoniaceae) from limestone areas in Guangxi, China. Botanical Studies, 47： 97~110.

[7] Fang D., Wei Y. G. et al., 2004. Four new species of *Begonia* L. (Begoniaceae) from Guangxi, China. Acta Phytotaxonomica Sinica, 42 (2)： 170~179.

[8] iBegonias. http://www.filemakerstudio.com.au/~ibegonias/index.php.

[9] Jack Golding and Dieter C. Wasshausen, 2002. Begoniaceae, Edition 2: Part I :Annotated Species List Part II : Illustrated Key, Abridgment and Supplement. Washington, DC: SMITHSONIAN INSTITUTION, 43: 1~289.

[10] Japan Begonia Society. Encyclopedia of *Begonia*. Tokyo : Seibundo~Shinkosya, 2003. 177~179.

[11] Japan Begonia Society. *Begonia*. Tokyo : Seibundo~Shinkosya, 1980. 104~105.

[12] Ku S.m., 2006. Systematics of *Begonia* sect. Coelocentrum (Begoniaceae) of China.master Thesis, 155 ~306.

[13] Ku S.M., Peng C.~I, Liu Y., 2005. Notes on *Begonia* (sect. *Coelocentrum*, Begoniaceae) from Guangxi, China, with the report of two new species. Botanical Bulletin of Academia Sinica, 45: 353~367.

[14] Li H. Z.,ma H. et al., 2005. *Begonia rubinea* (sect. Platycentrum, Begoniaceae), a new species from Guizhou, China. Botanical Bulletin of Academia Sinica, 46： 377~383.

[15] Liu Y., Ku S.M., Peng C.~I., 2005. *Begonia picturata* (sect. *Coelocentrum*, Begoniaceae), a new species from limestone areas in Guangxi, China. Botanical Bulletin of Academia Sinica, 46: 367~376.

[16] Lyman B. Smith, Dieter C. Wasshausen, Jack Golding, and Carrie E. Karegeannes, 1986. Begoniaceae, Part I Illustrated Key, Part II Annotated Species List[M]. Washington, DC: SMITHSONIAN INSTITUTION PRESS.

[17] Ma H., Li H. Z. et al., 2006. *Begonia guaniana* (Begoniaceae), a new species from China. Annales Botanici Fennicl, 43： 466~470.

[18] Mark C. Tebbitt, 2005. Begonias: cultivation, identification, and natural history[M]. U.S.A: Timber Press, Inc.

[19] Masashi Nakata, Kaiyun Guan, Jingxiu Li, Yuanxue Lu and Hongzhe Li. 2007. Cytotaxonomy of *Begonia*. rubropunctata and *B. purpureofolia* (Begoniaceae). Botanical Journal of the Linnean Society, 155: 513~517.

[20] Masashi Nakata, Kaiyun Guan, Toshinari Godo, Yuanxue lu and Jingxiu Li.2003.Cytological Studies on Chinese Begonia (Begoniaceae) I . in Yunnan,富山县中央植物园研究报告，8:1~16.

[21] Peng C.-I, Ku S.M.et al., 2005. *Begonia liuyanii* (sect. *Coelocentrum*, Begoniaceae), a new species from limestone areas in Guangxi, China. Botanical Bulletin of Academia Sinica, 46:245~254.

[22] Peng C.-I, Leong W.C. and Ku S. M. et al., 2006. *Begonia pulvinifera* (Sect. Diploclinium, Begoniaceae), a new species from limestone areas in Guangxi, China. Botanical Studies, 47:319~327.

[23] Peng C.-I, Leong W.C. and Shui Y.M., 2006. Novelties in *Begonia* sect. *Platycentrum* for China: *B. crocea*, sp. nov. and B. xanthina Hook., a new distributional record. Botanical Studies, 47:89~96.

[24] Peng C.~I, Shui Y.M., Liu Y. et al., 2005. *Begonia fangii* (sect. *Coelocentrum*, Begoniaceae), a new species from limestone areas in Guangxi, China. Botanical Bulletin of Academia Sinica, 46:83~89.

[25] Shui Y.m., Chen W. H., 2005. New Date of Sect. *Coelocentrum* (Begonia) in Begoniaceae. Acta Botanica Yunnanica, 27 (4):355~374.

[26] Xing F.W., Wang F.G. et al., 2005. *Begonia hongkongensis* (Begoniaceae), a new species from Hong Kong. Annales Botanici Fennici, 42:151~154.

[27] Ye H.G., Wang F. G. et al., 2004. *Begonia coptidifolia* (Begoniaceae), a new species from China. Botanical Bulletin of Academia Sinica 45:259~266.

[28] 曹仪植. 宋占午. 1998 . 植物生理学[M]. 兰州：兰州大学出版社.

[29] 陈超. 石洪凌. 李小六. 2004. 丽格秋海棠的组织培养与快速繁殖[J]. 唐山师范学院学报，26（2）：64~65.

[30] 陈刚. 梁晶龙. 陈雄伟等. 2009. 裂叶秋海棠组织培养及植株再生研究[J]. 北方园艺，（6）：92~94.

[31] 陈贤. 龚元圣，赵雁. 2008. 莲叶秋海棠组培快速繁殖[J]. 黑龙江农业科学，（2）：114—126.

[32] 戴策刚等. 1987. 竹节秋海棠的组织培养与液体快速繁殖[J]. 广西植物，7（1）：49~52.

[33] 丁友芳. 张万旗. 2017. 野生秋海棠引种栽培与鉴赏[M]. 南京：江苏凤凰科学出版社，136，147，263—264.

[34] 杜启兰. 2006. 不同培养基与碳源对丽佳秋海棠组培苗的影响[J]. 安徽农业科学，34（11）：2379—2405.

[35] 谷粹芝. 李振宇. 黄蜀琼等. 1999. 中国植物志·第五十二卷 [M]. 北京：科学出版社.

[36] 古训铭. 2006. 中国产秋海棠属侧膜组植物之系统分类学研究[硕士论文]. 成功大学生命科学研究所，155—306.

[37] 管开云. 李景秀. 李宏哲. 2005. 云南秋海棠属植物资源调查研究[J]. 园艺学报，2005, 32（1）：74~80.

[38] 管开云. 李景秀. 李宏哲等. 2006. 秋海棠新品种'香皇后''厚角''芳菲'和'苾茎'[J]. 园艺学报，33（5）：1171.

[39] 管开云. 李景秀. 李宏哲等. 2006. 秋海棠新品种'紫叶''紫柄'和'大裂'[J]. 园艺学报, 33（4）.

[40] 管开云. 田代科, 2000. 云南秋海棠属三新种. 云南植物研究, 22（2）：129—134.

[41] 何俊彦. 胡洁. 井忠平. 1989. 斑叶竹节秋海棠微繁殖的研究[J]. 西北植物学报, 9(8)：170—176.

[42] 何勇. 何爱平. 禹丹青等. 2009. 蟆叶秋海棠离体培养的研究[J]. 湖北农业科学, 48(8)：1814—1816.

[43] 黑龙江省牡丹江林业学校. 1981. 森林病虫害防治[M]. 北京：中国林业出版社, 90—91；123—139.

[44] 侯占铭. 王振兴. 满都拉等. 2001. 铁十字秋海棠和蟆叶秋海棠的组织培养与快速繁殖[J]. 内蒙古师范大学学报, 30(3)：260—262.

[45] 黄济明. 1987. 花卉育种知识[M]. 北京：中国林业出版社, 26—59.

[46] 纪春艳. 崔大练. 马玉心. 2007. 枫叶秋海棠的组织培养与植株再生[J]. 植物生理学通讯, 43(3)：504.

[47] 荆家海. 1994. 植物生理学[M]. 西安：陕西科学技术出版社, 56—81.

[48] 孔祥生. 张妙霞. 刘宗才. 1999. 毛叶秋海棠离体繁殖技术研究[J]. 南都学坛(自然科学版), 19：54—55.

[49] 李建革. 刘敏. 王磊. 2006. 蟆叶秋海棠离体培养的研究[J]. 山东农业科学, (5)：26—28.

[50] 李景秀. 管开云. 大宫徹等. 2007. 云南秋海棠属植物叶片横切面比较解剖研究[J]. 广西植物, 27（4）：543—550.

[51] 李景秀. 管开云. 孔繁才. 2000. 长翅秋海棠的叶片培养和快速繁殖[J]. 植物生理学通讯, 36(5)：439—440.

[52] 李景秀. 管开云. 孔繁才. 神户敏成. 2013. 云南秋海棠属植物有性杂交特性[J]. 广西植物, 33（6）：727—733.

[53] 李景秀. 管开云. 李爱荣. 孔繁才. 2014. 秋海棠新品种'黎红毛'和'白云秀'[J]. 园艺学报, 41（5）：1043—1044.

[54] 李景秀. 管开云. 李爱荣. 孔繁才. 2014. 秋海棠新品种'开云''星光'和'昴'[J]. 园艺学报, 41（5）：1279—1280.

[55] 李景秀. 管开云. 李宏哲. 2005. 湿度对变色秋海棠植株生长的调节作用[J]. 广西植物, 25（2）：161—163.

[56] 李景秀. 管开云. 李志坚等. 2001. 秋海棠抗性育种初探[J]. 云南植物研究, 23（4）：509—514.

[57] 李景秀. 管开云. 田代科等. 2001. 毛叶秋海棠的杂交遗传特性[J]. 园艺学报, 28（5）：440—444.

[58] 李任珠. 卢海强. 邢增盛. 1997. 银星海棠组织培养的研究[J]. 海南大学学报自然科学版, 15(4)：331—336.

[59] 林晃. 程美仁. 1983. 庭园花卉病虫害及其防治[M]. 北京：农业出版社, 116—134.

[60] 梁红艳. 2013. 四季秋海棠不定芽诱导及试管苗的增殖[J]. 林业实用技术, (5)：59—60.

[61] 刘艳芬. 樊慧敏. 2002. 秋海棠属植物离体培养的研究进展[J]. 河北林业科技, (2)：34—35.

[62] 刘祖洞. 1979. 遗传学(上、下)[M]. 北京：高等教育出版社, 278—289；350—352.

[63] 陆时万. 徐祥生等. 1991. 植物学（上）[M]. 北京：高等教育出版社, 172—190.

[64] 鲁元学. 神户敏成. 管开云. 2007. 红斑秋海棠的组织培养和植株再生[J]. 植物生理学通讯, 43(6)：1131—1132.

[65] 渠立朋. 2005. 球根秋海棠组织培养技术研究[J]. 广西园艺, 16(1)：9—11.

[66] 神户敏成. 鲁元学. 李景秀等. 2008. 中国云南产秋海棠组织培养中植物生长调节物质的影响之比较[J]. 富山县中央植物园研究报告, (13)：41—46.

[67] 税玉民. 陈文红. 2005. 世界秋海棠属侧膜组植物新资料. 云南植物研究, 27（4）：355—374.

[68] 税玉民. 陈文红. 2017. 中国秋海棠[M]. 昆明：云南出版集团公司云南科技出版社, 120, 145, 176, 193.

[69] 税玉民. 黄素华. 1999. 云南秋海棠属植物小志. 云南植物研究, 21（1）：11—23.

[70] 四川省林业学校. 1979. 土壤学[M]. 北京：农业出版社, 84—91.

[71] 司马琳莉. 张小军. 宗宪春等. 2007. 帝王秋海棠愈伤组织的诱导和植株再生[J]. 植物生理学通讯, 43(1)：117.

[72] 孙莉莉. 甄卞. 王振力等. 2010. 丽格海棠初代诱导技术研究[J]. 北方园艺, (5)：146—147.

[73] 唐凤鸾. 黄宁珍. 蒋能等. 2013. 突脉秋海棠组织培养及快速繁殖研究[J]. 西南农业学报, 26（2）：762—765.

[74] 唐荣华. 李云飞. 王丽. 2004. 裂叶秋海棠的离体快速繁殖[J]. 四川大学学报(自然科学版), 41(3)：637—640.

[75] 王辉. 2014. 掌叶秋海棠组培快繁体系的建立[J]. 中国园艺文摘, (6)：35—36.

[76] 王进茂等. 2000. 丽格秋海棠组培微繁殖的研究[J]. 河北林果研究, 15(4)：353—356.

[77] 汪劲武. 1985. 种子植物分类学[M]. 北京：高等教育出版社, 107—108.

[78] 王俊英. 慈忠玲. 李日胜, 2001. 毛叶秋海棠的组织培养和体细胞胚的发生[J]. 内蒙古农业大学学报, 22(3)：52—55.

[79] 吴征镒. 谷粹芝. 1995. 中国秋海棠属新植物. 植物分类学报, 33（3）：251—280.

[80] 吴征镒. 谷粹芝. 1997. 中国秋海棠属新植物(续). 植物分类学报, 35（1）：43—56.

[81] 邢桂梅. 吴海红. 李丹等. 2013. 球根秋海棠金正日离体再生影响因素研究[J]. 黑龙江农业科学, (12)：9—12.

[82] 徐丽慧. 林绍光等. 1993. 花卉病虫害防治[M]. 北京：金盾出版社, 80—81.

[83] 杨丽华. 2012. 采用流式细胞仪鉴定3种秋海棠愈伤组织的遗传变异[J]. 华东科技(学术版), 7：7.

[84] 郑晓峰. 余春香. 邓燕. 2003. 丽格秋海棠组织培养研究[J]. 贵州农业科学, 31(4)：27—28.

[85] 中国科学院昆明植物研究所编著. 2006. 云南植物志·第十二卷[M]. 北京：科学出版社, 143—237.

[86] 庄承纪等. 1985. 银叶海棠无性系通过离体两步培养的快速繁殖[J]. 云南植物研究, 7(1)：121—123.

[87] 宗士传. 杜启兰. 2003. 球根秋海棠'金正日花'的组织培养技术[J]. 北方园艺, (1)：54.

[88] 宗宪春. 宗灿华. 2010. 枫叶秋海棠组织培养与快繁技术的研究[J]. 安徽农业科学, 38(24)：13561—13562.

[89] 島田有紀子. 2004. 木立性ベゴニア[M]. 東京：日本放送出版協会, 99—125.

[90] 日本ベゴニア協会. 2003. ベゴニア百科[M]. 東京：誠文堂新光社, 178.

[91] 日本ベゴニア協会. 1980. ベゴニア[M]. 東京：誠文堂新光社, 113—122.

[92] 室谷优二. 儌 英明. 1983. 原色ベゴニア[M]. 日本：家の光協会.

中国秋海棠名单

1. *Begonia acetosella* Craib, Bull. Misc. Inform. Kew 1912: 153. 1912. （无翅秋海棠）
2. *Begonia acetosella* var. *hirtifolia* Irmscher, Mitt. Inst. Allg. Bot. Hamburg 10: 515. 1939. （粗毛无翅秋海棠）
3. *Begonia acutitepala* K. Y. Guan & D. K. Tian, Acta Bot. Yunnan. 22: 129. 2000. （尖被秋海棠）
4. *Begonia algaia* L. B. Smith & Wasshausen, Phytologia 52: 441. 1983. （美丽秋海棠）
5. *Begonia alveolata* T. T. Yu, Bull. Fan Mem. Inst. Biol., n.s., 1: 121. 1948. （点叶秋海棠）
6. *Begonia arboreta* Y. M. Shui, Acta Bot. Yunnan. 24: 307. 2002. （树生秋海棠）
7. *Begonia asperifolia* var. *asperifolia* Irmscher, Mitt. Inst. Allg. Bot. Hamburg 6: 359. 1927. （糙叶秋海棠）
8. *Begonia asperifolia* var. *tomentosa* T. T. Yu, Bull. Fan Mem. Inst. Biol., n.s., 1: 118. 1948. （伏江秋海棠）
9. *Begonia asperifolia* var. *unialata* T. C. Ku, var. nov. （窄檐糙叶秋海棠）
10. *Begonia asteropyrifolia* Y. M. Shui & W. H. Chen, Acta Bot. Yunnan. 27: 356. 2005. （星果草叶秋海棠）
11. *Begonia augustinei* Hemsley, Gard. Chron., ser. 3, 2: 286. 1900. （歪叶秋海棠）
12. *Begonia auritistipula* Y. M. Shui & W. H. Chen, Acta Bot. Yunnan. 27: 357. 2005. （耳托秋海棠）
13. *Begonia austroguangxiensis* Y. M. Shui & W. H. Chen, Acta Bot. Yunnan. 27: 359. 2005. （桂南秋海棠）
14. *Begonia austrotaiwanensis* Y. K. Chen & C. I Peng, J. Arnold Arbor. 71: 567. 1990. （南台湾秋海棠）
15. *Begonia bamaensis* Yan Liu et C. I Peng. （巴马秋海棠）
16. *Begonia baviensis* Gagnepain, Bull. Mus. Natl. Hist. Nat. 25: 195. 1919. （金平秋海棠）
17. *Begonia biflora* T. C. Ku, Acta Phytotax. Sin. 35: 43. 1997. （双花秋海棠）
18. *Begonia bonii* Gagnep. （越南秋海棠）
19. *Begonia bonii* var. *remotisetulosa* Y. M. Shui et W. H. Chen. （疏毛越南秋海棠）
20. *Begonia bouffordii* C. I Peng, Bot. Bull. Acad. Sin. 46: 255. 2005. （九九峰秋海棠）
21. *Begonia brevisetulosa* C. Y. Wu, Acta Phytotax. Sin. 33: 265. 1995. （短刺秋海棠）
22. *Begonia buimontana* Y. Yamamoto, J. Soc. Trop. Agric. 5: 353. 1933. （武威秋海棠）
23. *Begonia cathayana* Hemsley, Bot. Mag. 134: t. 8202. 1908. （花叶秋海棠）
24. *Begonia cavaleriei* H. Léveillé, Repert. Spec. Nov. Regni Veg. 7: 20. 1909. （昌感秋海棠）
25. *Begonia cehengensis* T. C. Ku, Acta Phytotax. Sin. 33: 254. 1995. （册亨秋海棠）
26. *Begonia ceratocarpa* S. H. Huang & Y. M. Shui, Acta Bot. Yunnan. 21: 13. 1999. （角果秋海棠）
27. *Begonia chingii* Irmscher, Mitt. Inst. Allg. Bot. Hamburg 10: 519. 1939. （凤山秋海棠）
28. *Begonia chishuiensis* T. C. Ku, Acta Phytotax. Sin. 33: 267. 1995. （赤水秋海棠）
29. *Begonia chitoensis* T. S. Liu & M. J. Lai, Fl. Taiwan 3: 793. 1977. （溪头秋海棠）
30. *Begonia chongzuoensis* S. M. Ku. （崇左秋海棠）
31. *Begonia chuniana* C. Y. Wu. （澄迈秋海棠）
32. *Begonia chuyunshanensis* C. I Peng & Y. K. Chen, Bot. Bull. Acad. Sin. 46: 258. 2005. （出云山秋海棠）
33. *Begonia circumlobata* Hance, J. Bot. 21: 203. 1883. （周裂秋海棠）
34. *Begonia cirrosa* L. B. Smith & Wasshausen, Phytologia 52: 442. 1983. （卷毛秋海棠）
35. *Begonia clavicaulis* Irmscher, Mitt. Inst. Allg. Bot. Hamburg 10: 500. 1939. （腾冲秋海棠）
36. *Begonia coelocentroides* Y. M. Shui et Z. D. Wei. （假侧膜秋海棠）
37. *Begonia coptidifolia* H. G. Ye et al., Bot. Bull. Acad. Sin. 45: 259. 2004. （阳春秋海棠）
38. *Begonia coptidi-montana* C. Y. Wu, Acta Phytotax. Sin. 33: 251. 1995. （黄连山秋海棠）
39. *Begonia crocea* C. I Peng, Bot. Stud. 47: 89. 2006. （橙花秋海棠）
40. *Begonia crystallina* Y. M. Shui & W. H. Chen, Acta Bot. Yunnan. 27: 360. 2005. （水晶秋海棠）
41. *Begonia cucurbitifolia* C. Y. Wu, Acta Phytotax. Sin. 33: 268. 1995. （瓜叶秋海棠）
42. *Begonia curvicarpa* S. M. Ku et al., Bot. Bull. Acad. Sin. 45: 353. 2004. （弯果秋海棠）
43. *Begonia cylindrica* D. R. Liang & X. X. Chen, Bull. Bot. Res., Harbin 13: 217. 1993. （柱果秋海棠）
44. *Begonia daweishanensis* S. H. Huang & Y. M. Shui, Acta Bot. Yunnan. 16: 337. 1994. （大围山秋海棠）
45. *Begonia daxinensis* T. C. Ku, Acta Phytotax. Sin. 35: 45. 1997. （大新秋海棠）
46. *Begonia debaoensis* C. I Peng et al., Bot. Stud. 47: 207. 2006. （德保秋海棠）
47. *Begonia denissa* Craib, Bull. Misc. Inform. Kew. （钩翅秋海棠）
48. *Begonia dentatobracteata* C. Y. Wu, Acta Phytotax. Sin. 33: 254. 1995 ["dentato-bracteata"]. （齿苞秋海棠）
49. *Begonia detianensis* S. M. Ku et al. （德天秋海棠）
50. *Begonia dielsiana* E. Pritzel, Bot. Jahrb. Syst. 29: 479. 1900. （南川秋海棠）
51. *Begonia difformis* Golding et Karegeannes. （刺毛红孩儿）
52. *Begonia digyna* Irmscher, Mitt. Inst. Allg. Bot. Hamburg 6: 352. 1927. （槭叶秋海棠）
53. *Begonia discrepans* Irmscher, Bot. Jahrb. Syst. 76: 100. 1953. （细茎秋海棠）
54. *Begonia discreta* Craib, Bull. Misc. Inform. Kew 1930: 410. 1930. （景洪秋海棠）
55. *Begonia dryadis* Irmscher, Notes Roy. Bot. Gard. Edinburgh 21: 41. 1951. （厚叶秋海棠）
56. *Begonia duclouxii* Gagnepain, Bull. Mus. Natl. Hist. Nat. 25: 198. 1919. （川边秋海棠）
57. *Begonia edulis* H. Léveillé, Repert. Spec. Nov. Regni Veg. 7: 20. 1909. （食用秋海棠）

58. *Begonia emeiensis* C. M. Hu ex C. Y. Wu & T. C. Ku, Acta Phytotax. Sin. 33: 273. 1995. （峨眉秋海棠）

59. *Begonia fangii* Y. M. Shui & C. I Peng, Bot. Bull. Acad. Sin. 46: 83. 2005. （方氏秋海棠）

60. *Begonia fengshanensis* D. Fang. （袍里秋海棠）

61. *Begonia fenicis* Merrill, Philipp. J. Sci. 3: 421. 1909. （兰屿秋海棠）

62. *Begonia ferox* C.-I Peng et Yan Liu. （黑峰秋海棠）

63. *Begonia filiformis* Irmscher, Mitt. Inst. Allg. Bot. Hamburg 10: 521. 1939. （丝形秋海棠）

64. *Begonia fimbribracteata* Y. M. Shui & W. H. Chen, Acta Bot. Yunnan. 27: 362. 2005. （须苞秋海棠）

65. *Begonia fimbristipula* Hance, J. Bot. 21: 202. 1883. （紫背天葵）

66. *Begonia flaviflora* H. Hara, J. Jap. Bot. 45: 91. 1970. （黄花秋海棠）

67. *Begonia flaviflora* var. *gamblei* (Irmscher) Golding & Karegeannes, Phytologia 54: 496. 1984. （浅裂黄花秋海棠）

68. *Begonia flaviflora* var. *vivida* Golding & Karegeannes, Phytologia 54: 496. 1984. （乳黄秋海棠）

69. *Begonia fordii* Irmscher, Mitt. Inst. Allg. Bot. Hamburg 10: 501. 1939. （西江秋海棠）

70. *Begonia formosana* f. *formosana* (Hayata) Masamune, J. Geobot. 9(3-4): frontis. pl. 41. 1961. （水鸭脚）

71. *Begonia formosana* f. *albomaculata*. （白斑水鸭脚）

72. *Begonia forrestii* Irmscher, Mitt. Inst. Allg. Bot. Hamburg 10: 548. 1939. （陇川秋海棠）

73. *Begonia gagnepainiana* Irmscher, Mitt. Inst. Allg. Bot. Hamburg 10: 538. 1939. （昭通秋海棠）

74. *Begonia gigabracteata* H. Z. Li & H. Ma, Bot. J. Linn. Soc. 157(1): 83, figs. 2-6, map. 2008. （硕苞秋海棠）

75. *Begonia glechomifolia* C. M. Hu ex C. Y. Wu & T. C. Ku, Acta Phytotax. Sin. 33: 255. 1995. （金秀秋海棠）

76. *Begonia grandis* subsp. *grandis* Dryander, Trans. Linn. Soc. London 1: 163. 1791. （秋海棠）

77. *Begonia grandis* subsp. *holostyla* Irmscher, Mitt. Inst. Allg. Bot. Hamburg 10: 498. 1939. （全柱秋海棠）

78. *Begonia grandis* subsp. *sinensis* (A. Candolle) Irmscher, Mitt. Inst. Allg. Bot. Hamburg 10: 494. 1939. （中华秋海棠）

79. *Begonia guaniana* H. Ma et H. Z. Li. （管氏秋海棠）

80. *Begonia guangxiensis* C. Y. Wu, Acta Phytotax. Sin. 35: 45. 1997. （广西秋海棠）

81. *Begonia guishanensis* S. H. Huang & Y. M. Shui, Acta Bot. Yunnan. 16: 336. 1994. （圭山秋海棠）

82. *Begonia guixiensis* Yan Liu, S. M. Ku et C.-I Peng, Bot. Stut. 55: 52. 2014. （桂西秋海棠）

83. *Begonia gulinqingensis* S. H. Huang & Y. M. Shui, Acta Bot. Yunnan. 16: 334. 1994. （古林箐秋海棠）

84. *Begonia gungshanensis* C. Y. Wu, Acta Phytotax. Sin. 33: 270. 1995. （贡山秋海棠）

85. *Begonia hainanensis* Chun & F. Chun, Sunyatsenia 4: 20. 1939. （海南秋海棠）

86. *Begonia handelii* Irmscher, Anz. Akad. Wiss. Wien, Math. Naturwiss. Kl. 58: 24. 1921. （香花秋海棠）

87. *Begonia handelii* var. *rubropilosa* (S. H. Huang & Y. M. Shui) C. I Peng, comb. nov. （红毛香花秋海棠）

88. *Begonia hatacoa* Buchanan-Hamilton ex D. Don, Prodr. Fl. Nepal. 223. 1825. （墨脱秋海棠）

89. *Begonia hekouensis* S. H. Huang, Acta Bot. Yunnan. 21: 21. 1999. （河口秋海棠）

90. *Begonia hemsleyana* var. *hemsleyana* J. D. Hooker, Bot. Mag. 125: t. 7685. 1899. （掌叶秋海棠）

91. *Begonia hemsleyana* var. *kwangsiensis* Irmscher, Mitt. Inst. Allg. Bot. Hamburg 10: 538. 1939. （广西掌叶秋海棠）

92. *Begonia henryi* Hemsley, J. Linn. Soc., Bot. 23: 322. 1887. （独牛秋海棠）

93. *Begonia hongkongensis* F. W. Xing, Ann. Bot. Fenn. 42: 151. 2005. （香港秋海棠）

94. *Begonia howii* Merrill & Chun, Sunyatsenia 5: 138. 1940. （侯氏秋海棠）

95. *Begonia huangii* Y. M. Shui & W. H. Chen, Acta Bot. Yunnan. 27: 365. 2005. （黄氏秋海棠）

96. *Begonia hurunensis* S. M. Ku. （湖润秋海棠）

97. *Begonia hymenocarpa* C. Y. Wu, Acta Phytotax. Sin. 33: 256. 1995. （膜果秋海棠）

98. *Begonia imitans* Irmscher, Mitt. Inst. Allg. Bot. Hamburg 10: 511. 1939. （鸡爪秋海棠）

99. *Begonia jingxiensis* D. Fang & Y. G. Wei, Acta Phytotax. Sin. 42: 172. 2004. （靖西秋海棠）

100. *Begonia jingxiensis* var. *mashanica* D. Fang & D. H. Qin. （马山秋海棠）

101. *Begonia jinyunensis* C.-I Peng, B. Ding et Q. Wang. （缙云秋海棠）

102. *Begonia josephii* A. Candolle, Ann. Sci. Nat., Bot., sér. 4, 11: 126. 1859 ["josephi"]. （重齿秋海棠）

103. *Begonia labordei* H. Léveillé, Bull. Soc. Agric. Sarthe 59: 323. 1904. （心叶秋海棠）

104. *Begonia lacerata* Irmscher, Mitt. Inst. Allg. Bot. Hamburg 10: 535. 1939. （撕裂秋海棠）

105. *Begonia laminariae* Irmscher, Notes Roy. Bot. Gard. Edinburgh 21: 40. 1951. （圆翅秋海棠）

106. *Begonia lancangensis* S. H. Huang, Acta Bot. Yunnan. 21: 13. 1999. （澜沧秋海棠）

107. *Begonia lanternaria* Irmscher, Mitt. Inst. Allg. Bot. Hamburg 10: 555. 1939. （灯果秋海棠）

108. *Begonia leipingensis* D. K. Tian, L. H. yang et C. Li. （雷平秋海棠）

109. *Begonia leprosa* Hance, J. Bot. 21: 202. 1883. （癞叶秋海棠）

110. *Begonia limprichtii* Irmscher, Repert. Spec. Nov. Regni Veg. Beih. 12: 440. 1922. （截叶秋海棠）

111. *Begonia linguiensis* S. M. Ku. （临桂秋海棠）

112. *Begonia lipingensis* Irmscher, Mitt. Inst. Allg. Bot. Hamburg 6: 353. 1927. （黎平秋海棠）

113. *Begonia lithophila* C. Y. Wu, Acta Phytotax. Sin. 33: 257. 1995. （石生秋海棠）

114. *Begonia liuyanii* C. I Peng et al., Bot. Bull. Acad. Sin. 46: 245. 2005. （刘演秋海棠）

115. *Begonia longanensis* C. Y. Wu, Acta Phytotax. Sin. 35: 54. 1997.（隆安秋海棠）

116. *Begonia longifolia* Blume.（长叶秋海棠）

117. *Begonia longgangensis* C. I-Peng et Yan Liu.（弄岗秋海棠）

118. *Begonia longialata* K. Y. Guan & D. K. Tian, Acta Bot. Yunnan. 22: 132. 2000.（长翅秋海棠）

119. *Begonia longicarpa* K. Y. Guan & D. K. Tian, Acta Bot. Yunnan. 22: 131. 2000.（长果秋海棠）

120. *Begonia longistyla* Y. M. Shui et W. H. Chen.（长柱秋海棠）

121. *Begonia lukuana* Y. C. Liu & C. H. Ou, Bull. Exp. Forest Natl. Chung Hsing Univ. 4: 6. 1982.（鹿谷秋海棠）

122. *Begonia luochengensis* S. M. Ku et al., Bot. Bull. Acad. Sin. 45: 357. 2004.（罗城秋海棠）

123. *Begonia luzhaiensis* T. C. Ku, Acta Phytotax. Sin. 37: 287. 1999.（鹿寨秋海棠）

124. *Begonia macrotoma* Irmscher, Notes Roy. Bot. Gard. Edinburgh 21: 41. 1951.（大裂秋海棠）

125. *Begonia maguanensis* S. H. Huang et Y. M. Shui, Fl. Reipubl. Popularis Sin. 52(1): 261. 1999.（马关秋海棠）

126. *Begonia malipoensis* S. H. Huang & Y. M. Shui, Acta Bot. Yunnan. 16: 333. 1994.（麻栗坡秋海棠）

127. *Begonia manhaoensis* S. H. Huang & Y. M. Shui, Acta Bot. Yunnan. 21: 21. 1999.（蔓耗秋海棠）

128. *Begonia masoniana* Irmscher ex Ziesenhenne, Begonian 38: 52. 1971.（铁甲秋海棠）

129. *Begonia megalophyllaria* C. Y. Wu, Acta Phytotax. Sin. 33: 272. 1995.（大叶秋海棠）

130. *Begonia menglianensis* Y. Y. Qian.（孟连秋海棠）

131. *Begonia mengtzeana* Irmscher, Mitt. Inst. Allg. Bot. Hamburg 10: 536. 1939.（蒙自秋海棠）

132. *Begonia miranda* Irmscher, Notes Roy. Bot. Gard. Edinburgh 21: 36. 1951.（奇异秋海棠）

133. *Begonia modestiflora* Kurz, Flora 54: 296. 1871.（云南秋海棠）

134. *Begonia morifolia* T. T. Yu, Bull. Fan Mem. Inst. Biol., n.s., 1: 119. 1948.（桑叶秋海棠）

135. *Begonia morsei* Irmscher, Mitt. Inst. Allg. Bot. Hamburg 10: 554. 1939.（龙州秋海棠）

136. *Begonia morsei* var. *myriotricha* Y. M. Shui & W. H. Chen, Acta Bot. Yunnan. 27: 368. 2005.（密毛龙州秋海棠）

137. *Begonia muliensis* T. T. Yu, Bull. Fan Mem. Inst. Biol., n.s., 1: 119. 1948.（木里秋海棠）

138. *Begonia nantoensis* M. J. Lai & N. J. Chung, Quart. J. Exp. Forest. 6: 60. 1992.（南投秋海棠）

139. *Begonia ningmingensis* D. Fang et al., Bot. Stud. 47: 97. 2006.（宁明秋海棠）

140. *Begonia ningmingensis* var. *bella* D. Fang ey al., Bot. Stud. 47: 101. 2006.（丽叶秋海棠）

141. *Begonia obliquefolia* S. H. Huang & Y. M. Shui, Acta Bot. Yunnan. 21: 21. 1999 ["obliquefolia"].（斜叶秋海棠）

142. *Begonia obsolescens* Irmscher, Notes Roy. Bot. Gard. Edinburgh 21: 37. 1951.（不显秋海棠）

143. *Begonia oreodoxa* Chun & F. Chun ex C. Y. Wu & T. C. Ku, Acta Phytotax. Sin. 33: 274. 1995.（山地秋海棠）

144. *Begonia ornithophylla* Irmscher, Mitt. Inst. Allg. Bot. Hamburg 10: 556. 1939.（鸟叶秋海棠）

145. *Begonia ovatifolia* A. DC., Ann. Sci. Nat. Bot. ser. 4, 11: 132. 1859.（卵叶秋海棠）

146. *Begonia palmata* var. *palmata* D. Don, Prodr. Fl. Nepal. 223. 1825.（裂叶秋海棠）

147. *Begonia palmata* var. *bowringiana* (Champion ex Bentham) Golding & Karegeannes, Phytologia 54: 494. 1984.（红孩儿）

148. *Begonia palmata* var. *crassisetulosa* (Irmscher) Golding & Karegeannes, Phytologia 54: 495. 1984.（刺毛红孩儿）

149. *Begonia palmata* var. *difformis* (Irmscher) Golding & Karegeannes, Phytologia 54: 495. 1984.（变形红孩儿）

150. *Begonia palmata* var. *henryi* C. Y. Wu.（滇缅红孩儿）

151. *Begonia palmata* var. *laevifolia* (Irmscher) Golding & Karegeannes, Phytologia 54: 495. 1984.（光叶红孩儿）

152. *Begonia parvula* H. Léveillé & Vaniot, Repert. Spec. Nov. Regni Veg. 2: 113. 1906.（小叶秋海棠）

153. *Begonia paucilobata* C. Y. Wu, Acta Phytotax. Sin. 33: 275. 1995.（少裂秋海棠）

154. *Begonia pedatifida* H. Léveillé, Repert. Spec. Nov. Regni Veg. 7: 21. 1909.（掌裂叶秋海棠）

155. *Begonia peii* C. Y. Wu, Acta Phytotax. Sin. 33: 252. 1995.（小花秋海棠）

156. *Begonia pellionioides* Y. M. Shui et W. H. Chen.（赤车秋海棠）

157. *Begonia peltatifolia* H. L. Li, J. Arnold Arbor. 25: 209. 1944.（盾叶秋海棠）

158. *Begonia pengii* S. M. Ku et Yan Liu.（彭氏秋海棠）

159. *Begonia picta* Smith, Exot. Bot. 2: 81. 1805.（樟木秋海棠）

160. *Begonia picturata* Yan Liu et al., Bot. Bull. Acad. Sin. 46: 367. 2005.（一口血秋海棠）

161. *Begonia picturata* var. *wanyuana* S.M. Ku et al.（万煜秋海棠）

162. *Begonia pingbianensis* C. Y. Wu.（屏边秋海棠）

163. *Begonia pinglinensis* C. I Peng, Bot. Bull. Acad. Sin. 46: 261. 2005.（坪林秋海棠）

164. *Begonia platycarpa* Y. M. Shui & W. H. Chen, Acta Bot. Yunnan. 27: 368. 2005.（扁果秋海棠）

165. *Begonia poilanei* Kiew.（间型秋海棠）

166. *Begonia polytricha* C. Y. Wu, Acta Phytotax. Sin. 33: 275. 1995.（多毛秋海棠）

167. *Begonia porteri* H. Léveillé & Vaniot, Repert. Spec. Nov. Regni Veg. 9: 20. 1910.（罗甸秋海棠）

168. *Begonia prostrata* (Irmscher) Tebbitt, Edinburgh J. Bot. 60: 6. 2003.（铺地秋海棠）

169. *Begonia pseudodaxinensis* S. M. Ku et al., Bot. Stud. 47: 211. 2006.（假大新秋海棠）

170. *Begonia pseudodryadis* C. Y. Wu, Acta Phytotax. Sin. 33: 276. 1995.（假厚叶秋海棠）

171. *Begonia pseudoleprosa* C. I Peng et al., Bot. Stud. 47: 214. 2006.（假癞叶秋海棠）

172. *Begonia psilophylla* Irmscher, Notes Roy. Bot. Gard. Edinburgh 21: 39. 1951. (光滑秋海棠)

173. *Begonia pulchrifolia* D. K. Tian et C. H. Li. (秀丽秋海棠)

174. *Begonia pulvinifera* C. I Peng & Yan Liu, Bot. Stud. 47: 319. 2006. (肿柄秋海棠)

175. *Begonia purpureofolia* S. H. Huang & Y. M. Shui, Acta Bot. Yunnan. 16: 340. 1994. (紫叶秋海棠)

176. *Begonia ravenii* C. I Peng & Y. K. Chen, Bot. Bull. Acad. Sin. 29: 217. 1988. (岩生秋海棠)

177. *Begonia reflexisquamosa* C. Y. Wu, Acta Phytotax. Sin. 33: 278. 1995. (倒鳞秋海棠)

178. *Begonia repenticaulis* Irmscher, Mitt. Inst. Allg. Bot. Hamburg 10: 547. 1939. (匍茎秋海棠)

179. *Begonia retinervia* D. Fang et al., Bot. Stud. 47: 106. 2006. (突脉秋海棠)

180. *Begonia rex* Putzeys, Fl. Serres Jard. Eur. 2: 141. 1857. (大王秋海棠)

181. *Begonia rhynchocarpa* Y. M. Shui & W. H. Chen, Acta Bot. Yunnan. 27: 370. 2005. (喙果秋海棠)

182. *Begonia rockii* Irmscher, Mitt. Inst. Allg. Bot. Hamburg 10: 544. 1939. (滇缅秋海棠)

183. *Begonia rongjiangensis* T. C. Ku, Acta Phytotax. Sin. 33: 279. 1995. (榕江秋海棠)

184. *Begonia rotundilimba* S. H. Huang & Y. M. Shui, Acta Bot. Yunnan. 16: 335. 1994. (圆叶秋海棠)

185. *Begonia rubinea* H. Z. Li & H. Ma, Bot. Bull. Acad. Sin. 46: 377. 2005. (玉柄秋海棠)

186. *Begonia ruboides* C. M. Hu ex C. Y. Wu & T. C. Ku, Acta Phytotax. Sin. 33: 260. 1995. (匍地秋海棠)

187. *Begonia rubropunctata* S. H. Huang & Y. M. Shui, Acta Bot. Yunnan. 16: 339. 1994. (红斑秋海棠)

188. *Begonia scitifolia* Irmscher, Mitt. Inst. Allg. Bot. Hamburg 10: 541. 1939. (成凤秋海棠)

189. *Begonia semiparietalis* Yan Liu et al., Bot. Stud. 47: 218. 2006. (半侧膜秋海棠)

190. *Begonia setifolia* Irmscher, Mitt. Inst. Allg. Bot. Hamburg 10: 549. 1939. (刚毛秋海棠)

191. *Begonia setulosopeltata* C. Y. Wu, Acta Phytotax. Sin. 35: 48. 1997 ["setuloso-peltata"]. (刺盾叶秋海棠)

192. *Begonia sikkimensis* A. Candolle, Ann. Sci. Nat., Bot., sér. 4, 11: 134. 1859. (锡金秋海棠)

193. *Begonia silletensis* (A. Candolle) C. B. Clarke subsp. mengyangensis Tebbitt & K. Y. Guan, Novon 12: 134. 2002. (厚壁秋海棠)

194. *Begonia sinofloribunda* Dorr, Harvard Pap. Bot. 4: 265. 1999. (多花秋海棠)

195. *Begonia sinovietnamica* C. Y. Wu, Acta Phytotax. Sin. 35: 50. 1997 ["sino-veitnamica"]. (中越秋海棠)

196. *Begonia smithiana* T. T. Yu, Notes Roy. Bot. Gard. Edinburgh 21: 44. 1951. (长柄秋海棠)

197. *Begonia subcoriacea* C.-I Peng, Yan Liu et S. M. Ku. (近革叶秋海棠)

198. *Begonia subhowii* S. H. Huang, Acta Bot. Yunnan. 21: 20. 1999. (粉叶秋海棠)

199. *Begonia sublongipes* Y. M. Shui, Acta Bot. Yunnan. 26: 484. 2004. (保亭秋海棠)

200. *Begonia suboblata* D. Fang & D. H. Qin, Acta Phytotax. Sin. 42: 177. 2004. (都安秋海棠)

201. *Begonia summoglabra* T. T. Yu, Bull. Fan Mem. Inst. Biol., n.s., 1: 117. 1948. (光叶秋海棠)

202. *Begonia subperfoliata* Parish ex Kurz. (抱茎秋海棠)

203. *Begonia × taipeiensis* C. I Peng, Bot. Bull. Acad. Sin. 41: 151. 2000. (台北秋海棠)

204. *Begonia taiwaniana* Hayata, J. Coll. Sci. Imp. Univ. Tokyo 30(1): 125. 1911. (台湾秋海棠)

205. *Begonia taliensis* Gagnepain, Bull. Mus. Natl. Hist. Nat. 15: 279. 1919. (大理秋海棠)

206. *Begonia tengchiana* C. I Peng & Y. K. Chen, Bot. Bull. Acad. Sin. 46: 265. 2005. (藤枝秋海棠)

207. *Begonia tessaricarpa* C. B. Clarke. (陀螺果秋海棠)

208. *Begonia tetragona* Irmscher. (四棱秋海棠)

209. *Begonia tetraloba* Y. M. Shui et W. H. Chen. (四裂秋海棠)

210. *Begonia truncatiloba* Irmscher, Mitt. Inst. Allg. Bot. Hamburg 10: 534. 1939. (截叶秋海棠)

211. *Begonia tsoongii* C. Y. Wu, Acta Phytotax. Sin. 33: 280. 1995. (观光秋海棠)

212. *Begonia umbraculifolia* Y. Wan & B. N. Chang, Acta Phytotax. Sin. 25: 322. 1987. (伞叶秋海棠)

213. *Begonia umbraculifolia* var. *flocculosa* Y. M. Shui & W. H. Chen, Acta Bot. Yunnan. 27: 372. 2005. (蛛网脉秋海棠)

214. *Begonia variifolia* Y. M. Shui & W. H. Chen, Acta Bot. Yunnan. 27: 372. 2005. (变异秋海棠)

215. *Begonia versicolor* Irmscher, Mitt. Inst. Allg. Bot. Hamburg 10: 546. 1939. (变色秋海棠)

216. *Begonia villifolia* Irmscher, Notes Roy. Bot. Gard. Edinburgh 21: 43. 1951. (长毛秋海棠)

217. *Begonia wangii* T. T. Yu, Bull. Fan Mem. Inst. Biol., n.s., 1: 126. 1948. (少瓣秋海棠)

218. *Begonia wenshanensis* C. M. Hu ex C. Y. Wu & T. C. Ku, Acta Phytotax. Sin. 33: 262. 1995. (文山秋海棠)

219. *Begonia wilsonii* Gagnepain, Bull. Mus. Natl. Hist. Nat. 25: 281. 1919. (一点血秋海棠)

220. *Begonia wutaiana* C. I Peng & Y. K. Chen, Bot. Bull. Acad. Sin. 46: 268. 2005. (雾台秋海棠)

221. *Begonia wuzhishanensis* C. I Peng, X. H. Jin et S. M. Ku. (五指山秋海棠)

222. *Begonia xanthina* J. D. Hooker, Bot. Mag. 78: t. 4683. 1852. (黄瓣秋海棠)

223. *Begonia xingyiensis* T. C. Ku, Acta Phytotax. Sin. 33: 263. 1995, not B. xinyiensis T. C. Ku (loc. cit.). (兴义秋海棠)

224. *Begonia xishuiensis* T. C. Ku, Acta Phytotax. Sin. 33: 264. 1995. (习水秋海棠)

225. *Begonia yingjiangensis* S. H. Huang, Acta Bot. Yunnan. 21: 18. 1999. (盈江秋海棠)

226. *Begonia yishanensis* T. C. Ku. (宜山秋海棠)

227. *Begonia yui* Irmscher, Notes Roy. Bot. Gard. Edinburgh 21: 36. 1951. (宿苞秋海棠)

228. *Begonia zhengyiana* Y. M. Shui, Acta Phytotax. Sin. 40: 374. 2002. (吴氏秋海棠)

中文名索引

拉丁名索引

致　谢

中国科学院昆明植物研究所秋海棠研究组自1997年正式成立至今，已经走过了20余年的时光。在过去的20多年里，我们的收集保育和研究工作经历了许多坎坷和艰辛，每一点成绩的取得都离不开众多人员的努力，各界人士和相关部门以及研究所的支持和关怀。没有各位同人的努力工作，没有方方面面的支持，我们的研究就不可能坚持到今天，也不可能获得今天大家所看到的成果。在过去20多年中，我们秋海棠研究组先后得到了国家自然科学基金委、中国科学院、国家科技部、云南省科技厅、云南省自然科学基金委、北京市花乡盛芳园花卉种植基地、浙江省嘉兴市海盐县七彩鲜花种植园、云南绿大地生物科技股份有限公司等花卉企业以及中科院昆明植物研究所在研究经费和人力物力方方面面的支持。在此，我们谨向所有对我们在秋海棠引种保育和研究工作中给予过帮助和支持的人员，所有给予过经费支持的单位和部门表示我们最诚挚的感谢！

我们在此向在过去20多年间对我们秋海棠的收集保育和研究工作做过特殊贡献和给予过特别帮助的众多人员致以特别的敬意和感谢。他们是：吴征镒院士对秋海棠的收集保育和研究给予了热情鼓励和具体指导；夏德云先生、冯桂华女士和张赞英女士是昆明植物园最先开始秋海棠品种收集的科研人员。我们秋海棠研究组的硕、博士研究人员中，有的因为工作单位不在昆明等原因，而没有参与到本书的编著工作中，但秋海棠研究组的成果以及本书的出版与他们的贡献密不可分。田代科研究员是秋海棠研究组的第一个硕士研究生，他是我们秋海棠收集研究的开创者之一和突出贡献者。向建英女士和杨丽华女士亲自参与了秋海棠的收集和研究工作，做出了重要贡献。李志坚先生、陈绍田先生、王仲朗先生、卞福花女士、李爱花女士、刘磊先生、季慧女士、江南女士、任永权先生、黄新亚女士、沈云光女士、王霜女士、张乐女士、杨耀文先生、陈燕女士、谢云峰先生、薛瑞娟女士、田玉清先生、张婷女士在学习或工作期间，都参与过部分秋海棠的收集和研究的相关工作。殷雪清、陈粉琴、苏洪贵、王菊仙、张春菊、杨兴恩等人参与了秋海棠日常繁殖和栽培管理工作，做出了贡献。税玉民研究员、刘演研究员、彭镜毅教授和杨中宇教授等在物种的鉴定和资源收集方面给予过许多帮助。

孙航研究员、孔繁才高级实验师、龚洵研究员等在其他植物野外考察过程中曾多次采集提供秋海棠繁殖栽培材料。杨永平研究员、王雨华研究员、孙卫邦研究员、胡虹研究员、田志端先生等在秋海棠的保存设施和研究经费方面给予了大力支持。在国内野生秋海棠种质资源收集过程中，得到了国内众多自然保护区、地方政府和相关人员的支持和帮助。日本富山县中央植物园的中田政司博士、神户敏成博士、大宫徹博士和志内利明博士数次参加秋海棠野外考察和引种；中田政司博士在细胞学研究、神户敏成博士在组织培养繁殖和保育研究方面做了大量工作，对我们研究组在人才培养方面做出了重要贡献。在收集国外资源时，得到了英国、日本、澳大利亚、美国、德国等国家的植物园、秋海棠协会和秋海棠收集爱好者的大力支持和帮助。对上述个人和单位给予我们的帮助再次表示诚挚的感谢！

在本书的编辑出版过程中，我们得到了北京出版集团李清霞女士、刘可先生、杨晓瑞女士和王斐女士的大力支持和帮助，特别感谢贾展慧女士为本书封面创作的精美手绘图。此书的出版还得到了丁颖女士的帮助。在此对他们的帮助表示感谢！在过去的20多年里，给予我们帮助和支持的单位和个人众多，在此无法一一提及，还请见谅。

2019年6月

图书在版编目（CIP）数据

秋海棠属植物纵览 / 管开云，李景秀主编 . — 北京 ：
北京出版社，2020.3
ISBN 978-7-200-15042-1

Ⅰ. ①秋… Ⅱ. ①管… ②李… Ⅲ. ①秋海棠科—介
绍—中国 Ⅳ. ①Q949.759.7

中国版本图书馆 CIP 数据核字（2019）第 097767 号

秋海棠属植物纵览
QIUHAITANG SHU ZHIWU ZONGLAN
管开云　李景秀　主编
*
北 京 出 版 集 团 公 司
北 京 出 版 社　出版
（北京北三环中路 6 号）
邮政编码：100120

网　　址：www.bph.com.cn
北京出版集团公司总发行
新 华 书 店 经 销
北京华联印刷有限公司印刷
*
889 毫米 ×1194 毫米　16 开本　28 印张　500 千字
2020 年 3 月第 1 版　2020 年 3 月第 1 次印刷
ISBN 978-7-200-15042-1
定价：398.00 元
如有印装质量问题，由本社负责调换
质量监督电话：010-58572393